软件开发技术

封孝生　胡升泽　鲍翊平　刘德生　著

国防科技大学出版社
·长沙·

内 容 简 介

本书通过三个专题来介绍常用软件开发技术,重点突出软件开发基础理论和实用软件开发技术。第一专题主要介绍软件和软件工程的基本概念、相关理论知识,内容包括软件开发技术发展史、软件架构和软件开发技术基础。第二专题主要介绍实用软件开发技术的基本概念、原理、方法和模型,包括数据库应用系统开发、网络编程技术和基于构件的软件开发技术三个方面。第三个专题主要介绍软件开发的一些新技术,包括 Web 服务与 SOA、中间件技术等。

本书以 Visual C++ 6.0 为实验环境,内容实用,条理清晰,每章配有一定数量的实例和思考题,从各种不同角度帮助读者了解和掌握所学知识点,有效提高软件开发的能力与水平。

本书是结合非计算机专业软件开发的特点而组织编写的,可作为高等院校非计算机专业的教材,也可作为计算机培训教材。

图书在版编目(CIP)数据

软件开发技术/封孝生等著 . —长沙:国防科技大学出版社,2013.3
ISBN 978 - 7 - 5673 - 0061 - 3

Ⅰ.①软…　Ⅱ.①封…　Ⅲ.①软件开发 – 高等学校 – 教材　Ⅳ.①TP311.52

中国版本图书馆 CIP 数据核字(2012)第 280579 号

国防科技大学出版社出版发行
电话:(0731)84572640　邮政编码:410073
http://www.gfkdcbs.com
责任编辑:文　慧　责任校对:唐卫葳
新华书店总店北京发行所经销
国防科技大学印刷厂印装

*

开本:787×1092　1/16　印张:15　字数:356 千
2013 年 3 月第 1 版第 1 次印刷　印数:1 – 1000 册
ISBN 978 – 7 – 5673 – 0061 – 3
定价:35.00 元

目　　录

第一专题　软件开发技术基础

第二专题 实用软件开发技术

第三专题　软件开发新技术

第一专题

软件开发技术基础

第1章 软件及软件开发技术发展史

软件的开发和运行离不开计算机硬件,从第一台电子计算机问世以满足计算方面日益增长的需要之后,每次硬件技术的突破,都为软件技术新发展提供了更加广阔的空间,开拓了新的更广阔的应用领域。计算机的应用领域从单纯的科学计算发展到军事、经济、科学、文化,直到社会生活的各个方面,进而要求计算机的运算速度不断提高,存储容量不断扩大,体积不断微型化。而计算机数量的剧增,使软件系统从简单发展到复杂,从小型发展到大型,由封闭的自动化孤岛发展成为一种开放的系统。

软件开发方面,其本质是把由计算机完成的工作,用计算机所能接受的语言全面、完整、准确地描述出来,发展历程由注意技巧发展为注重管理,由单独设计发展为注意复用,由少数天才的编程艺术发展为广大用户直接参与开发应用。这种由应用驱动而相互促进、激励的发展过程,使得人类社会文明进入了信息社会新的高度发展的阶段。

1.1 软件与软件的特点

1.1.1 什么是软件

目前,计算机软件被公认的解释是程序、数据及其相关文档的完整集合,如果把软件(Software)简单地视为程序(Program),这样的理解是非常狭隘的。简单地说,软件由两部分组成,即程序与文档(Document):一是机器可以执行的程序及有关的数据;二是机器不可以执行的文档。有以下两种较为普遍的定义:

(1)软件是与计算机操作系统有关的程序、规程、规则及任何与之相关的文档和数据。

(2)软件是程序以及开发、使用和维护程序所需要的文档,包括机器运行所需要的各种程序及有关资料。

程序是为了解决某一个问题而按事先设计的功能和性能要求执行的指令系列;或者说是用程序设计语言描述的适合于计算机处理的语句序列。

数据是使程序能正常操纵信息的数据结构。

文档是描述程序、数据和系统开发以及使用的各种图文资料。它具有永久性特点,并能供人或机器阅读。文档的作用是记录、通信、交流、控制软件生产过程、管理软件、维护软件、软件产品介绍等。

1.1.2 软件的特点

计算机软件产品是一种逻辑产品部件,而不是物理产品部件,它具有抽象性,与硬件相比,它更像是计算机的"灵魂"。软件可以记录在纸面上,保存在磁盘、磁带中,写在光盘上,可以在计算机或网络上运行却无法看到它的形态。

(1)软件的可复制性。软件可以复制出大量同一内容的副本。

(2)软件的高智力性。软件的生产是把知识与技术转化成信息的一种产品,与硬件相比,软件的开发更依赖于开发者的业务素质和能力,人员的组织、合作和管理。

(3)软件的依赖性。软件对硬件和环境有着不同程度的依赖,这就产生了软件移植的问题。

(4)软件的社会性。软件开发牵涉到很多社会因素,许多软件的开发和运行涉及机构、体制和管理方式等问题,还会涉及到人们的观念和心理。这些人为的因素常常会成为软件开发的困难所在,直接影响到软件项目的成败。

(5)软件开发成本昂贵。需要投入大量、高强度的脑力劳动,成本非常高,风险也大。现在,软件的开销已大大超过了硬件的开销。

(6)任何软件都可能出错。软件投入使用后仍需进行修改维护,软件产品维护比硬件产品维护要复杂得多。

1.2 软件开发技术发展史

正如计算机硬件在 50 年内发生了极大变化一样,对计算机软件的开发技术来说,其在观念及目标等方面都发生了很大的变化。有的学者以大致 10 年左右来划分软件开发技术的各个阶段,分析与讨论每个时期的特点,即每个时期软件开发技术处理的对象、用途、目的、开发方法、认识、发展状况、突破、理论成就及目标。

1.2.1 20 世纪 40—50 年代

1. 软件开发技术处理的对象

软件开发技术处理的对象,以处理机的机器码占据主要地位。机器码一般由指令操作码及数据码组成,即由"0"和"1"组成的序列。软件开发也称为程序编写。由于每个计算机的指令系统都是单独设计的,没有规律,"0"和"1"组成序列的含义难以辨别、难以记忆,因此,编写、阅读和调试程序等非常困难。

2. 用途

早期,计算机主要用于科学计算或与军事有关的计算问题(如导弹表的计算)。世界上第一个电子计算机在宾夕法尼亚大学摩尔学院运行几个月后,就拆迁到马里兰州阿伯丁武器试验场工作,直到 1955 年退役。

3. 目的

在这个时期,计算机没有装入任何软件,即是我们现在称之为"裸机"的机器。裸机只能识别二进制代码。程序员编写机器能识别的机器码程序的目的是"确定计算机硬件的动作序列",使计算机能自动地执行程序编写人员要求计算机完成的计算任务。

4. 开发方法

由于当时每台计算机都是单独设计的,机器的指令系统没有规律,计算机价格昂贵,懂计算机的人很少,会用计算机的人更少。人们认为,只有逻辑天才才有能力施展高技巧,写出让计算机完成计算任务的程序。普通人是不敢问津的,也根本没有想到需要开发方法。到 20 世纪 50 年代时,美国也只有 500 名程序员。

5. 认识

当时,人们认为计算机主要被用于快速计算,用途很窄,只能用于计算一些数据,一旦计算完成,可将结果印发给全世界使用,所以"全世界只需五台计算机"就足够了。

6. 发展状况

随着计算机体系结构的成熟,商业上可以大批量地生产计算机,价格下降,应用范围很快扩大。特别地,为了使大众及商业界能接受及理解计算机,人们在计算机应用方面做了很多尝试,以扩大计算机的影响。如:利用计算机预测美国总统的选举结果;日本人利用计算机进行照相机镜头的设计;甚至开始设计交通管制系统等。这些软件是用机器语言编写的,程序员将指令和数据直接写到计算机存储体中。当程序员在原有的程序中加入一条新的指令的时候,程序员必须亲自对整个程序作检查,以确定所有相关的指令和操作经过变动后仍然是正确的。当这些应用变得更为复杂时,编写程序十分困难。渐渐地人们发现机器指令和存储体地址可以用一些便于记忆的符号来代替,为了摆脱用机器码编程的困难,使程序人员熟记计算机的全部指令,出现了用指令符号来编制程序的办法。用指令符号编制的程序称为符号程序,在编制程序时,只要记住用英文名称缩写的指令助记符就可以了。由此进一步发展出汇编语言。用汇编语言编写程序要比用机器的指令代码编写要方便得多,也便于检查和修改错误。

然而,计算机的内部结构是根据指令代码设计的,也就是说,它只能识别和理解用二进制代码表示的指令,不能识别和理解指令助记符。因此,人们用汇编语言编出程序后,必须将此程序翻译为机器语言程序,称为目的程序(目标程序),机器才能执行,这个编译工作十分繁琐,机器完全是机械式地进行一对一的翻译。为此,人们开发出专门的程序来完成机械式的翻译,这种程序称为"汇编程序"。汇编程序是一种进行"编辑与翻译"的程序,有了它,用户才能在该计算机上使用汇编语言编制程序,称为汇编语言程序或汇编源程序。

用汇编语言写的程序和用机器语言写的程序既有相同之处,也有不同之处。相同之处是程序主体部分几乎是一一对应的,不同的是 0、1 数码换成了符号,地址换成了可读的名字,另外还增加了关于工作单元和常数单元的成分。这些不同之处也正是汇编语言的优点,使得汇编语言编写的程序相对好写、好读、好改。

由于汇编是依赖于机器的,因此称它为面向机器的语言。使用时必须了解机器的某些细节,如累加器的个数、每条指令的执行速度、内存容量等。由于它高度依赖机器,因此可以与机器语言程序一样,结合机器特点编出短小、高质量、执行速度快的程序。时至今日,汇编语言仍然起着重要作用。在一些计算机公司中仍然用汇编语言编写系统软件,以保证高质量软件的功效。

机器码书写冗长且易出错，而汇编语言有一定改进，但仍然需要依赖机器，仍为"面向机器的语言"，使用时需了解某些细节，从而使计算机的应用普及以及普通人学习计算机产生了巨大的困难。随着技术的发展以及程序开发任务的复杂化，单靠机器码与汇编语言已越来越难以适应程序开发的需要。同时，程序内部的控制日趋复杂。到 20 世纪50 年代后期，人们发现按照某种规则来组织描述程序助记符将会有助于程序的理解。例如使用一系列数学符号来表示数学运算等，比单纯的汇编语言更容易理解。这种想法导致了一系列早期的高级语言的出现，其中包括现在我们仍然使用的 Fortran 语言。高级语言的出现和数据类型的使用使得编制复杂的软件成为可能。因此，面向应用的高级语言及相关编译系统的研究成为重要发展方向。

7. 重要技术突破

（1）对时间—空间关系的认识有了提高，即认识到可通过使用便宜的存储器来代替计算机硬件的逻辑功能。在电子计算机出现之前，人们设计专用的硬件来解决特定的问题，大部分问题都是利用直接的方式来解决的；后来，人们发现可以通过组合方式来处理许多问题。当时许多人认为只要有足够的钱构造硬件，就可以解决所有的问题；而有了计算机以后，随之产生了各种层次的存储设施，如磁芯、磁鼓、磁带、磁盘、纸带、穿孔卡片等，其价格便宜，数量充足。通过把信息存放在存储介质（空间资源）上，并且多次利用，就可以代替部分昂贵硬件的逻辑功能。

（2）利用迭代—反复使用的子程序。从此，计算机解决问题的方式不仅仅是可以利用各种功能的组合，而且还可以通过反复利用子程序来解决规模巨大的问题。如果依靠过去那种硬件作业的方式，解决这类问题将无法承受巨大的经济压力。

因此，人们思想观念发生了巨大的变化，从只要有"足够的资金"就能解决困难而复杂的问题，转变为只要容忍时间上的"等待"就可以解决几乎所有的问题。因此，为了减少"等待"时间，人们努力的方向就是不断突破计算机的运算速度及存储容量的限制。

8. 理论成就

冯·诺依曼提出了存储程序的概念。图灵进一步提出了存储程序在计算机中的应用。程序员可以不必知道计算机的细节就可以利用程序实现某些运算。图灵也预言了高级语言的开发，甚至在当时提出"利用电话线路来控制远距离计算机是完全可能的"。

9. 目标

这一时期的工作目标是：要求编出的程序能执行且执行快，最后能产生结果，其结果可接受。程序的质量完全依赖于程序员个人的技巧，希望用最少的资源来获得最大的运算能力。

1.2.2　20 世纪 60 年代

1. 软件开发技术处理的对象

不再直接用机器码编程，主要是使用各种符号语言来编程，包括面向机器的汇编语言、面向应用的高级语言。高级语言可以独立于机器，是按一定的"语法规则"，由表达各种意义的"词"或"数学公式"组成的。这种程序设计方法比较接近人的习惯；人们不必考虑计算机内部的构造和不同机器的特点,只要考虑解决问题的步骤,写出程序,经过编译程序翻译成机器能执行的机器指令,计算机就能执行,从而给编程工作提供了极大的方便,提高和扩大了解决问题的规模及难度。

2. 用途

计算机不再局限于计算问题,应用范围大大扩展。已大规模进入商业、银行等领域,开发了一批规模相当大的系统,如 IBM 公司用开发了操作系统 OS360,费用高达 1 亿美元;美国航空订座系统经历了长达 7 年的开发周期,于 1964 年投入使用。

3. 目的

这一时期编程的目的不再是关心计算机的硬件功能,而是确定程序人员定义的动作序列。这种动作不是代表计算机的一条指令,而是代表了一系列计算机指令的执行,即程序员控制的动作粒度大大增加。它们由高级程序设计语言的语句或宏指令、宏语句等表示,往往与计算机的内部结构和指令系统无关。它们更直接地接近人们所要处理的问题,因此解决问题的规模与复杂性大为增加。

4. 开发方法

我们可以用"功能性程序设计"一词来表征这一时期开发技术的特点。针对特定问题,根据所需功能制定特定方法,甚至考虑是否需要制造特定机器去解决该问题。每种方案要设计出特定的程序符号信息与结构。编程无章法,类似于智力游戏,依赖才智和技巧。检查错误的手段是仅仅依赖于对输出的全部存储信息(dump)进行分析,缺乏软件开发技术方法与理论。编程的随意性很大,一个人写的程序,另一个人很难看懂或理解。为了扩大待解决问题的规模和复杂性,开始把一组小程序链接成大程序,以完成单一综合的系统功能。当问题变得复杂、系统变大时,这种完全靠个人想象力构成的系统所产生的问题将很难解决。

5. 认识

高级编程语言的发展,使得程序的编写与执行程序的计算机硬件无关,因而开始认识到软件应独立于硬件。

扩大应用规模,必定会受程序规模与复杂性的限制。复杂性直接与程序的控制流有关,从此,人们认识到程序内部控制流的影响是不可忽视的。正因为子程序的返回控制和程序内部不规则多变的控制流,使程序变得复杂而难以理解。因此一些计算机科学家提出必须规范这种"控制流"。但是在这一时期,人们对软件开发中应重视的"管理问题"尚无认识。

6. 发展状况

这一阶段主要的发展是助记符以及适用于各种应用目的的高级编程语言,如Fortran、Cobol、Algol、Basic、Simula 和 Lisp 等,它们对计算机硬件有更大的控制粒度。高级编程语言与计算机相互独立,编程工作可以脱离对计算机本身结构或指令系统的认识而独立进行,进而使编程工作不必只能由专职的程序设计人员担任,这大大促进了计算机应用范围的扩展。同时,为了使计算机能理解高级语言,发展编译系统技术是极为必要的。计算机非数值计算方面的能力也随之得到愈来愈多人的认同,非数值的商业应用得到极大发展。但开发这些应用时,仅停留在使用程序内部精确注释及散文式的规格说明来联系软件的用户和开发人员上,大型应用系统的开发特征"软件危机"出现了。

7. 重要技术突破

计算机的体积变小,商业化成熟,而价格下降,其应用得到极大发展。这一阶段的成就是通过各种不同功能的高级编程语言促进计算机的应用,如 Fortran 语言促进了大型计算性的应用;Cobol 语言促进了银行、保险业等行业的计算机应用;Lisp 语言非常有利于表格处理,进而发展了表之间的操作、符号演算、博弈等人工智能应用。这一阶段的软件开发方式可归纳为"功能性程序设计技术"。

8. 理论成就

1968 年 10 月,北大西洋公约组织(NATO)的科学委员会提出了"软件危机(Software Crisis)"问题:将大型软件开发中存在的价格高、开发不易控制、软件开发工作量估计困难、软件质量低、软件项目失败率高、错误率高、无法判断大型系统能否正常工作及软件维护任务重等现象归结为"软件危机",认为这将是影响计算机应用发展的瓶颈,从而提出"软件工程"问题。"软件危机"是软件开发技术落后与软件需求极大增长这一矛盾的必然产物,软件开发工作通常仅仅依靠单个人的努力。而对于较大的软件系统来说,单个开发人员就无能为力了,他们通常不能保证软件的质量和开发的成功。

人们开始认真研究"软件危机"背后的真正原因,得出了许多具有重要意义的结论。在客观上,软件不同于硬件,它是计算机系统中的逻辑部件,而不是物理部件。软件开发实质上是逻辑思维的过程,写出程序并且在计算机上运行之前,软件开发的进展情况难以衡量,质量也难以评价,因此管理软件开发过程十分困难。同时,软件规模和复杂度呈指数剧增。成百上千的人共同开发一个大型系统时,大量的通信、后勤工作成为问题。这常常是造成软件开发失败多、费用高的重要原因。人们面临的不光是技术问题,更重要的是管理问题,管理不善通常导致失败。另外,软件不能像硬件那样允许误差存在,软件也不会用坏,发生错误时只能在生产现场改正或修改原来的设计。大型系统在开发时无法看出是否能正常工作,错误率高。为了了解开发中的情况,要求程序的可读性高,而不再强调编程技巧。

为解决"软件危机",荷兰科学家 E. W. Dijkstra 指出:不应该简单地只考虑编写程序就期望产生一个正确的结果;而应当考虑如何把软件进行划分与构造。他在编写操作系统时提出了分层次结构的想法,并付之实现。他提出取消 GOTO 语句,并提出以提高程序的可读性为目标的结构化程序设计方法。后来,Jacopini 等人证明了只需要"顺序"、"选择"与"循环"三种基本控制结构就可以实现任何单入口、单出口的程序,这就是程序结构定理,它是结构化程序设计的理论基础——使用三种基本控制结构的高级程序设计语言,以及只有一个入口及一个出口的程序设计原则,共同形成了新的程序设计思想、方法和风格,使程序变得清晰、易读、易修改——这就是结构化编程方法。

9. 目标

这一时期程序开发技术的目标是如何扩大程序系统的规模,以适应更加复杂的应用。

程序设计人员不再像计算机发展早期那样为了满足自己的研究工作需要而编制程序,而是为了使用户能够更好地利用计算机的功能而编制程序。复杂的应用使程序的规模变得极为庞大,需要组织大量程序员共同工作。为了减少失败、降低费用、减少错误、增加成功率,人们意识到大型软件系统的开发工作与早已为人们熟知的建设工程极为类似。于是,人们就尝试把已经成熟的工程学运用到软件开发上,以"软件工程"——强调组织管理的软件开发方法来解决"软件危机"。这些方法的特点是通过强调开发的可见性来支持开发管理。

1.2.3 20 世纪 70 年代

1. 软件开发技术处理的对象

"程序设计 = 数据结构 + 算法"这一公式总结了 20 世纪 70 年代程序设计的特征与成就。这一时期基本上可以用"小规模系统的程序设计"(programming in the small)为标志。

2. 用途

这一时期的计算机应用主要是大量的各种类型的非数值计算为特征的商业事务应用。计算机应用差不多进入了各种应用领域,并涉及大量智能性很强的领域,如能自动巡航的机器人、各种字处理系统、脑瘤病人 X 片的图像识别、电话呼叫的语音生成、象棋比赛、图形界面等,并开启了计算机网络互联的技术,如电子邮件等。同时,作为应用系统开发的基础设施,如编程语言的编译系统、简化应用系统对计算机资源的"调度与管理"的操作系统,以及针对数据管理的文件系统、数据库系统等都得到大力发展。

3. 目的

程序员的主要精力集中于选择及发展(确定)主要数据结构及相应算法等方面,达到应用与计算机资源中存储空间/CPU 运行时间的平衡。

4. 开发方法

这一时期,软件开发技术主要有两大发展。

第一方面是从程序中分离出数据结构与算法。美国科学家 Knuth 在 1971 年发表的《计算机程序设计技巧》已成为数据结构与算法方面的经典著作。数据结构与算法代表了在一些应用系统中反复出现的编程问题的优秀编程方案的经验总结。Knuth 把数据结构与算法问题冠以计算机程序设计技巧是十分恰当的,它们代表了计算机程序设计的制高点。把具有代表性的编程问题从应用程序中分离出来,成为一种独立的研究对象后,就可以集中精力对其进行研究并加以改进,并形成与其相关的理论。利用数据结构与算法理论,可以优化计算机中两项重要资源(存储空间与运算控制设备)的利用。

第二方面是进一步把结构化程序设计方法发展成结构化开发方法,包括结构化分析方法和结构化设计方法。

5. 认识

对计算机程序内部各部分关系的认识有了进一步提高:

(1)关于空间—时间复杂度的平衡。提出了算法复杂性及其度量问题,并提出了 NP 问题,即对于有些问题而言,当问题规模扩大时,会造成非多项式的计算增长。

（2）程序执行的停机问题。由于当时的主要矛盾是在程序执行时，如果发生不结束的错误，就很难办。因此，程序运行后的停机问题十分重要。

（3）虽然认为软件开发主要靠个人努力，但已认识到，面对复杂问题时应强调程序清晰，而不是过分注重技巧。

6. 发展状况

为了解决大型系统的问题，发展了数据独立的概念，即数据可脱离系统而存在，亦发展了并发访问的程序执行机制。从此，关于软件系统，人们不仅要考虑系统的功能，而且开始认识到状态的重要性。软件系统中包含少量必要的状态，需要新的理论方法。换句话说，系统状态比系统终止条件显得更为重要。对大型系统来说，重要的不仅是源程序或可执行程序，同样重要的是复杂的系统规格说明。这种规格说明包含了系统的功能、性能、可靠性及输入/输出要求等。

7. 重要技术突破

（1）数据结构与算法从程序中分离，使人们更加容易学习编程经验，不必发明创造新的数据结构和算法，基本解决了编程的方法和逻辑技巧问题。因此，能使用计算机的人群大为增加。

（2）发展了各种程序设计语言，如 Pascal（不用 GOTO 语句）、Smalltalk（面向对象语言）、Prolog（逻辑语言）等等。

（3）明确了系统软件与应用软件的区别。相应的系统软件有各种编程语言的编译器、操作系统（如 UNIX）及数据库系统等。

（4）形成了完整的软件系统。不仅是可执行系统，还有独立的数据状态和程序系统规格说明书。

8. 理论成就

理论成就主要包括以下三个方面：

（1）数据结构和算法理论。

（2）形式方法。用推理及逻辑语言等对程序的正确性进行验证。

（3）软件工程方法。开始提出软件开发模型——瀑布模型以及相应的结构化分析、设计、编程及测试方法。其中最为成功的是 DeMarco、Yourdon、Jackson 等人提出的分析型和构造型方法，以及 Parns 提出的以信息隐藏为特征的抽象数据结构、抽象机等。

9. 目标

各种技术方案的目标都是要解决"软件危机"。要求在时间、费用和质量三要素的工程要求下有序地完成项目。作为工程问题，除了技术方案外，管理问题也得到重视。这一时期技术方案的主要特点是提供各种可见的管理对象，并启用调查统计和分析工作来度量工作成效。

1.2.4　20 世纪 80 年代

1. 软件开发技术处理的对象

大型复杂的软件系统由几百万行的高级语言组成，往往包含着复杂的长期存在的数据库应用,此时可用"大规模系统的程序设计"(programming in the large)来代表。这意味着在 20 世纪 80 年代,虽然仍然存在大量的编程问题(或数据结构和算法问题),但其主流不再是强调编程问题,而是强调开发时的一些与系统有关的问题。

2. 用途

最为突出的是出现了大量数据库应用系统,特别是关系数据库的发展,使各种商业事务及社会生活,如银行、保险民航等各方面的问题转化为文字、数字,以数据形式进入计算机和数据库,形成各种类型的计算机信息系统,计算机应用得到极大发展。

3. 目的

随着个人计算机的出现,网络、分布式系统也得到很大发展。计算机系统不仅用于科学计算、增强军事实力及社会企业集团的功能,而且个人计算机的字处理程序等软件得到已广泛应用,提高了个人生产率。

4. 开发方法

由于软件系统规模的扩大,开发一个软件系统的重点由单纯的编程转向构造系统的方法,即如何管理系统的结构、系统各部件之间的接口,以及把各部分集成为一体。技术方法的主体是提出一套记号表示法及步骤来描述、定义、分析、验证系统的结构。而管理复杂的文档资料以及规格说明成为管理系统结构的主要手段。

5. 认识

对软件系统的生命周期有了认识,特别是认识到在生命期中维护问题的重要性,认为应根据软件生命期的总费用及总价值来决定软件开发采用何种方案。从长期存在的以数字符号为特征的数据库及长期连续执行的一组程序集中,认识到应强调大型结构化空间中各种处理的特点,强调时间变化对数据的完整性、一致性的要求。而且从这时起,开始强调开发小组的协作,而不再仅仅重视个人的编程技巧。因为,虽然一个人开发的软件生成率取决于本人的努力,而在大型项目中个人的作用往往会被忽视,表现为集体能力的平均值。

6. 发展状况

为了更好地发展软件技术,各国成立了相应的软件工程研究开发基地,再一次强调了研究软件开发技术的迫切性。如美国国防部支持在卡内基梅隆大学建立软件工程研究所;印度、巴西计划成立软件工厂,各项重大的软件工程计划相继出台。软件工程开发环境 CASE 及相应的集成化工具的研究中最成功的是有关 ADA 的开发环境、大型关系数据库的客户/服务器第四代开发工具,以及 Apple 的 Macintoch 和微软的 Windows 的计算机图形界面系统 GUI,这些工具大大提高了软件开发生产率。

7. 重要技术突破

这一时期最重大的技术突破应归属于关系数据库的客户/服务器计算。关系数据库把各种表示,如数据定义、浏览、查询处理等用同一标准方式表现出来,运算简短而清晰。而客户/服务器架构中,由客户端负责外部表示形式,获取输入及表示成输出结果。由服务器负责数据的存储、处理,直到给出回答,二者层次分明。同时,这种方式极大地方便了并行操作,因为组成关系模式操作本身形成一个闭集,非常方便地支持流水线或并行运算。对于SQL语句的查询是一种非过程性的查询,系统可以采用并行处理以提高查询速度。这种优点使大部分商用关系数据库管理系统获得良好的性能。利用与关系数据库相应的第四代语言,广大用户可以非常容易地参与软件开发工作。关系数据库常常与电子表格相容,图形用户界面与关系系统的操作非常接近,二者互相促进,大大提高了程序自动化的程度。大型商用数据库管理系统,如 Ingres、Oracle、Dbase 等都得到很大的发展及应用。

8. 理论成就

最重要的理论成就是关系数据库的关系理论。最著名的有软件工作量评估 COCOMO(Constructive COst Model,构造性成本模型)和软件过程改进模型 CMM(The Capability Maturity Model,能力成熟度模型)等。此外,软件开发技术中的度量问题受到重视。

9. 目标

为了追求进一步扩大系统规模及其复杂性,以适应更大规模的应用,要求系统能够适应迅速变化的需求,大幅度提高个人生产率,大力提倡发展软件复用。面向对象技术的重新崛起,有利于达到这一时期的目标。

1.2.5 20 世纪 90 年代以来

1. 软件开发技术处理的对象

这一时期开启了以网络计算为特征的信息高速公路的概念。在 20 世纪 90 年代,计算机处理的不仅是文字、数据符号,而是多媒体。发展最迅速的是支持多媒体信息的万维网WWW(World Wide Web)。虽然 Internet 技术早在 20 世纪 60 年代就已起步,在 80 年代有了一定的发展,但由于网络环境与软件技术的限制,Internet 网只分布在世界的某几个局部地区,在网上交换的信息也极为有限。所以 Internet 网在很大程度上不为人所知。80 年代末90 年代初,WWW 技术兴起,它是 Tim Berners Lee 在欧洲粒子物理实验室(CERN)开发的第一个 WWW 项目,在此后提出的 WWW 原型和 URLs、HTML 和 HTTP 的概念使 Internet 技术逐步走向成熟和广泛应用阶段。随着浏览器和 Java 的诞生,人们开始发现 Internet 蕴涵着巨大的商业价值。Internet 成为了各大软件厂商争夺的最大领域,无论是操作系统厂商、数据库厂商还是应用软件厂商,纷纷推出他们支持 Internet 的新产品。

2. 用途

在经济全球化背景的推动下,计算机的使用方式发生了根本变化。20 世纪 90 年代是计算机网络大发展的时代,网络化成为整个计算机业的长远发展趋势。信息交流、资源共享成为无法抵御的诱惑。一个网络上可能有数千万个终端用户在交互,他们之间的相互关系已不像以往时那样简单。不是单一的可执行单元,而是一组多媒体单元互相传递信息及高度的群组协作。从顺序工作及部分人机交互工作的方式转向几千万个终端用户通过网络跨时空地进行直接、并发的交互。此时系统的用户数往往超过企业的规模,使用的突发性也是这类应用的一个特点。

3. 目的

计算机应用的目的不仅仅是提高个人的生产率,而是要通过支持跨地区、跨部门、跨时间的群组共享信息协同工作来提高群组、集团的整体的生产率。

4. 开发方法

如果系统开发成一个独立的完整系统,一个庞大的整体性的系统将难以更改、难以适应变化。因此,基于构件的开发方法受到极大欢迎。这类系统通过一组称为构件的软件单元相互传递信息,共享信息,协作达到系统的目标,从而大大提高了系统的灵活性。由于 Internet 是遍布全世界的一个巨大的计算机网络,而整个网络的各节点所用的平台不一定一致,于是程序在整个 Internet 上的可移植性、互操作性成为软件开发者必须考虑的一个重要问题,Java 语言也因此应运而生。Java 语言有着很好的网上移植性、安全性,并且编程也较 C 语言和C++语言简单。基于 Internet/Web 技术的软件开发成为这一时期的最主要特点。开发技术的研究焦点是构件的互连及集成问题。因此,研究软件体系结构、软件设计模式、标准化问题、协议、集成等已成为焦点。

5. 认识

(1)认识到独立的完整系统的不足之处——难以适应变化,因而不再强调完整性,却强调集成,强调演进和可适应性。因此,对软件产品的研究重点从确定功能需求转向更进一步的非功能性需求,即认识到是软件架构反映了系统的非功能性需求。集成问题使软件系统之间、不同平台之间的互操作性成为关键,标准化、协议问题空前突出。

(2)认识到计算机软件领域中的特殊性,即最佳技术水平与平均水平间的差距远远大于其他技术之间的差距。因此,总结、复用设计经验的重要性显得更加重要。

(3)软件开发过程已从目标管理转向过程管理,因此获得一种普遍适用的软件开发模型是极端困难的。使更多的人不再强调寻求一种最佳模型方案,转而研究如何在可接受的性能/价格比条件下,不断改进个人与软件开发组织的开发过程。

6. 发展状况

(1)Internet/Intranet 以空前的速度得到普遍欢迎,电子邮件、信息发布、远程教育、远程医疗、电子商务及基于 Web 和浏览器的应用极为迅速地开始普及。网络技术的发展,高质量、容错的、高性能而安全的通信,能利用命名的透明性及网间互联技术达到的平衡负载、路由等技术,支持了上述应用。因而,虚拟医院、虚拟银行、虚拟企业、虚拟办公室成了时髦。

(2)新软件技术似波浪一波又一波地涌现,发展无法预料,但缺乏相应的理论。

7. 重要技术突破

从软件开发技术方面来讲,GAMMA 等总结了大量设计经验,提出了设计模式(Design Pattern)作为复用成功的系统设计经验的方案。设计模式的重要性几乎可与20世纪 70 年代从编程经验中分离数据结构与算法作为程序设计的规律性成果相同。

类似的努力也包括对架构的分类与表示方法的研究。在 20 世纪 90 年代,大量已开发出的优秀系统提供了将系统设计成果和重要设计问题成功解决方案从软件系统中分离出来的可能性。设计模式和软件架构代表了在系统级上的分离。这种分离的结果将形成有关设计模式和软件架构研究的独立领域,从而为形成相应理论创造条件。如果说数据结构与算法的成果是使编程不再成为天才的专利,那么目前这种分离将使构造系统成为普通人的工作。

这一时期突破性的技术产品是以 Netscape 为首的浏览器技术,它大大推动了 Internet/Intranet 的发展,而 Java 的出现进一步使具有跨平台的互操作性的应用理想接近现实。由 OMG 集团推出的对象模型技术中的对象接口标准 CORBA 及微软的 DCOM/COM/OLE 也竞争性地向这一目标前进。

8. 理论成就

这一阶段计算机应用发生了很大变化,以研究封闭系统转向开发不断演化的系统。因此以有人分析,作为计算机理论的基础——图灵机模型已不适合作为网络计算的基本模型,并且提出以"交互模型"作为计算的基础。此方面的理论讨论刚刚开始,对网络计算的影响将难以估计。

9. 目标

信息社会的特点是:一方面是信息爆炸,另一方面是信息即是资本。主要矛盾是获得有价值的信息,避免无用的信息和追求信息安全,因此所有的技术追求的目标为:JUST IN TIME INFORMATION。即要在正确的时刻,把正确的信息安全地送到需要信息的人那里,为了达到此目标,发展一系列更具智能性的技术方法将成为必然。

小　结

计算机软件软件由程序(包括程序执行所需相关数据)与文档两部分组成,软件具有可复制性、高智力性、依赖性、社会性,开发成本高昂,修改维护复杂等特点。

随着时间的推移,计算机软件开发技术在观念、目标、手段等方面也在不断发展。从机器语言到面向对象、面向网络的高级语言;从单纯局限于计算问题到普及至人类社会的各个领域;从小规模的计算性应用到大规模、超大规模的复杂系统;从侧重于编程技术到侧重于软件管理等。

软件技术变动大,新技术不断出现。应用软件技术时,应考虑待解决问题的特点,选择合适的技术,而不能脱离条件盲目照搬。各种方法及其记号符号、步骤是重要的,但更重要的是对问题的洞察力和经验。

软件不是自然规律性的物质,是人类思维的创造物。有待新理论与实践。

思　考　题

(1)什么是软件? 软件的特点是什么?

(2)简述汇编语言的特点,为什么至今还需要用汇编语言编写程序?

(3)简述"软件危机"的出现对软件发展产生的影响。

(4)简述从程序中分离出数据结构与算法在软件发展史中的重要意义。

(5)简述软件发展各个阶段的编程语言。

(6)搜集资料,试论述 21 世纪初期,软件发展的趋势。

第 2 章　软件架构

　　软件架构(Software Architecture)是软件设计过程中的一个层次,这个层次超越了算法设计和数据结构设计。事实上,良好的架构设计是决定软件系统成功的必要因素,它为软件项目的长期稳定性、可靠性提供了保证。作为一个高层次的软件设计,软件架构为软件工作者提供了一个重要的规范,为他们提供了更好的方法去分析和理解更庞大、更复杂的软件系统。

　　软件架构作为软件开发中的设计指导思想,对软件开发的成败起着至关重要的作用。它随着描述大型复杂系统结构的需要而兴起并发展,目的是为软件开发提供有效的理论指导,避免大型软件开发的盲目性,提高软件开发的质量。

　　虽然软件架构在软件工程中已有了很广泛的应用,但是由于有关研究还刚刚起步,对它的理解还没有达到共识。许多研究人员基于自己的经验,从不同角度、不同侧面对软件架构进行了不同的刻画和定义,这些不同的认识反映了软件架构概念的广度和复杂性。

2.1　软件架构概述

　　软件开发技术在经历了"软件危机"后,人们认识到软件开发需要使用工程化的方法进行开发和管理。软件架构作为软件工程中一个新兴的研究课题逐步得到深入和发展,不断满足描述大型复杂系统结构的需要,以及开发人员和计算机科学家在大型软件系统研制过程中对软件系统理解的认识。目前,国际计算机界对软件架构的研究有着极高的热情,并给予高度的重视。随着计算机网络和软件业的发展,软件架构的研究必然会越来越深入地开展下去。

　　软件架构是软件设计的高层部分,用于支撑更具细节的设计框架。架构也称为"系统架构(System Architecture)"、"高层设计(High-level Design)"或"顶层设计(Top-level Design)"。通常人们会用一份独立的文档来描述架构,这份文档称为"架构规格书(Architecture Specification)"或者"顶层设计"。有些人对"架构"和"高层设计"加以区分——架构指的是适用于整个系统范围的设计约束,而高层设计指的是适用于子系统层次或多个类的层次上的设计约束(但不是整个系统范围的设计)。

2.1.1　软件危机

　　软件危机是指计算机软件在开发和维护过程中遇到的一系列严重问题。概括地说主要包含两方面的问题:如何开发软件,怎样满足对软件日益增长的需求;如何维护数量不断膨胀的已有软件。对单个软件产品进行开发和维护主要有下述方面的表现。

1. 对软件开发的成本和时间估计不准确

随着软件规模的逐步增大，软件开发的成本和时间将呈指数曲线上升，这样，软件开发的实际成本往往高出估计成本一个数量级，实际进度比预定进度延长数月至数年，进度计划根本无法执行。为了加快进度和节约成本所采取的一些权宜之计往往损害了软件产品的质量，这些现象严重损害了软件开发组织的信誉，也引起了软件投资者和用户的不满。

2. 用户对完成的软件产品不满意

在软件开发初期，用户很难准确具体地叙述和表达作为软件设计依据的用户需求，软件开发人员常常对用户的要求只有模糊的了解，对要解决的问题缺乏全面认识。而在软件开发工作开始之后，软件人员与用户之间又未能及时交换意见，因而，完成的软件产品常常不符合用户的实际需要。

3. 软件的质量无法保证

由于缺乏标准的软件评测手段，软件的测试工作往往不能顺利进行，软件的质量保证技术没有被坚持并贯穿于软件开发的全过程，因而提交给用户的软件产品常发生质量问题；在应用领域不能可靠工作的软件给系统的正常工作带来极大危害；有些软件中的错误是非常难以改正的；许多软件不能适应新的硬软件环境，也不能跟随用户的需要追加新的功能，即许多软件是不可维护的。

4. 软件开发缺乏适当的文档资料

计算机软件开发过程中需要统一的、公认的方法与规范作为指导，尤其在大型软件开发过程中，不仅仅需要产生程序清单，而且需要一整套文档资料，且这些文档资料随着软件开发过程的进行不断地产生和更新。软件开发人员可依赖这些文档作为交流的工具，软件开发管理人员可依据此文档资料来管理和控制软件开发的进度。对于软件维护人员而言，这些文档资料更是至关重要的依据。缺乏适当的、合格的文档资料，必然给软件开发和维护带来严重的困难。

5. 软件技术发展的速度远远赶不上形势的需要

由于电子技术的发展，计算机硬件的成本逐年下降，计算机和网络的应用迅速普及。但是，软件的开发和维护需要大量的人力，软件成本随着软件应用规模和数量的扩大而不断扩大。在 20 世纪 90 年代，美国投入软件开发的成本已占计算机系统总成本的 90%，这极大地限制了计算机和网络应用的深入发展。另一方面，软件产品供不应求的现象也限制了人们对于充分利用计算机和网络巨大潜力的需要。

"软件危机"产生的原因除了与软件本身的特点有关，更重要的是与软件开发和维护的方法不正确有关。在软件开发与维护中长期存在着一些错误的观念、方法和技术，原因主要是在软件开发早期阶段所形成的个体化特点，表现为忽视软件需求分析的重要性，认为软件开发就是写程序并设法使之运行；在软件开发过程中既无计划和规范，在软件产品诞生后又无评测和维护手段等。

软件本身的特点确实给开发和维护带来一些困难，但是人们在开发和使用计算机系统的长期实践中,也确实积累和总结了许多成功的经验。如果能坚持总结并使用经过实践检验证明是正确的方法和经验,"软件危机"是完全可以克服的。

2.1.2　软件架构的基本概念

目前,软件架构在软件工程中已有了很广泛的应用,但是由于有关的研究还不够深入,因而对它的理解还没有达到共识。许多研究人员基于自己的经验从不同角度、不同侧面对软件架构进行了刻画,但至今为止还没有一个能被广泛接受的、标准化的关于软件架构的定义。

1992 年 Perry 和 Wolf 在他们早期关于软件架构的论文中指出:软件架构由一组具有一定形式的结构化元素或设计元素组成。它们分为三类,分别是处理元素、数据元素和连接元素。

1993 年 Shaw 和 Garlan 在一篇被誉为软件架构研究里程碑的重要论文中指出:软件架构是软件设计过程中的一个层次,这个新的层次超越了计算过程中的算法设计和数据结构设计。他们提出:软件架构由元素、连接以及对它们的约束组成,软件架构问题包括总体组织和全局控制、通信协议、同步、数据存取、给设计元件分配特定功能、设计元素的组织规模和性能,以及在各设计方案中进行选择等方面。

1994 年 Hayes－Roth 在 ARPA 特定软件架构的报告中指出:软件架构是一个抽象的系统规范,主要包括用其行为来描述的功能构件、构件和构件之间的相互连接、接口和关系。

1994 年 Bass 等人在关于软件架构的品质和属性方面的研究中指出:一个软件系统的架构设计可以从功能划分、结构和功能到结构的分配三个方面来描述。

1995 年 Garlan 和 Perry 在 IEEE 软件工程学报上修正了他们原先对软件架构的定义,指出软件架构是一个系统各构件的结构、它们之间的相互关系,以及进行设计的原则规范和随时间演进的指导方针。

1995 年 Soni、Nord 和 Hofmeister 这三位西门子公司的员工通过对工业界普遍使用和流行的开发设计环境进行研究后指出:至少可以从四个不同的角度对软件架构进行研究。这就是后来发展的软件架构四视图观点。四视图观点反映的架构是概念上的架构、模块架构、代码架构和运行架构。

(1)概念上的架构:描述系统的主要成分及它们之间的关系。主要包括构件、连接器、性能等。影响它们的主要因素是应用问题的分解和划分。

(2)模块架构:描述功能分解和层次结构两个正交的结构。主要包括子系统、模块、引入、引出、模块的界面管理、控制和一致性等。它们受到软件的设计原则、组织结构和软件技术的影响。

(3)代码架构:描述源程序、二进制文件和库文件在系统开发环境中的组织。主要包括文件、目录、库、软件的配置管理、系统建造等。它受到语言、工具和外部系统等因素的影响。

(4)运行架构:描述系统的动态行为。主要包括任务、过程、进程、性能、调度、动态分配和不同执行系统之间的接口等。它主要受到硬件架构、运行环境、性能和通信机制因素的影响。

另外，还有把软件架构分为逻辑视图、处理视图、物理视图和开发视图的四视图观点。逻辑视图是设计的概念模型；处理视图包括并发、同步、异步等；物理视图是软件向硬件及分布配置的映射；开发视图是软件在开发环境中的静态组织结构。

软件架构的第一次国际会议在 1995 年召开，这次会议对软件架构的命名进行了探讨和论述。会议论文提出如下观点：

（1）所有关于软件架构的概念模式都认为，软件架构包括软件构件、构件间的联系以及系统构造、方式、约束、语义、分析、属性、基本原理和系统需求。这一领域的研究可从结构模式语言（ADL）的发展中得到体现。

（2）框架模式观点与概念模式观点有一定的相似之处，但更加强调整个系统的连贯性。框架模式更多地针对特定的应用领域问题，该领域的研究包 CORBA（公共对象请求代理架构）及基于 CORBA 的系统结构模型等。

（3）动态模式强调系统的行为品质。这里的动态可以指系统总体配置的变化、建立或禁止预定义的通信和互联通道，以及计算的进展，如数据值的变化。

（4）进程模式强调软件架构的构造或构造过程中的步骤和进程。在此观点下，软件架构是一个进程描述结果。

上述四个方面的观点并不互相排斥，也不表示在软件架构的基本问题和看法上存在冲突。它们只是总结了观察分析软件架构研究领域的不同角度，如软件架构的组成成分、结构整体、已经形成和正在形成的行为等。

软件研究者从不同的角度出发对软件架构的定义做了不同解释。不同的认识反映了软件架构概念的广度。对于初学者而言，从软件设计的角度看架构的本意：它是指构建系统时的构造范型、构造风格和构造模式。软件架构对软件系统的构造起着指导性作用。它回避了软件系统的功能细节，着重讨论软件系统的总体构架。

软件架构涉及多方面的内容，如：软件的组成构件及系统构架；软件各构件的选择；各构件之间的相互作用；软件构件的进一步复合以及指导软件复合过程的总体模式；系统的功能、性能、设计，以及从多种方案中进行选样的决策。

可见，软件架构关注的是系统结构及其组成构件。软件架构开始于系统的早期设计。它主要描述以下属性：系统的构件，包括功能构件和数据构件；系统构件间的连接，包括数据流和控制流；构件和连接的约束，包括构件间的通信协议、构件间的同步等；以及用构件和连接表示的系统整体结构的拓扑关系。

根据软件生命周期的标准，Perry 和 Wolf 将软件开发过程划分为需求分析、架构设计、详细设计和实现。

需求分析：根据用户的需求决定软件系统的功能。

架构设计：包括选择模式、选择构件、构件之间的关系以及它们之间的约束。以此为框架为详细设计奠定基础。

详细设计：主要对系统进行模块化，描述各个构件间的详细接口、算法和数据结构类型等。

实现：使用程序设计语言实现设计方案的要求。

2.2 软件架构的风格

软件架构设计的一个核心问题是能否使用重复的架构模式,即能否达到架构级的软件复用,也就是说能否在不同的软件系统中使用同一架构。基于这个目的,学者们开始研究和实践软件架构的风格和类型问题。

软件架构风格是描述某一特定应用领域中系统组织方式的惯用模式。它反映了领域中众多系统共有的结构和语义特性,并指导如何将各个模块和子系统有效地组织成一个完整的系统。按这种方式理解,软件架构风格定义了用于描述系统的术语表和一组指导构建系统的规则。

对软件架构风格的研究和实践促进了对设计的复用,一些经过实践证实的解决方案也可以可靠地用于解决新的问题。架构风格的不变部分使不同的系统可以共享同一个实现代码。只要系统是采取常用的、规范的方法来组织的,就可使其他设计者很容易地理解系统的架构。例如,如果某人把系统描述为"客户/服务器"模式,则不必给出设计细节,我们立刻就会明白系统是如何组织和工作的。

2.2.1 几种经典的架构风格

下面是 Garlan 和 Shaw 对通用架构风格的分类:

(1)数据流风格:批处理序列、管道/过滤器。

(2)调用/返回风格:主程序/子程序、面向对象风格、层次结构。

(3)独立构件风格:进程通讯、事件系统。

(4)虚拟机风格:解释器、基于规则的系统。

(5)仓库风格:数据库系统、超文本系统、黑板系统。

本节我们先介绍几种主要的和经典的架构风格和它们的优缺点。在下一节介绍几种新出现的软件架构风格。

1. C2 风格

C2 是一种基于构件和消息的层次结构的架构风格,可用于创建灵活的、可伸缩的软件系统。C2 构架中的基本元素是构件(Component)、连接件(Connector)。每个构件定义有一个顶端接口和一个底端接口,这使得构件的增加、删除、重组更加简单、方便。每个连接件也定义有顶端接口和底端接口,但接口的数量与连接在其上的构件、连接器数量有关,这也有利于实现运行时的动态绑定。构件之间不存在直接的通讯手段。构架中各元素(构件、连接件)之间的通讯只有通过连接件传递消息来实现。处于底层的构件向高层的构件发出服务请求消息(Requests),消息经由连接件送到相应的构件,处理完成后由该构件将结果信息(Notifications)经连接件送到低层相应的构件。

C2 架构风格可以概括为:它是通过连接件绑定在一起且按照一组规则运作的并行构件网络。C2 风格中的系统组织规则如下:

(1)系统中的构件和连接件都有一个顶部和一个底部;

(2)构件的顶部应连接到某连接件的底部,构件的底部则应连接到某连接件的顶部,而构件与构件之间的直接连接是不允许的；

（3）一个连接件可以和任意数目的其他构件和连接件连接；

（4）当两个连接件进行直接连接时，必须由其中一个的底部到另一个的顶部。

图 2-1 是 C2 风格的示意图。图中构件与连接件之间的连接体现了 C2 风格中构建系统的规则。

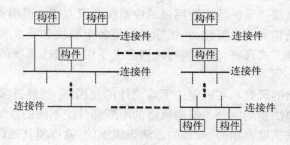

图 2-1　C2 风格的架构

C2 风格是最常用的一种软件架构风格。从 C2 风格的组织规则和结构图中我们可以看出 C2 风格具有以下特点：

（1）系统中的构件可实现应用需求，并能将任意复杂度的功能封装在一起；

（2）所有构件之间的通讯是通过以连接件为中介的异步消息交换机制来实现的；

（3）构件相对独立，构件之间依赖较少。系统中不存在某些构件将在同一地址空间内执行或某些构件共享特定控制线程之类的相关性假设。

2. 管道/过滤器风格

在管道/过滤器风格的软件架构中，每个构件都有一组输入和输出，构件读取输入的数据流，经过内部处理，然后产生输出数据流。这个过程通常通过对输入流进行变换及增量计算来完成，所以在输入被完全消费之前输出便产生了。因此，这里的构件被称为过滤器，这种风格的连接件就像是数据流传输的管道，将一个过滤器的输出传到另一过滤器的输入。此风格特别重要的过滤器必须是独立的实体，它不能与其他的过滤器共享数据，而且一个过滤器不知道其上游和下游的标识。一个管道/过滤器网络输出的正确性并不依赖于过滤器进行增量计算过程的顺序。

图 2-2 是管道/过滤器风格的示意图。一个典型的管道/过滤器架构的例子是以 Unix shell 编写的程序。Unix 既提供一种符号以连接各组成部分（Unix 的进程），又提供某种进程运行时的机制以实现管道。另一个著名的例子是传统的编译器。传统的编译器一直被认为是一种管道系统，在该系统中，一个阶段（包括词法分析、语法分析、语义分析和代码生成）的输出是另一个阶段的输入。

管道/过滤器风格的软件架构具有许多优秀的特点：

（1）使得软构件具有良好的隐蔽性和高内聚、低耦合的特点；

（2）允许设计者将整个系统的输入/输出行为看成是多个过滤器的行为的简单合成；

（3）支持软件复用。只要提供适合在两个过滤器之间传送的数据，任何两个过滤器

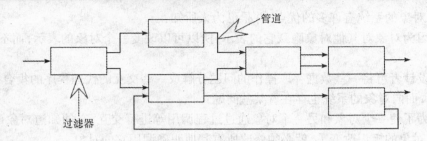

图 2－2　管道/过滤器风格的架构

都可被连接起来；

（4）系统维护和系统性能增强容易。新的过滤器可以添加到现有系统中；旧的过滤器可以被改进的过滤器替换掉；

（5）允许对一些如吞吐量、死锁等属性进行分析；

（6）支持并行执行。每个过滤器是作为一个单独的任务完成的，因此可与其他任务并行执行。

但是，这样的系统也存在着若干不利因素：

（1）常常导致进程成为批处理的结构。这是因为虽然过滤器可增量式地处理数据，但它们是独立的，所以设计者必须将每个过滤器看成一个完整的从输入到输出的转换。

（2）不适合处理交互的应用。当需要增量地显示改变时，这个问题尤为严重。

（3）因为在数据传输上没有通用的标准，每个过滤器都增加了解析和合成数据的工作，这样就造成了系统性能下降，并增加了编写过滤器的复杂性。

3. 数据抽象和面向对象风格

抽象数据类型概念对软件系统有着重要作用，目前软件界已普遍转向使用面向对象系统。这种风格建立在数据抽象和面向对象的基础上，数据的表示方法和它们的相应操作封装在一个抽象数据类型或对象中。这种风格的构件是对象，或者说是抽象数据类型的实例。对象是一种被称作管理者的构件，因为它负责保持资源的完整性。对象是通过函数和过程的调用来交互的。

图 2－3 是数据抽象和面向对象风格的示意图。

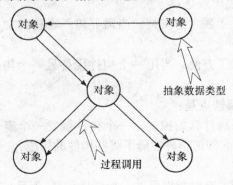

图 2－3　数据抽象和面向对象风格的架构

面向对象的系统有许多的优点,并早已为人所知:

(1)因为对象对其他对象隐藏它的表示,所以可以改变一个对象的表示,而不影响其他的对象。

(2)设计者可将一些数据存取操作的问题分解成一些交互的代理程序的集合。

但是,面向对象的系统也存在着某些问题:

(1)为了使一个对象和另一个对象通过过程调用等进行交互,必须知道对象的标识。只要一个对象的标识改变了,就必须修改所有其他明确调用它的对象。

(2)必须修改所有显式调用它的其他对象,并消除由此带来的一些副作用。例如,如果 A 使用了对象 B,C 也使用了对象 B,那么 C 对 B 的使用所造成的对 A 的影响可能是意想不到的。

4. 基于事件的隐式调用风格

基于事件的隐式调用风格的思想是构件不直接调用一个过程,而是触发或广播一个或多个事件。系统中的其他构件中的过程在一个或多个事件中注册,当一个事件被触发,系统自动调用在这个事件中注册的所有过程,这样,一个事件的触发就导致了另一模块中过程的调用。

从架构上说,这种风格的构件是一些模块,这些模块既可以是一些过程,又可以是一些事件的集合。过程可以用通用的方式调用,也可以在系统事件中注册一些过程,当发生这些事件时,过程被调用。

基于事件的隐式调用风格的主要特点是,事件的触发者并不知道哪些构件会被这些事件影响,不能假定构件的处理顺序,甚至不知道哪些过程会被调用,因此,许多隐式调用的系统也包含显式调用作为构件交互的补充形式。

支持基于事件的隐式调用的应用系统很多。例如,在编程环境中用于集成各种工具,在数据库管理系统中确保数据的一致性约束,在用户界面系统中管理数据,以及在编辑器中支持语法检查。例如在某系统中,编辑器和变量监视器可以登记相应 Debugger 的断点事件。当 Debugger 在断点处停下时,它声明该事件,由系统自动调用处理程序,如编辑程序可以卷屏到断点,变量监视器刷新变量数值。而 Debugger 本身只声明事件,并不关心哪些过程会启动,也不关心这些过程做什么处理。

隐式调用系统的主要优点是:

(1)为软件复用提供了强大的支持。当需要将一个构件加入现存系统中时,只需将它注册到系统的事件中。

(2)为改进系统带来了方便。当用一个构件代替另一个构件时,不会影响到其他构件的接口。

隐式调用系统的主要缺点是:

(1)构件放弃了对系统计算的控制。一个构件触发一个事件时,不能确定其他构件是否会响应它,而且即使它知道事件注册了哪些构件的构成,它也不能保证这些过程被调用的顺序。

(2)数据交换的问题。有时数据可被一个事件传递,但另一些情况下,基于事件的系统必须依靠一个共享的仓库进行交互。在这些情况下,全局性能和资源管理便成了问题。

（3）既然过程的语义必须依赖于被触发事件的上下文约束，那么关于正确性的推理存在问题。

5. 层次系统风格

层次系统组织成一个层次结构，每一层为上层服务，并作为下层客户。在一些层次系统中，除了一些精心挑选的输出函数外，内部的层只对相邻的层可见。这样的系统中构件在一些层实现了虚拟机（在另一些层次系统中层是部分不透明的）。连接件通过决定层间如何交互的协议来定义，拓扑约束包括对相邻层间交互的约束。

这种风格支持基于可增加抽象层的设计。这样，允许将一个复杂问题分解成一个增量步骤序列的实现。由于每一层最多只影响两层，同时只要给相邻层提供相同的接口，允许每层用不同的方法实现。这为软件复用提供了强大的支持。

图2-4是层次系统风格的示意图。层次系统最广泛的应用是分层通信协议。在这一应用领域中，每一层提供一个抽象的功能，作为上层通信的基础。较低的层次定义低层的交互，最低层通常只定义硬件的物理连接。

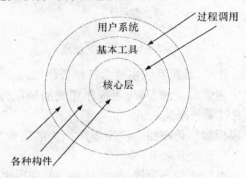

图2-4　层次系统风格的架构

层次系统有许多可取的属性：

（1）支持基于抽象程度递增的系统设计，使设计者可以把一个复杂系统按递增的步骤进行分解；

（2）支持功能增强，因为每一层至多和相邻的上下层交互，因此功能的改变最多影响相邻的上下层；

（3）支持重用。只要提供的服务接口定义不变，同一层的不同实现可以交换使用。这样，就可以定义一组标准的接口，而允许各种不同的实现方法。

但是，层次系统也有其不足之处：

（1）并不是每个系统都可以很容易地划分为分层的模式，即使一个系统的逻辑结构是层次化的，出于对系统性能的考虑，系统设计师也不得不把一些低级或高级的功能综合起来；

（2）很难找到一个合适的、正确的层次抽象方法。

6. 仓库风格

在仓库风格中有两种不同的构件：中央数据结构说明当前状态；独立构件在中央数据

存贮上执行,仓库与外构件间的相互作用在系统中会有大的变化。

控制原则的选取产生两个主要的子类。若输入流中某类时间触发进程执行的选择,则仓库是传统型数据库;另一方面,若中央数据结构的当前状态触发进程执行的选择,则仓库是一黑板系统。

图2-5是黑板系统的组成示意图。黑板系统的传统应用是信号处理领域,如语音和模式识别。另一应用是松耦合代理数据共享存取。

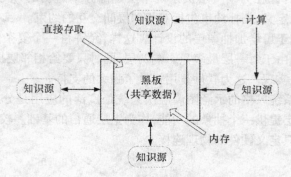

图2-5 黑板系统的组成

我们从图2-5中可以看出,黑板系统主要由三部分组成:

(1)知识源。知识源中包含独立的、与应用程序相关的知识,知识源之间不直接进行通讯,它们之间的交互只通过黑板来完成。

(2)黑板数据结构。黑板数据是按照与应用程序相关的层次来组织的解决问题的数据,知识源通过不断地改变黑板数据来解决问题。

(3)控制。控制完全由黑板的状态驱动,黑板状态的改变决定使用的特定知识。

软件架构风格为大粒度的软件重用提供了可能。然而,对于应用架构风格来说,由于视点不同,系统设计师有很大的选择空间。要为系统选择或设计某一个架构风格,必须根据特定项目的具体特点进行分析比较后再确定,架构风格的使用几乎完全是特化的。

在本节中,我们只讲述了"纯"的架构。但是,从上面的介绍中我们知道,不同的结构有不同的强项和弱点,一个系统的架构应该根据实际需要进行选择,以解决实际问题。事实上也存在一些系统,它们是由这些纯架构组合而成的,即采用了异构软件架构。

2.2.2 几种新型的架构风格

随着计算机网络技术和软件技术的发展,软件架构和模式也在不断发生变化,本节将介绍几种新型的软件架构。

1. 正交软件架构

正交软件架构由组织层和线索的构件构成。层由一组具有相同抽象级别的构件构成。线索是子系统的特例,它是由完成不同层次功能的构件组成的(通过相互调用来关联),每一条线索完成整个系统中相对独立的一部分功能。每一条线索的实现与其他线索的实现无关或关联很少,在同一层中,构件之间是不存在相互调用的。

如果线索是相互独立的,即不同线索中的构件之间没有相互调用,那么这个结构就是完全正交的。正交软件架构是一种以垂直线索构件族为基础的层次化结构,其基本思想是把应用系统的结构按功能的正交相关性垂直分割为若干个线索(子系统),线索又分为几个层次,每个线索由多个具有不同层次功能和不同抽象级别的构件构成。各线索进行相同层次的构件具有相同的抽象级别。因此,可以归纳正交软件架构的主要特征如下:

(1)正交软件架构由完成不同功能的 n(n>1)个线索(子系统)组成;

(2)系统具有 m(m>1)个不同抽象级别的层;

(3)线索之间是相互独立的(正交的);

(4)系统有一个公共驱动层(一般为最高层)和公共数据结构(一般为最低层)。

大型的和复杂的软件系统,其子线索(一级子线索)还可以划分为更低一级的子线索(二级子线索),形成多级正交结构。正交软件架构的框架如图 2-6 所示。

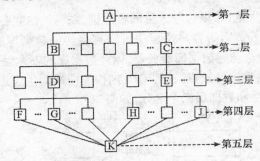

图 2-6 正交软件架构框架

图 2-6 是一个三级线索、五层结构的正交软件架构框架图,在该图中,ABDFK 组成了一条线索,ACEJK 也是一条线索。因为 B、C 处于同一层次中,所以不允许进行互相调用;H、J 处于同一层次中,也不允许进行互相调用。一般来讲,第五层是一个物理数据库连接构件或设备构件,供整个系统公用。

在软件进化过程中,系统需求会不断发生变化。在正交软件架构中,因线索的正交性,每一个需求变动仅影响某一条线索,而不会涉及到其他线索。这样,就把软件需求的变动局部化了,产生的影响也被限制在一定范围内,因此实现容易。

正交软件架构具有以下优点:

(1)结构清晰,易于理解。正交软件架构的形式有利于理解。由于线索功能相互独立,不进行互相调用,结构简单、清晰,构件在结构图中的位置已经说明它所实现的是哪一级抽象,担负的是什么功能。

(2)易修改,可维护性强。由于线索之间是相互独立的,所以对一个线索的修改不会影响到其他线索。当软件需求发生变化时,可以将新需求分解为独立的子需求,然后以线索和其中的构件为主要对象分别对各个子需求进行处理,这样软件修改将很容易实现。系统功能进行增加或减少,只需相应地增删线索构件族,而不影响整个正交架构,因此能方便地实现结构调整。

(3)可移植性强,重用粒度大。因为正交结构可以被一个领域内的所有应用程序共享,这些软件有着相同或类似的层次和线索,可以实现架构级的重用。

2. 三层 C/S 软件架构

C/S 软件架构,即 Client/Server (客户机/服务器)结构是基于资源不对等且为实现共享而提出来的,是 20 世纪 90 年代逐渐成熟的技术,C/S 结构将应用一分为二,服务器(后台)负责数据管理,客户机(前台)完成与用户的交互任务。

C/S 架构具有强大的数据操作和事务处理能力,模型思想简单,易于人们理解和接受。但随着企业规模的日益扩大,软件的复杂程度不断提高,传统的二层 C/S 结构存在以下几个局限:

(1)二层 C/S 结构是单一服务器且以局域网为中心的,所以难以扩展至大型企业广域网或 Internet;

(2)软、硬件的组合及集成能力有限;

(3)客户机的负荷太重,难以管理大量的客户机,系统的性能容易变坏;

(4)数据安全性不好。因为客户端程序可以直接访问数据库服务器,在客户端计算机上的其他程序也可设法访问数据库服务器,因此数据库的安全性受到威胁。

因为二层 C/S 存在着这些缺点,三层 C/S 结构便应运而生。三层 C/S 结构是将应用功能分成表示层、功能层和数据层三个部分,如图 2-7 所示。

图 2-7 三层 C/S 结构示意图

表示层是应用的用户接口部分,它担负着用户与应用间的对话功能。它用于检查用户从键盘等输入的数据,显示应用输出的数据。为了使用户能直观地进行操作,一般要使用图形用户接口,因为图形用户接口操作简单、易学易用。在变更用户接口时,只需改写显示控制和数据检查程序,而不影响其他两层。检查的内容也只限于数据的形式和取值的范围,不包括有关业务本身的处理逻辑。

功能层相当于应用的主体,它是将具体的业务处理逻辑编入程序中。例如,在制作订购合同时要计算合同金额,按照定好的格式配置数据、打印订购合同,而处理所需的数据则要从表示层或数据层取得。表示层和功能层之间的数据交往要尽可能简洁。例如,用户检索数据时,要设法将有关检索要求的信息一次性地传送给功能层,而由功能层处理过的检索结果数据也需要一次性地传送给表示层。

数据层就是数据库管理系统,负责管理对数据库数据的读写。数据库管理系统必须能迅速执行大量数据的更新和检索。因此,一般从功能层传送到数据层的要求大都使用 SQL 语言。

三层 C/S 的解决方案是对这三层明确进行分割,并在逻辑上使其独立。原来的数据层作为数据库管理系统已经独立出来,所以,关键是要将表示层和功能层分离成各自独立的程序,并且还要使这两层间的接口简洁明了。

　　一般情况是只将表示层配置在客户机中,如果连功能层也放在客户机中,与二层 C/S 结构相比,其程序的可维护性要好得多,但是其他问题并未得到解决。客户机的负荷太重,其业务处理所需的数据要从服务器传给客户机,所以系统的性能容易变坏。

　　如果将功能层和数据层分别放在不同的服务器中,则服务器和服务器之间也要进行数据传送。但是,由于在这种形态中三层是分别放在各自不同的硬件系统上的,所以灵活性很大,能够适应客户机数目的增加和处理负荷的变动。例如,在追加新业务处理时,可以相应增加装载功能层的服务器。因此,系统规模越大,这种形态的优点就越显著。

　　与传统的二层 C/S 结构相比,三层 C/S 结构具有以下优点:

　　(1)允许合理地划分三层结构的功能,使之在逻辑上保持相对独立,从而使整个系统的逻辑结构更为清晰,能提高系统和软件的可维护性和可扩展性。

　　(2)允许更灵活有效地选用相应的平台和硬件系统,使之在处理负荷能力上与处理特性上分别适应于结构清晰的三层;并且这些平台和各个组成部分间可以具有良好的可升级性和开放性。例如,最初用一台 Unix 工作站作为服务器,将数据层和功能层都配置在这台服务器上。随着业务的发展,用户数和数据量逐渐增加,这时,就可以将 Unix 工作站作为功能层的专用服务器,另外追加一台专用于数据层的服务器。若业务进一步扩大,用户数进一步增加,则可以继续增加数据层和功能层的服务器数目。清晰、合理地分割三层结构并使其独立,可以使系统构成的变更非常简单。因此,被分成三层的应用基本上不需要修正。

　　(3)三层 C/S 结构中各层可以并行开发,也可以选择各自最适合的开发语言,使之能并行地而且高效地进行开发,达到较高的性能价格比,每一层的开发和维护也会更加容易一些。

　　(4)允许充分利用功能层有效地隔离表示层与数据层,未授权的用户难以绕过功能层而利用数据库工具或黑客手段非法地访问数据层,这就为严格的安全管理奠定了坚实的基础;整个系统的管理层次也更加合理和可控制。

3. C/S 与 B/S 混合软件架构

　　B/S 与 C/S 混合软件架构是一种典型的异构架构。

　　B/S 软件架构,即 Browser/Server(浏览器/服务器)结构,是随着 Internet 技术的兴起而对 C/S 架构进行变化或者改进形成的结构。在 B/S 架构下,用户界面完全通过 WWW 浏览器实现,一部分事务逻辑在前端实现,但是主要事务逻辑在服务器端实现。

　　B/S 架构主要是利用不断成熟的 WWW 浏览器技术,结合浏览器的多种脚本语言,采用通用浏览器就实现了原来需要复杂的专用软件才能实现的强大功能,节约了开发成本,是一种全新的软件架构。基于 B/S 架构的软件,系统安装、修改和维护都在服务器端解决。用户在使用系统时仅仅需要一个浏览器就可运行全部的模块,真正达到了"零客户端"的功能,便于系统自动升级。B/S 架构还提供了异种机、异种网、异种应用服务的联机、联网、统一服务的最现实的开放性基础。

　　但是,与 C/S 架构相比,B/S 架构也有不足之处,例如:

　　(1)B/S 架构缺乏对动态页面的支持能力,没有集成有效的数据库处理功能。

　　(2)B/S 架构的系统扩展能力差,安全性难以控制。

（3）采用 B/S 架构的应用系统，在数据查询等响应速度上要远远低于 C/S 架构。

（4）B/S 架构的数据提交一般以页面为单位，数据的动态交互性不强，不利于在线事务处理（OLTP）应用。

从上面的对比分析中我们可以看出，传统的 C/S 架构并非一无是处，而新兴的 B/S 架构也并非十全十美。由于 C/S 架构根深蒂固、技术成熟，原来的很多软件系统都是建立在 C/S 架构基础上的，因此，B/S 架构要想在软件开发中起主导作用，需要走的路还很长。我们认为，C/S 架构与 B/S 架构还将长期共存。

从当前的技术水平看，B/S 架构特别适用于系统与用户交互量不大的应用，对于需要大量高速、频繁交互的应用系统而言，采用这种架构并不一定是最好的选择。

目前，B/S 架构较适用于信息发布，对于如在线事务处理应用等尚有困难。因此，选择 B/S 架构时并不一定要全部取代传统的 C/S 架构，它们是互相补充、相辅相成的。

因此，可以采用 C/S 与 B/S 混合的软件架构，它的优点是：

（1）充分发挥了 B/S 与 C/S 架构的优势，弥补了二者的不足。充分考虑了用户利益，在保证浏览查询者方便操作的同时，也使系统更新简单、维护简单灵活、易于操作。

（2）信息发布采用 B/S 架构，保持了客户端的优点。装入客户机的软件可以采用统一的 WWW 浏览器。由于 WWW 浏览器和网络综合服务器都是基于工业标准的，可以在所有的平台上工作。

（3）数据库端采用 C/S 架构，这一部分只涉及系统维护、数据更新等，不存在完全采用 C/S 架构带来的客户端维护工作量大等缺点，并且在客户端可以构造非常复杂的应用，界面友好灵活，易于操作，能解决许多 B/S 架构存在的固有缺点。

（4）对于原有的基于 C/S 架构的应用，只需开发用于发布的 WWW 界面，就可非常容易地升级到这种体系结构，并保留原来的某些子系统，充分地利用现有系统的资源。

（5）将服务器端划分为 Web 服务器和 Web 应用程序两部分。Web 应用程序采用组件技术实现三层体系结构中的逻辑部分，达到封装的目的。

C/S 与 B/S 混合软件架构的缺点是，企业外部用户修改和维护数据时速度较慢、较繁琐，数据的动态交互性不强。

2.3 基于架构的软件开发模型

传统的软件开发过程可以划分为从概念到实现的若干个阶段，包括问题定义、需求分析、软件设计、软件实现及软件测试等。在这种传统的开发方法中，如果软件需求不断变化，最终软件产品可能与初始原型相差很大。如果采用传统的软件开发模型，软件架构的建立应位于需求分析之后、概要设计之前。而基于架构的开发模型有严格的理论基础和工作原则，是以架构为核心的。架构在软件需求与软件设计之间架起了一座桥梁，解决了软件系统到实现的平缓过渡，提高了软件分析设计的质量和效率。

基于架构的软件开发模型（Architecture Based Software Development Model，ABSDM）把整个基于架构的软件过程划分为架构需求、架构设计、架构文档化、架构复审、架构实现、架构演化等六个子过程，如图 2-8 所示。

2.3.1　架构需求

需求是指用户对目标软件系统在功能、行为、性能、设计约束等方面的期望。架构需求受技术环境和架构设计师的经验影响。需求过程主要是获取用户需求,标志系统中所要用到的构件。架构需求过程如图 2-9 所示。如果以前有类似的系统架构的需求,我们可以从需求库中取出加以利用和修改,以节省需求获取的时间,减少重复劳动,提高开发效率。

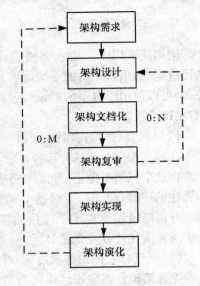

图 2-8　基于架构的软件开发模型

(1)需求获取

架构需求一般来自三个方面,分别是系统的质量目标、系统的商业目标和系统开发人员的商业目标。软件架构需求获取过程主要是定义开发人员必须实现的软件功能,使用户能完成任务,从而满足其业务上的功能需求。与此同时,还要获得软件质量属性,满足一些非功能需求。

(2)标志构件

图 2-9 中虚框部分属于标志构件大致的过程。这一过程又可分为三步来实现。该过程为系统生成初始逻辑结构。

第一步:生成类图。生成类图的 CASE 工具有很多,例如,用 Rational Rose 可以自动生成类图。

第二步:对类进行分组。在生成类图的基础上使用一些标准对类进行分组,可以大大简化类图的结构,使之更清晰。一般地,与其他类隔离的类形成一个组,由概括关联的类组成一个附加组,由聚合或合成关联的类也形成一个附加组。

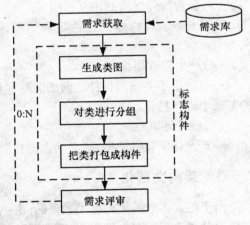

图 2-9　架构需求过程

第三步:把类打包成构件。把在第二步得到的类簇打包成构件,组合并成更大的构件。

(3)需求评审

组织一个由不同代表(如分析人员、客户、设计人员、测试人员)组成的小组,对架构需求及相关构件进行仔细的审查。审查的主要内容包括所获取的需求是否真实地反映了用户的要求、类的分组是否合理、构件合并是否合理等。必要时可以在架构需求的第1～3层之间进行迭代。

2.3.2 架构设计

架构需求用来产生和调整设计决策。架构设计是一个迭代过程，如果要开发的系统能够从已有的系统中导出大部分，则可以使用已有系统的设计过程。软件架构设计过程如图2－10所示。

（1）提出软件架构模型

在建立架构的初期，选择一个合适的架构风格是首要的。在这个风格基础上，开发人员通过架构模型获得关于架构属性的理解。此时，虽然这个模型是理想化的（其中的某些部分可能错误地表示了应用的特征），但是该模型为将来的实现和演化过程建立了目标。

（2）把已标志的构件映射到软件架构中

把在架构需求阶段已标志的构件映射到架构中，将产生一个中间结构，这个中间结构只包含那些能明确适合架构模型的构件。

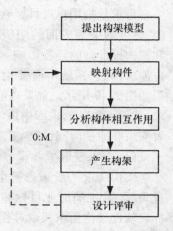

图2－10　架构设计过程

（3）分析构件之间的相互作用

为了把所有已标志的构件集成到架构中，必须认真地分析这些构件的相互作用和关系。

（4）产生软件架构

一旦决定了关键的构件之间的关系和相互作用，就可以在第二阶段得到的中间结构的基础上进行精化。

（5）设计评审

一旦设计了软件架构，则必须邀请独立于系统开发的外部人员对架构进行评审。

2.3.3 架构文档化

由于绝大多数的架构都是抽象的，由一些概念上的构件组成。例如，层的概念在任何程序设计语言都不存在。因此，要让系统分析员和程序员去实现架构，还必须把架构进行文档化。文档是在系统演化的每一个阶段系统设计与开发人员的通信媒介，是为验证架构设计或必要时修改这些设计进行预先分析的基础。

架构文档化过程的结果是生成架构需求规格说明和测试架构需求质量设计说明书这两个文档，它们是用户和开发者之间的协约。

软件架构的文档与软件开发项目中的其他文档是类似的。文档的完整性和质量是软件架构成功的关键因素。文档要从使用者的角度进行编写，必须分发给所有与系统有关的开发人员，且必须保证开发者手上的文档是最新的。

2.3.4 架构复审

从图2－8中我们可以看出，架构设计、文档化和复审是一个迭代过程。从这个方面来说,在对一个主版本的软件架构进行分析之后,要安排一次由外部人员(用户代表和领域专家)参加的复审。

2.3.5　架构实现

复审的目的是标示潜在的风险,及早发现架构设计中的缺陷和错误,包括架构能否满足需求、质量需求是否在设计中得到体现、层次是否清晰、构件的划分是否合理、文档表达是否明确、构件的设计是否满足功能与性能的要求等。

由外部人员进行复审的目的是保证架构设计能够公正地进行检验,使管理者能够决定正式实现架构。

所谓"实现"就是要用实体来显示一个软件架构,即要符合架构所描述的结构性设计决策,分割成规定的构件,按规定方式互相交互。架构的实现过程如图2-11所示。

图2-11中虚框部分是架构的实现过程。整个实现过程是以复审后的文档化的架构说明书为基础的,每个构件必须满足软件架构中说明对该构件的约束。这些约束是在系统级或项目范围内做出的,每个构件上工作的实现者是看不见的。

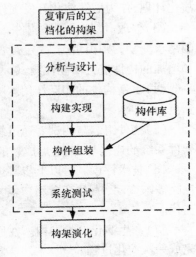

图2-11　架构实现过程

在架构说明书中,已经定义了系统中构件与构件之间的关系。因为在架构层次上,构件接口约束对外唯一地代表了构件,所以可以从构件库中查找符合接口约束的构件,必要时开发新的满足要求的构件。

然后,按照设计提供的结构,通过组装支持工具把这些构件的实现体组装起来,完成整个软件系统的连接与合成。

最后一步是测试,包括单个构件的功能性测试和被组装应用的整体功能和性能测试。

2.3.6　架构演化

在构件开发过程中,最终用户的需求可能还有变动。在软件开发完毕并正常运行后,从一个单位移植到另一个单位,需求也会发生变化。在这两种情况下,必须相应地修改软件架构,以适应新的变化了的软件需求。架构演化过程如图2-12所示。

架构演化是使用系统演化步骤去修改应用,以满足新的需求。主要包括以下七个步骤。

(1)需求变动归类。首先必须对用户需求的变化进行归类,使变化的需求与已有构件对应。对

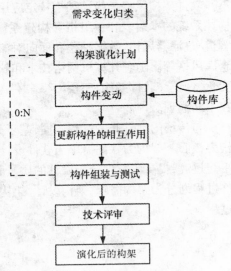

图2-12　架构演化过程

找不到对应构件的变动也要做好标记,在后续工作中创建新的构件,以对应这部分变化的需求。

(2)制订架构演化计划。在改变原有结构之前,开发组织必须制订一个周密的架构演化计划,作为后续演化开发工作的指南。

(3)修改、增加或删除构件。在演化计划的基础上,开发人员可根据在第(1)步得到的需求变动的归类情况,决定是否修改、删除存在的构件,或者增加新构件。最后,对修改和增加的构件进行功能性测试。

(4)更新构件的相互作用。随着构件的增加、删除和修改,构件之间的控制流必须得到更新。

(5)构件组装与测试。通过组装支持工具把这些构件的实现体组装起来,完成整个软件系统的连接与合成,形成新的架构,然后对组装后的系统进行整体功能和性能测试。

(6)技术评审。对以上步骤进行确认,进行技术评审,以确定评审组装后的架构是否反映需求变动、是否符合用户需求。如果不符合,则需要在第(2)到第(6)步之间进行迭代。

(7)产生演化后的架构。在原来系统上所做的所有修改必须集成到原来的架构中,完成一次演化过程。

小　结

为不断满足描述大型复杂系统结构的需要,以及开发人员和计算机科学家在大型软件系统研制过程中对软件系统理解的认识,软件架构作为软件工程中一个新兴的研究课题正逐步得到发展。但是,由于有关的研究还不够深入,因而对它的理解还没有达到共识,迄今为止软件架构还没有一个能被广泛接受的、标准化的关于软件架构的定义。

软件架构风格是描述某一特定应用领域中系统组织方式的惯用模式,它定义了用于描述系统的术语表和一组指导构建系统的规则。比较经典的软件架构风格有 C2 风格、管道/过滤器风格、数据抽象和面向对象风格、基于事件的隐式调用风格、层次系统风格、仓库风格等。随着计算机网络技术和软件技术的发展,软件架构和模式也在不断地发生变化,像正交软件架构、三层 C/S 软件架构、C/S 与 B/S 混合软件架构等一些新型风格也在不断涌现。

与传统的软件开发过程不同,基于架构的开发有严格的理论基础和工作原则,是以架构为核心。架构为软件需求与软件设计之间架起了一座桥梁,解决了软件系统到实现的平缓过渡,提高了软件分析设计的质量和效率,基于架构的开发模型把整个基于架构的软件过程划分为架构需求、架构设计、架构文档化、架构复审、架构实现、架构演化等六个子过程。

思 考 题

（1）简述"软件危机"与软件架构的关系。

（2）什么是软件架构？

（3）简述软件架构的四视图观点。

（4）典型的软件架构的风格有哪些？

（5）简述数据抽象和面向对象的架构风格的特点。

（6）搜集资料，简述面向服务的架构 SOA 的概念和特点。

（7）与传统软件开发过程相比，基于架构的软件开发过程的优点是什么？

第3章 软件开发技术基础

从软件设计的角度来看,软件架构是指构建系统时的构造范型、构造风格和构造模式。软件架构对软件系统的构造起着指导性作用。本章将主要讨论软件架构涉及的主要概念和技术,包括面向对象、构件和复用技术。

面向对象是软件架构的经典风格之一,这种风格将数据的表示方法和它们的相应操作封装在一个抽象数据类型或对象中。封装性、多态性、继承性和重载性是面向对象技术的主要特点。

软件架构关注的是系统结构及其组成构件,构件是软件架构的基本元素。构件是具有一定的功能的,能够独立工作或能同其他构件装配起来协调工作的程序体,复用性既是它的重要特点,也是其主要目标。

3.1 面向对象技术

面向对象方法比较自然地模拟了人类认识客观世界的思维方式,改变了传统软件的开发结构,提高了软件开发的生产率、可靠性和软件的复用性。

面向对象技术有三个重要特性:多态性、继承性和封装性。UML 是面向对象方法的统一建模语言,它适应于软件开发的各个阶段。

面向对象的需求分析是利用面向对象的分析技术、方法建立软件需求模型。面向对象的模型包括三个,它们分别是描述系统数据结构的对象模型、描述系统控制结构的动态模型和描述系统功能的功能模型。一般来说,面向对象分析的主要步骤包括定义用例、定义类—对象模型、定义对象—关系模型和定义对象—行为模型。

面向对象设计的目的是将面向对象分析模型转换为面向对象设计模型。OOD 面向对象的设计方法主要由问题域部分设计、人机交互部分设计、任务管理部分设计和数据管理部分设计四部分组成。面向对象设计的方法很多,本节主要介绍 Yourdon 的 OOD 方法。

3.1.1 面向对象的基本概念

传统的生命周期方法学对软件产业产生了巨大影响和促进作用,部分缓解了"软件危机"的困扰,但是这种方法由于其僵化的瀑布模型,使其不能动态地满足用户的需求。为了克服传统方法学的缺点,从 20 世纪 80 年代开始的面向对象(Object Oriented,OO)技术正从多个方面影响和推动着计算机软件开发技术的发展,给软件产业带来了又一次飞跃。面向对象方法首先于 20 世纪 60 年代后期提出,然而,几乎花了 20 年的时间,面向对象技术才开始被广泛使用。在 20 世纪 90 年代的初、中期,它变成了很多软件产品建造者,以及不断增长的信息系统和工程专业人员的首选。

　　面向对象的软件开发方法并不是要摒弃传统的结构化方法,而是在充分吸收结构化分析设计方法优点的基础上,引进了一些新的、强有力的概念,从而开创了软件开发设计的新天地。

　　面向对象方法可以归结为一个公式,即"面向对象 = 对象 + 类 + 继承 + 消息"。如果一个软件系统是使用这样四个概念设计和实现的,则可以认为这个软件系统是面向对象的。一个面向对象的程序每一成分应是对象,计算是通过新对象的建立和对象之间的消息通信来完成的。对面向对象方法来说,封装性、继承性和多态性是它的三个重要特性。

1. 对象

　　对象是现实世界中个体或事务的抽象,是它的属性和相关操作的统一封装体。属性表示对象的性质,属性值规定了对象所有可能的状态。对象的操作指该对象可以展现的外部服务。例如,若将卡车视为对象,则它具有位置、速度、颜色、载重量等属性,对该对象可实施启动、停车、加速、维修等操作,这些操作将或多或少地改变汽车的属性值(状态)。

　　对象具有静态特性和动态特性,静态特性是可以用某种数据来描述的特性,动态特性是对象所表现的行为或对象所具有的功能。对象具有以下的特点:

　　(1)标识惟一性。指对象可以用对象的内在本质来区分,而不是通过描述来区分。

　　(2)分类性。指可以将具有相同数据结构(属性)和行为(操作)的对象抽象成类。

　　(3)多态性。指同一个操作可以是不同对象的行为。

　　(4)封闭性。指从外看只能看到对象的外部特性,即能够接收哪些信息,具有哪些处理能力;对象的内部,即处理能力的实现和内部状态,对外是不可见的。从外面不能直接修改其内部状态,对象的内部状态只能由其自身改变。

　　(5)动态产生性。指对象是在系统执行过程中根据需要而动态产生的。

　　(6)一定的"智能"性。指对象具有一定的"智能",表现为能够解释传来的信息,理解由消息带来的要求,并独立完成对消息的处理。

2. 类

　　类是对对象的抽象,是一组具有相同数据结构和相同操作的对象的集合,它描述了属于该对象类型的所有对象的性质。类的定义包括一组数据属性和在数据上的一组合法操作。类定义可以视为一个具有类似特性与共同行为的对象的模板,可用来产生对象。

　　在一个类中,每个对象都是类的实例(Instance),它们可以使用类中提供的函数。一个对象的状态则包含在它的实例变量中。实例也可理解为某个特定的类所描述的一个对象。

　　例如,卡车、小轿车、大客车等都是具体的汽车,抽象后得到"汽车"类。类具有属性,属性是状态的抽象,各类汽车都可以抽象出位置、速度、颜色等属性。类具有操作性,它是对象行为的抽象,各类汽车都可以抽象出启动、停车、加速、维修等操作。而卡车是汽车类的一个实例。

3. 消息和方法

　　在面向对象方法中,对象之间只能通过消息进行通信。消息是由发送对象发送给接收对象的一个操作请求。对象可以向其他对象发送消息以请求服务,也可以响应其他对象传来的消息,完成自身固有的某些操作,从而服务于其他对象。方法描述了对象执行操作的算法、响应消息的操作。例如各类汽车的方法有启动、停车、加速、维修等。

4. 封装、继承、多态和重载

(1)封装性

封装性是指将方法与数据一同放入对象中,使得对数据的存取只能通过该对象本身的方法。对于使用这些类的软件开发人员来说,只需要知道对象能完成哪些数据处理,而不需要知道这些功能在对象的内部是如何实现的。以常用的手表为例,在使用手表时,只需要知道手表能完成的功能和如何使用手表来完成这些功能,不需要了解在手表的内部这些功能是如何实现的,如果仅就封装而言,这里的手表就相当于面向对象编程中的对象。

(2)继承性

面向对象技术模拟现实世界的遗传关系建立了类与类之间继承关系的概念。类的继承用于描述类之间的共同性质,它减少了相似类的重复说明。在面向对象方法中,类支持层次机制,一个类的上层可以有父类,下层可以有子类,且子类自动继承父类中定义的属性和操作。图3-1是自然界中的一种继承层次图,在图中,哺乳类动物是动物类的子类,又是灵长类动物的父类,子类哺乳动物除了具有自己定义的属性和操作外,还继承了父类(动物类)中的所有属性。

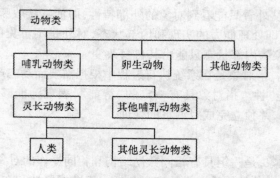

图3-1 各类动物的继承关系

继承性具有传递性,如果类C继承类B,类B继承类A,则类C继承类A。图3-1显示了类的这种继承性,如哺乳动物类继承了动物类,灵长动物类继承了哺乳动物类,人类继承了灵长动物类,则人类既继承了灵长动物类的属性和操作,也继承了哺乳动物类和动物类的属性和操作。从这个实例中可以看出,面向对象中的继承是对现实生活空间继承的一种自然模拟,我们可以用一种自然的逻辑思维方式来思考和组织应用程序的结构,从而大大缩短软件系统的开发周期。

(3)多态性

在面向对象方法中,多态性是指同样的消息被不同的对象接受时,可以产生完全不同的行为,采用相同的语言结构可代表不同类对象的操作。如对图3-1中哺乳动物类定义了吃的操作,当吃这个操作指向哺乳动物类的对象实例时,调用的是哺乳动物类吃的方法,当这个吃的操作指向人类的对象实例时,调用的却是人吃的方法,这就是类和对象的多态性。

多态性机制增加了面向对象软件系统的灵活性,进一步减少了信息冗余,而且提高了软件的可复用性和可扩展性。

(4)重载性

重载有两种方式:函数重载和运算符重载。函数重载是指在同一作用域内的若干个参数特征不同的函数可以使用相同的函数名字;运算符重载是指同一个运算符可以施加于不同类型的操作数上面。当参数特征不同或被操作数的类型不同时,实现函数的算法和运算符的语义是不同的。重载技术进一步提高了面向对象系统的灵活性和可读性。

3.1.2　面向对象分析

面向对象软件开发方法采用面向对象分析(Object-Oriented Analysis,OOA)技术对问题进行分析建模,它将问题表述为"对象 + 关联"的形式,其中,对象描述问题空间中的事物,关联描述问题空间中事物和事物之间的关系。

面向对象分析工作主要包括对问题空间中对象的确定和对对象之间关联的确定,对对象的确定包括对对象属性和操作的确定;对关联的确定包括对对象结构关系、实例关联关系和消息关联关系的确定,最终建立起问题域的正确模型。

面向对象方法最基本的原则,是按照人们习惯的思维方式,用面向对象观点建立问题域的模型,开发出尽可能自然地表现求解方法的软件。面向对象分析方法和传统分析方法一样,都是用来建造一个包括多个部分的分析模型来描述信息、功能和行为,通过这些模型来描述满足客户需求的计算机软件。

面向对象的模型包括三个,它们分别是描述系统数据结构的对象模型、描述系统控制结构的动态模型和描述系统功能的功能模型。这三种模型都涉及数据、控制和操作等共同的概念,只是每种模型描述的侧重点不同。这三种模型从三个不同但又密切相关的角度模拟目标系统,它们各自从不同的侧面反映了系统的实质性内容,综合起来则全面反映对目标系统的需求。

(1)对象模型

对象模型表示了静态的、结构化的系统数据性质。该模型描述了系统的静态结构,它是从客观世界实体的对象关系角度来描述的,表现了对象的相互关系。该模型主要关心的是系统中对象的结构、属性和操作,使用了对象图的工具来刻画,它是分析阶段三个模型的核心,也是其他两个模型的框架。

(2)动态模型

动态模型是与时间和变化有关的系统性质。该模型描述了系统的控制结构,它表示了瞬时的、行为化的系统控制性质,它关心的是系统控制、操作的执行顺序,它从对象的事件和状态的角度出发,表现了对象的相互行为。该模型描述的系统属性是触发事件,事件序列、状态,事件与状态的组织;涉及的重要概念是事件、状态、操作等。

(3)功能模型

功能模型描述了系统的所有计算。功能模型指出发生了什么,动态模型确定什么时候发生,而对象模型确定发生的客体。功能模型表明一个计算如何从输入值得到输出值,它不考虑计算的次序。功能模型由多张数据流图组成。数据流图说明数据是如何从外部输入、经过操作和内部存储输出到外部的。功能模型也包括对象模型中值的约束条件。功能模型说明对象模型中操作的含义、动态模型中动作的意义以及对象模型中约束的意义。相关的概念有数据流图中的处理、数据流、动作对象、数据存储对象等。

面向对象的分析方法的核心思想是利用面向对象的概念和方法为软件需求建造模型,从而使用户需求逐步精确化、一致化和完全化。一般地说,面向对象分析是从理解系统的"使用实例"开始的,主要包括定义用例、定义类—对象模型、定义对象—关系模型和定义对象—行为模型等四个步骤。

在下面介绍面向对象方法的流程中,用到了一部分 UML 的知识,如果读者对 UML 感兴趣,可以查阅相关资料。

1. 定义用例

定义用例的过程也就是建立用例模型的过程。用例模型的基本元素有角色、用例和关系。角色是指要与系统交互的人或物,其图形化的表示是一个类似人的图形符号。用例从角色使用系统的角度来描述系统功能。关系用于描述用例和角色之间的通信与使用等。

用例模型描述的是将要开发的新系统应该做什么,用例模型关心的只是用户要求系统完成什么功能,用户为系统提供什么信息,系统需要返回什么样的信息,具体系统对这些功能的内部实现并不作考虑。当然,用例模型除了服务于用户外,还供系统集成和测试人员使用。在对软件进行开发的过程中,列出所有用例的清单并不容易,通常是先列出所有角色的清单,再针对每个角色列出用例。

实例分析:高校的图书馆管理系统一般包括采编部、流通部、读者管理部和书库等,图书只有经过采编部进行采购和编目(指定图书的简书目号)后才能入库。图书入库是图书进入流通环节的前提,流通部主要负责图书的流通管理(包括借书和还书),并能根据借书的期限自动计算还书的时间,同时能够进行超期的判断和超期罚款的处理。读者(一般包括教师读者和学生读者两类,这里将教师和学生读者区分开,主要考虑其在借书和还书等功能上可能存在不同)只有办理了借书证才能借书,借书证的挂失、注销等都是在读者管理部进行的。

(1)角色分析

使用系统主要功能的人员是谁?

答:图书管理员。

谁来维护、管理系统,保证系统正常工作?

答:系统管理员。

图书管理系统的主要硬件设备有哪些?

答:计算机。

对系统产生结果感兴趣的人和事有哪些?

答:图书馆馆长、教师读者、学生读者。

(2)用例分析

角色需要从系统中获得哪些功能?需要角色做什么?

答:馆长要查看各类图书的流通情况统计报表,计算机显示超期未还书的两类读者的情况。

角色需要读取、产生、删除、修改或存储系统中的某些信息吗?

答:系统管理员需要维护基础数据,如新书入库、旧书删除、密码修改、为新书指定条码号等;图书管理员需要为每位读者分类并编排借书证号。

角色需要知道系统中发生的事件吗?

答:需要通知图书管理员禁止已超期未还书和未交罚款的读者继续借书,若读者用已经注销或挂失的借书证借书,要通知图书管理员,并扣留该借书证,查明原因,追究责任。

系统需要输入输出哪些信息? 这些信息从哪里来,到哪里去?

答:图书管理人员需要将指定好条码号的书扫描到数据库里;同样也要输入读者的有关信息,以及读者通过图书管理人员借书或还书的情况。

系统当前的实现要解决的问题是什么?

答:需要清楚系统图书的流通情况,方便系统管理。

通过上面的分析得出系统用例有新书编码、改变密码、新书入库、旧书删除、读者借还书、读者借书超期罚款处理、借书证的办理、注销和挂失、报表查询等。图3-2显示的就是该系统的用例图。

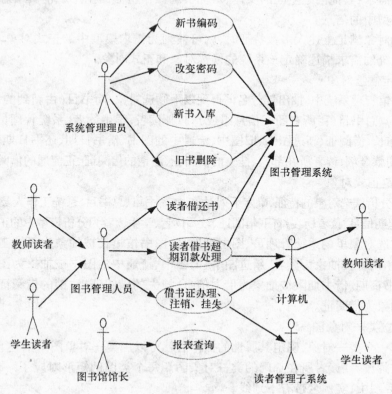

图3-2 图书馆管理系统用例图

用例图是角色、用例及其之间关联的集合。其中,角色是人形的图标,用例是一个椭圆,通讯是连接角色和用例的直线。

2. 建立类—对象模型

系统用例一旦确定,就可以建立类—对象模型。类—对象模型描述的是系统的静态结构,在系统的生命周期中,类图所描述的静态结构在任何情况下都有效,对象图是类图的实例,它描述的是系统在某个时刻的静态结构,由于对象存在生命周期,因此对象图只能在某一时段存在。

类—对象模型包括构成系统的类和对象以及它们的属性和操作,它建立的步骤与用例模型建立的步骤相类似,也是先将系统中要使用实例中的名词罗列在一起形成候选对象,然后从以下六个方面考虑候选对象的特征。

必要信息:没有该候选对象的特征系统将不能正常工作。

需要的服务:候选对象必须有一组可标识的操作,且能以某种方式修改对象属性值。

多个属性:在分析阶段应该关注的是具有多个属性的"大"信息。

公共属性:可为候选对象定义一组属性,这些属性适应于对象每一次发生的事件。

公共操作:可为候选对象定义一组操作,这些操作适应于对象每一次发生的事件。

必要的需求:其他问题空间的实体、系统实现操作所需的生产或消费信息等,都被定义为需求模型中的信息。

当候选对象满足上述大多数特征时,就可被列为需求模型中的正式对象。下面以图书馆管理系统的需求描述确定该系统的候选对象和正式对象。

(1)确定候选对象

在图书馆管理系统中,抽出部分名词得到以下候选对象:简书目(由新到的每类书及其条码号组成)、总书目(由所有图书信息组成)、教师读者、学生读者、系统管理员、图书管理员、图书馆馆长、借阅证、新进图书、旧图书、流通中的图书、借书日期、还书日期、借书期限、超期天数、罚款金额、读者所在部门、挂失的借阅证、注销的借阅证、正流通的借阅证。

(2)确定正式对象

进一步分析候选对象的特征,确定下列对象,如简书目、总书目、系统工作人员、图书信息、借书信息、超期信息、读者所在部门、借阅证、教师读者、学生读者为分析模型中的正式对象。

其中候选对象里的系统管理员、图书管理员、图书馆馆长被抽象为系统工作人员,教师读者、学生读者被抽象为读者,新进图书、旧图书、流通中的图书被抽象为图书信息,借书日期、还书日期、借书期限被抽象为借书信息,挂失的借阅证、注销的借阅证、正流通的借阅证被抽象为借阅证。

(3)建立类—对象图

对于每一个类—对象,确定其属性的操作后就可以用类—对象图来描述它。图3-3表示的是教师读者、读者所在部门的类—对象图。每个类图的矩形对应了一个单独的实例。在 UML 图中,实例名带有下划线。

3. 建立对象—关系模型

建立对象—关系模型也是为了描述相关类之间的对应关系,为后期的系统设计和开

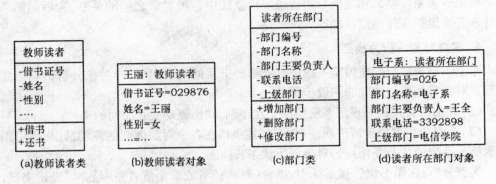

(a)教师读者类　　(b)教师读者对象　　(c)部门类　　(d)读者所在部门对象

图3-3　教师读者、读者所在部门的类-对象图

发维护工作奠定基础。表示关系的动词有很多,如组成、拥有、传到、采目、控制等,它们都隐含了类之间的相互关系。

建立对象—关系模型的主要步骤是:

重审前面建立的用例模型和类—对象模型,根据系统的实际业务需求标识出各类之间的关系网络,用线把它们连起来,用箭头指明关系的方向。

对每一对应关系,在连线的两端标上基数,用于表示该类有多少个对象可与对方的一个对象连接。如1:m表示该类的一个对象可与对方的多个对象连接,1:1表示该类的一个对象可与对方的一个对象连接。

实例分析:图书馆管理系统对象—关系模型的建立。

通过对已建立的图书馆管理系统用例模型和类—对象模型进行分析,建立的图书馆管理系统对象—关系模型如图3-4所示。由图可知,简书目中每一种书在总书目中都有多本同样的书与其相对应,所以简书目类和总书目类关系的基数为1:m,而总书目类与简书目类关系的对应基数为1:1;总书目中的书一旦被读者(教师读者或学生读者)借用,就进入了流通环节,并产生了相应的借书信息,一条借书信息对应总书目中的一本书、一个借书证号、一条超期信息(如有超期),所以借书信息类与借书证类、超期信息类关系的基数都是1:1;但一个借书证号却可以借多本书,所以借书证类与借书信息类关系的基数为1:m;一名读者(教师读者或学生读者)只能办理一个借书证,只能属于一个部门,所以读者类(教师读者或学生读者)与借书证类和部门类关系的基数都为1:1;但是一个部门可能有多名读者(教师读者或学生读者),所以部门类与读者(教师读者或学生读者)类关系基数都为1:m。

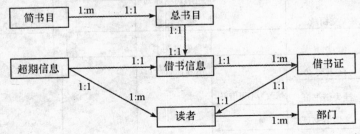

图3-4　图书馆管理系统的对象-关系模型

对象—关系模型的建立能分析清楚应用系统中各类对象之间的关系,为后期的系统设计和开发维护工作奠定基础。

4. 建立对象－行为模型

对象—行为模型描述的是系统中对象动态交互的实现,是面向对象分析的动态建模过程。对象行为模型建立的一般步骤是:

(1)评估所有用例来理解系统中的交互序列,找出驱动交互序列的事件;

(2)为每个用例创建事件轨迹(用于描述事件在各个对象之间的流动情况,也可用来显示整个系统的状态变化),为对象创建状态转换图。

实例分析:在图书馆管理系统中,读者(教师读者或学生读者)一旦办了理借书证,就可以借阅一定数量的图书,图书有一定的借阅期限,如果借阅的图书超期就要受到一定的罚款处理。读者在借阅证丢失后可办理挂失手续,使得该借书证在找到前不可再用。读者也可根据自己的情况注销借书证。图3－5为借书证的状态转换图,图3－6为教师读者借书环节的事件轨迹,而学生读者借书环节的事件轨迹也与之相同。

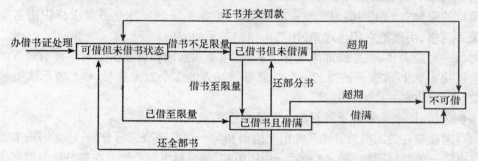

图3－5 借书证的状态转换图

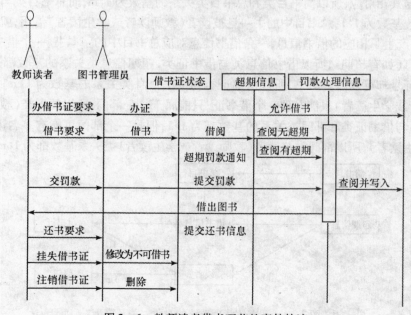

图3－6 教师读者借书环节的事件轨迹

3.1.3 面向对象的设计

面向对象的分析是提取和整理用户需求,并建立问题域精确模型的过程;面向对象设计(Object-Oriented Design,OOD)是把分析阶段得到的需求转变为符合成本和质量要求的、抽象的系统实现方案的过程。从面向对象分析到面向对象设计是一个逐渐扩充模型的过程。

1. 面向对象设计概述

面向对象设计将面向对象分析所创建的分析模型,转变为作为软件构造蓝图的设计模型。和传统软件设计方法不同,OOD 实现一个完成一系列不同模块性等级的设计。主要的系统构件和组织称为子系统的系统级"模块",数据和操纵数据的操作被封装为对象———种作为 OOD 系统构造块的模块形式。此外,OOD 必须描述属性的特定数据组织和个体操作的过程细节,这些表示了面向对象系统的数据和算法,从而实现整体模块性。

面向对象设计的独特性在于其基于四个重要的软件设计概念——抽象、信息隐蔽、功能独立性和模块性建造系统的能力。所有的设计方法均力图建造有这些基本特征的软件,但是,只有 OOD 提供了使设计者能够以较少的复杂性和折中达到所有这四个特征的机制。

设计面向对象的软件是困难的,设计可复用的面向对象的软件更加困难。必须找到适当的对象,并以适当的力度将它们转化为类的因子、定义类接口和继承层次,建立它们之间的关键关系。设计应该针对当前的问题,但也应足够通用化以适应将来的问题和需求。应避免重复设计,至少应将重复设计减少到最小程度,有经验的面向对象设计者将告诉你实现可复用灵活设计是困难的,不可能在第一次就达到目标。在设计完成前,他们通常尝试复用多次,而且每次都做一些修改。

面向对象分析与面向对象设计是相互联系的,一般认为 OOA 是一个分类活动,即从问题陈述中把直接反映问题域和系统行为的对象、类及类之间的联系孤立出来,而 OOD 进一步说明为实现需求必须引入的其他类和对象,以及从提高软件设计质量和效率方面考虑如何改进类结构,以及如何复用类库中的类。此外 OOD 还应提供某种表示法,用以刻画对象之间的关系。

OOD 把软件设计的三大活动——总体结构设计、数据设计和过程设计结合为一体。因为定义对象即是把数据和操作封装为一个模块。而对象以及对象之间消息的发送与接收机制又自然勾画出软件结构及界面描述。

从面向对象分析到面向对象设计的转换是同一种表示方法在不同范围的运用。面向对象设计在面向对象分析阶段所建立的模型的基础上,针对与实现有关的因素,将面向对象设计的具体工作内容分为四个部分:

(1)问题域部分的设计(PDC):面向对象分析的结果直接放在该部分。

(2)人机交互部分(HIC):这部分活动包括对用户分类、描述人机交互脚本、设计命令层次结构、设计详细的交互信息、生成用户界面的原型,并定义为 HIC 类。

(3)任务管理部分(TMC):这部分活动包括定义任务优先级、任务是事件驱动还是时间驱动、任务之间的关系、任务如何与外界通信等。

（4）数据管理部分（DMC）：这一部分的活动主要是确定数据处理的方法。

面向对象的软件设计方法有很多，比较有代表性的是由 J. Rumbaugh 等人提出的 OMT（Object Modeling Technique）的 OOD 方法和 Yourdon 的 OOD 方法。下面主要介绍 Yourdon 的 OOD 方法。

2. Youdon 的 OOD 方法

Yourdon 的 OOD 方法将面向对象设计阶段也分成了四个活动：问题域部分的设计（PDC）、人机交互部分设计（HIC）、任务管理部分设计（TMC）和数据管理部分设计（DMC）。

（1）问题域部分的设计

问题域部分的设计是以 OOA 模型为基础，通过适当地扩展和调整，使之适应软件设计需求的变化，并为那些完成的系统功能所需要的类、对象属性和操作提供实现途径。面向对象分析的结果可直接放在问题域部分也可根据需要对其进行某些修改和调整。修改和调整的主要方法和措施有以下几种：

● 复用软件部件

复用是提高软件生产效率和可靠性的有效途径，在面向对象的设计过程中，可以把自己或别人源程序中已有的现成的类增加到问题域部分。在面向对象分析模型的语法中，还可以引入一些新成分，尽量将面向对象分析模型的类看作是类库中的类或者是由其导出的子类。如图 3-7 所示，假设面向对象分析模型中已有类"教师读者"和"学生读者"，而类库中已有类"读者"，那么在问题域部分设计时应将"教师读者"和"学生读者"定义为"读者"的子类。

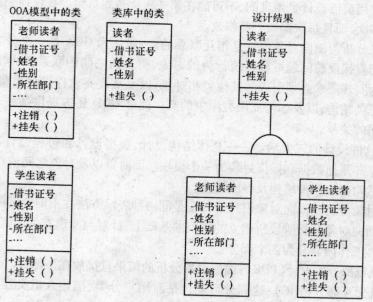

图 3-7 类的继承与复用

- 引入新父类,将问题域专用类组合在一起

在面向对象的设计过程中,可以为一组类引进一个父类且放在它们的上方,形成一种一般/特殊的结构,从而概括面向对象分析模型中几乎每一个类及对象,并提高软件结构的清晰度。例如对面向对象分析模型中已有的类"教师读者"和"学生读者",考虑到"教师读者"和"学生读者"功能和属性的相似性,可以为其抽象一个父类,即"读者类",这样做可以提高软件结构的清晰度。

- 调整继承结构,以适应程序的设计

在面向对象的一般/特殊结构中包括多重继承和单重继承,但由于后期系统实现时所选的语言可能只支持单重继承,甚至不支持继承,为了使后期工作能够顺利进行,对于单重继承语言,可对多重继承进行分解,或展开为单重继承;对于完全无继承机制的语言,只能将各种继承关系转换为一组彼此独立的类或对象。

- 适当调整 OOA 分析模型,以提高软件速度

在对象之间具有高度繁忙消息流通的情况下,应将两个或多个类加以合并以实现高度耦合;在类及对象中扩充一些保存临时结果的属性。另外还需要仔细分析面向对象分析的结果,重新审查对问题域部分内容所作的修改,任何情况下都要尽可能地保持所建问题域部分的结构。

(2)人机交互部分的设计

美国著名专家门·西蒙说,对于用户来说,人机界面就是系统本身。作为一个完整的、一体化的软件开发工具,人机界面和总控一样处于中心位置。随着计算机应用的不断普及和深入,非计算机专业人员在使用计算机的人群中所占的比例不断增加,人机交互部分的友好性与软件系统的成败问题关系更加紧密。人机交互中起重要作用的是人,在 OOA 阶段,通过用例模型给出了用户和系统的交互情况,因此在 OOD 阶段,可以在此基础之上对用户进行分类,以设计出满足不同层次用户的需要。另外,为人机交互部分构造原型也是界面设计技术之一。

(3)任务管理部分的设计

任务又称为进程(即由代码定义的目标软件系统中的一串活动),若干任务并发执行时称为多任务。在 OOD 中引进任务管理部件的原因有两点:一是在多用户、多任务或多线程操作系统上开发应用程序的需要,二是目标软件系统中各子系统间协同的需要。引入任务概念能简化应用的设计和编码。

Yourdon 建议用下面的策略设计管理并发任务对象:

- 识别由事件驱动和时间驱动的任务

有些任务是由事件或时间驱动的。事件驱动的任务通常完成通信工作,与设备、屏幕上的一个或多个窗口、与其他任务或处理器通信有关。时间驱动的任务是指按一定的时间周期完成任务,如用设备实现定时采集数据的功能。

- 识别关键性任务,确定任务优先级及任务管理类

关键性任务是指对整个系统成败起重要作用的任务,这些处理要求有较高的可靠性,任务优先级能根据需要调节优先级次序,保证紧急事件能在限定的时间内得到处理。任务管理类是为了实现而引入的专门用于管理其他任务的任务。当任务超过三个的时候就

应该增加一个管理类。

· 定义任务

说明任务的名称,描述任务的功能、与其他任务的协同方式以及任务的通信方式。

· 扩充有关任务的类及对象

必要时在 OOD 中扩充有关任务的类及对象,调整原有的语法成分,以适应任务定义的要求。

(4)数据管理部件的设计

在面向对象的设计中,将对数据的存储和检索问题用专门的数据管理部件来实现。通过数据管理部件能将目标系统中依赖开发平台的数据存取部分与其他功能分离,使数据存取可通过一般的数据管理系统(如文件系统、关系数据库或面向对象数据库)实现。

无论哪种数据的管理方法,数据管理部件主要包括对数据格式和数据操作两部分的定义。

· 数据格式的定义

关系数据库管理系统是比较流行的数据库管理系统,下面以关系数据库管理系统为例来介绍数据格式的定义。

以二维表格的形式给出每一个类的所有属性;

将所有的表都规范为第三范式;

为每一第三范式定义一个关系数据库表;

从存储和其他性能要求等方面评估、修改原设计的第三范式。

· 数据操作的定义

对于对象需要存储的类,应增加一个属性和操作,说明对象所属类及“对象如何存储自己”。

在关系型的数据库管理系统中,被存储的对象需要知道应该访问哪些数据库表,如何访问所需要的记录行,以及如何对数据库进行更新维护等。对于那些在关系数据库基础上扩充的面向对象数据库管理系统,对数据操作的定义与在关系数据库管理系统中的相同;对于在面向对象程序设计语言的基础上扩展而来的面向对象数据库管理系统,无需增加操作,这种数据库管理系统已经给每个对象提供了“存储自己”的行为。

3.2 软件构件技术

尽管当前社会的信息化过程对软件需求的增长非常迅速,但目前软件的开发与生产能力却不尽如人意,这不仅造成许多急需的软件迟迟不能被开发出来,而且形成了软件脱节现象。自 20 世纪 60 年代人们认识到“软件危机”,并提出软件工程以来,已经开始对软件开发问题进行了不懈的研究。近年来人们认识到,要提高软件开发效率,提高软件产品质量,必须采用工程化的开发方法与工业化的生产技术。这包括技术与管理两方面的问题:在技术上,应该采用基于复用(英文单词为“Reuse”,有些文献翻译为“重用”)的软件生产技术;在管理上,应该采用多维的工程管理模式。

要真正解决"软件危机",实现软件的工业化生产是一条可行的途径。分析传统工业及计算机硬件产业成功的模式可以发现,这些工业的发展模式均是符合标准的零部件/构件(英文单词为"Component",有些文献翻译为"组件"或"部件")生产,以及基于标准构件的产品生产,其中,构件是核心和基础,复用是必须的手段。实践表明,这种模式是产业工程化、工业化的成功之路,也是软件产业发展的必经之路。

构件技术是支持软件复用的核心技术之一,近几年来迅速发展并得到高度重视。

3.2.1 构件定义

构件,亦称组件,是指语义完整、语法正确和有可复用价值的单位软件,它是语义描述、通信接口和实现代码的复合体。简单地说,构件是具有一定的功能的,能够独立工作或能同其他构件装配起来协调工作的程序体,其使用与它的开发、生产无关。构件可分为源代码构件和二进制代码构件。

可复用构件应具备以下属性:

(1)有用性——构件必须提供有用的功能;

(2)可用性——构件必须易于理解和使用;

(3)质量——构件及其变形必须能正确工作;

(4)适应性——构件应该易于通过参数化等方式在不同语境中进行配置;

(5)可移植性——构件应能在不同的硬件运行平台和软件环境中工作。

构件复用有白盒和黑盒两种方式。黑盒是指不作修改的直接引用;白盒指进行适应性修改的引用。源代码构件在大多数情况下是指适应性地修改引用;二进制代码构件的复用只能采用黑盒方式,通常只能了解构件的接口和属性等信息。目前,COM/DCOM/COM +、CORBA 和 JavaBean、Enterprise JavaBean(EJB)都是二进制代码级的代码复用。

随着对软件复用理解的深入,构件的概念不再局限于源代码和二进制代码,而是包括一切对开发活动有用的信息,如需求规约、软件构架、文档和数据等。本书将广义的构件用软件产品(简称产品)来称呼,而构件仍是源代码和二进制代码。

3.2.2 构件模型

在构件技术的研究中,构件模型的研究着重于构件的本质特征及构件间的关系。构件模型通常由基于各种语言开发工具、构件嵌入机制和相关服务(事务、安全、认证、负载均衡等)组成。可以利用各种脚本语言将各构件集成为一个应用系统。目前,比较成熟的构件模型有 OMG 的 CORBA、SUN 的 EJB 和 Microsoft 的 COM/DCOM/COM ++。

COM 为构件交互定义了一个二进制的标准,这是 Windows 平台上广泛采用的模型。可以运行在多种不同操作系统上,与平台和语言无关,但它不是一个二进制的标准,这一点导致 ORB(Object Request Broker)的提供商在支持各种平台上的各种语言时更费力,从而导致 ORB 提供商所支持的平台、语言和编译器的数目有限。EJB 是一个服务器端构件模型,Java Bean 是一个可供使用的构件,主要用于构建客户端软件并特别考虑了 GUI 构件的需要。EJB 和 CORBA 兼容,并可能相互促进。由于 EJB 要求所有构件都要用 Java

编写,而必须运行在虚拟机上,从而会导致 Java 很难与非代码实现紧密集成。

3.2.3 构件获取与描述

通常可以采用以下途径来获取构件:

(1)从现存构件中获取符合要求的构件,直接使用或作适应性修改,得到可复用的构件;

(2)通过遗产工程,将具有潜在复用价值的构件提取出来,得到可复用的构件;

(3)从市场上购买现成的商业构件,即 COTS(Commercial Off-The-Shelf)构件;

(4)开发新的符合要求的构件。

在获取构件时,为便于复用者使用,应对构件进行描述,其主要内容包括:

(1)属性。描述了构件的特征。属性值对外可以读出,也可以修改。

(2)功能接口。即构件向外提供的服务。

(3)依赖关系。指出构件在实例化时所依赖的其他构件的特定接口,是构件完成任务所必需的。

获取构件后,可对它进行结构化组织并放入可复用构件库,以备复用。

3.2.4 构件复用

为了便于构件的复用,需要对收集和开发的软件构件进行分类,并置于可复用构件库的适当位置,便于构件的存储和检索。

1. 关键词分类方式

通过领域分析,将应用领域(族)中的概念按照从抽象到具体的顺序逐次分解为树形或有向无环图结构。每个概念用一个描述性的关键词表示。不可再分解的原子层隶属于它的某些构件。图 3－8 给出了可复用构件库的关键词分类结构,它支持图形用户界面设计。

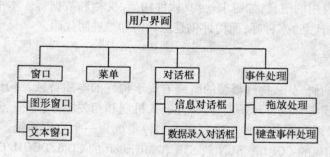

图 3－8 关键词分类结构

2. 多面分类方式

多面分类的组织方式是 Prieto-Diaz 和 Freeman 年在 1987 年提出的,它由多面分类机制、同义词库和概念距离图三部分构成。

(1)多面分类机制

分析领域范围并定义若干描述构件特征的"面"，每个"面"包含若干"概念"，这些"概念"表述构件在"面"上的基本特征，特征依重要性排序。"面"可以描述构件执行的功能、被操作的数据、构件应用的上下文及其他特征。描述某构件的"面"的集合称为"面"的描述子。通常"面"的数目不超过 7 个或 8 个。"面"描述子中每个"面"可能含有个或多个特征值，这些值通常是描述性的关键词。

（2）同义词库

意义相同或相近的若干词汇组成同义词库。所有词汇按隶属于"面"的"概念"来分组。在任意时刻点，每个"概念"均用组内的某一同义词汇作为表示载体。

（3）概念距离图

概念距离图用来度量每个"面"中"概念"的相似性程度。属于每个"面"的一般化概念与其他两个或多个"概念"以加权边相连接，边上的权值体现了"概念"之间的差异程度，两个"概念"的相似性由它们间的最短加权路径上的加权距离确定。

图 3－9 给出了一个多面分类组成的示意图。采用多面分类方式组织构件库时，必须在存储构件表示并存储多面分类的三个组成部分。

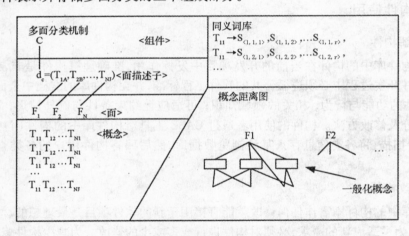

图 3－9　多面分类组成的示意图

除上述几种组织方式外，还有其他的构件库组织方式，感兴趣的读者可参阅其他参考文献。

3.2.5　构件检索

可复用构件库的检索方法与构件分类方式密切相关。

1. 基于关键词的检索

这种检索方法的基本思想是：系统（CASE 工具）在图形用户界面上将可复用构件库的关键词树直观地显示给用户，用户通过逐级浏览关键词树寻找需要的关键词并提取相应的构件；或直接输入含通配符的关键词，由系统自动给出合适的候选构件清单，用户选择并提取相应的构件。

2. 多面检索

多面检索方法基于多面分类组织方式,由三步组成:

(1)构造查询:用户提供待查构件在每个"面"上的特征,形成构件的描述子。在构造查询的过程中,同义词库和概念距离图可帮助用户正确选择特征值。

(2)检索构件:实现多面检索方法的 CASE 工具,利用同义词库和概念距离图在构件库中寻找相同或相近的构件描述子及相应的构件。

(3)排序构件:按照相似程度对被检索出来的构件进行排序,还可按照与复用有关的度量信息(如构件的复杂性、成功复用的次数等)进行排序。

上述两种检索方法均基于语法匹配,这要求使用者对构件库中的有关词汇有较全面的把握和较精确的理解。理想的检索方法是语义匹配——构件库的用户以形式化的手段描述所需构件的功能或行为的语义,系统通过定理证明或基于知识推理来寻找语义上等价的或相近的构件。但这种基于语义的检索方法涉及许多人工智能难题,实现比较困难。

3.2.6 构件使用

1. 理解构件

要使构件库中的构件在当前的开发项目中发挥作用,准确理解构件是非常关键的。为此在构件开发过程中必须遵循公共的软件工程标准,并在构件库的文档中全面、准确地说明:构件的功能与行为;相关的领域知识;可适应性约束条件与例外情形;可以预见的修改部分及修改方法。构件的使用者通过 CASE 工具对构件库中的构件(包括相应的文档)进行扫描,将各类信息存入某种浏览数据库,然后回答构件用户的各类查询,进而帮助理解。

2. 修改构件

构件库中的构件不需作任何修改就能直接用于新的软件项目是最理想的。但在大多数情况下,为了适应新的需求,必须对构件进行或多或少的修改。为减少构件修改的工作量,要求构件的开发者尽量使构件的功能、行为和接口设计更为抽象化、一般化和参数化,使构件的用户可通过对实参的选取来调整构件的功能或行为。如果通过选取参数仍不能使构件适用于新项目,则必须借助设计信息和文档来理解、修改构件。

3. 合成技术

合成构件是指将构件库中的构件(经过适当修改后)相互连接,或与新项目中的软件元素相连接,构成最终的目标系统。构件合成技术大致有三种:

(1)基于功能的合成技术

这种合成技术采用子程序调用和参数传递的方式将构件结合起来。它要求构件库中的构件以子程序(过程或函数)的形式出现,且接口说明必须清晰。使用该技术进行软件开发时,开发人员须先将系统分解为强内聚、低耦合的功能模块,然后根据各模块的功能需求从构件库中提取相应构件,对其修改后纳入功能分解的层次框架中。

(2)基于数据的合成技术

这种技术的合成方式仍是子程序调用与参数传递,要求构件库中的构件仍以子程序的形式出现。使用该技术进行软件开发时,开发人员先根据当前应用问题的核心数据结构设计一个框架,然后根据框架中各结点的需求提取构件,将其修改后分配到框架中的适当位置。显然,软件的设计方法不是功能分解,而是面向数据结构的设计方法。

(3)面向对象的合成技术

在面向对象的构件库中,所有构件均以类的形式呈现,所以通常将面向对象的构件库称为类库。如果从类库中检索出来的基类能够完全满足新项目的需要,则可直接使用;否则须以类库中的基类为父类,用构造法或子类法生成子类。构造法是在子类中通过引进基类的对象作为子类的实例变元(或称成员变量)来复用基类的属性与方法。子类法是将新子类直接说明为类库中基类的子类,通过继承和修改基类的属性与行为来完成新子类的定义。

3.3 软件复用技术

所谓软件复用是指利用已有的、对建立新系统有用的软件产品来形成新系统的活动。目前,人们对软件复用寄予厚望,认为它有可能成为突破"软件危机"的一条出路。

软件复用早在 20 世纪 50 年代用机器语言编写程序时就开始运用,例如,计算正弦、余弦等的标准子程序包。当时,由于软件应用领域有限,软件复用未引起人们的重视。随着软件应用领域的不断扩大,人们要求在很短的时间内建立复杂的、高质量的软件系统的情况越来越普遍。软件复用通过利用已有的开发成果消除包括分析、设计、编码、测试等在内的许多重复劳动,极大地提高了软件开发的效率。同时,通过复用高质量的已有开发成果,可避免重新开发可能引入的错误,由此也保证了软件的高质量。

3.3.1 软件复用的目的

软件复用使得应用系统的开发不再采用一切从"零"开始的模式,可以充分利用过去应用系统开发中积累的知识和经验,从而可以高质、高效地开发和维护软件系统,主要表现在以下几个方面:

(1)缩短软件开发和维护的时间;

(2)降低软件开发和维护的成本;

(3)保证软件的可靠性;

(4)保证软件的一致性;

(5)保护投资者的利益。

复用的潜力是巨大的。来自 Texas 的 GTE 电话运营公司在其数据服务中实现了一个成功的复用方案。为促进复用,公司为每个可能被复用的模块支付 50 ~ 1000 美元的奖励,而当该模块真正被复用时,公司会支付专利权使用费。另外,当管理者所管理的项目取得高水平的复用时,其预算将会相应增加。他们计划在三到五年的时间内,将其应用系统的 80% ~90% 由库中可复用的对象构件组装而成,公司也将因此节省成千上万美元的开发费用。

不过,复用的产品在从一个环境转到另一个环境时,必须在转换后进行重新测试。1996 年 6 月 4 日,欧洲航天局发射的阿丽亚娜 5 号火箭升空约 40 秒后爆炸,引起故障的主要原因是试图将一个 64 比特的整数转换为一个 16 比特的无符号整数。被转换的数比 216 还要大,因此产生了一个 Ada 异常。由于代码没有对此进行明确的异常处理,因此软件死机,从而引起火箭上的计算机崩溃,造成火箭爆炸。有问题的代码从控制阿丽亚娜 4 号火箭(阿丽亚娜 5 号火箭的先驱)的软件中复用而来,已经存在 10 年,在复用时未作任何修改,也没有进一步测试。

3.3.2 软件复用的类型

软件复用可以分为横向复用和纵向复用两种类型。横向复用是指复用不同应用领域中的软件成分,如数据结构、算法、人机界面构件等。面向对象设计模式是一种典型的横向复用机制。纵向复用是指在一类具有较多共性的应用领域之间复用软件成分。纵向复用活动的关键在于领域分析——根据应用领域的特征和相似性预测软件成分的可复用性。一旦确认了软件成分的可复用价值,便进行开发,然后将开发得到的软件产品存入可复用构件库,供未来开发项目使用。

Stephen 则将软件复用分为两种类型:偶然复用和有计划复用。如果一个新产品的开发者意识到以前设计的产品的一个成分可以在这个新产品中复用,则称为偶然复用。有计划复用则使用专门为未来可能的复用而建造软件产品。有计划复用使软件复用比偶然复用要容易些,且更安全,维护也更容易。不过,有计划复用可能比较昂贵。

3.3.3 软件复用的内容

软件复用的内容除了源程序代码外,还有许多其他软件产品,甚至特定的分析建模方法、检查技术、质量保证过程等均可以被复用。C. Jones 定义了 10 种可能复用的软件产品:

(1)项目计划:软件项目计划的基本结构和许多内容,如 SQA(Software Quality Assurance,软件质量保证)计划,均可以跨项目复用。

(2)成本估计:由于不同的项目中常包含类似的功能,所以有可能在极少修改或不修改的情况下,复用该功能的成本估计。

(3)体系结构:即使应用领域千差万别,但程序和数据的体系结构很少有截然不同的情形。因此,有可能创建一组类属的体系结构模板,如事务处理结构,将这些模板作为可复用涉及的框架。

(4)需求模型和规格说明:数据流图、类模型等均可以复用。

(5)设计:系统和对象设计等是常见的复用成分。

(6)源代码。

(7)用户文档和技术文档:即使特定的应用不同,也有可能复用用户文档和技术文档中的大部分内容。

(8)用户界面:用户界面可能是最广泛地被复用的软件产品。由于它可能占一个应用软件 60% 的代码量,所以复用的效果最明显。

（9）数据：在大多数经常被复用的软件产品中，数据包括内部表、列表和记录结构，以及文件和完整的数据库。

（10）测试用例：一旦设计或代码被复用，相关的测试用例应该"附属于"它们。

实际上，软件复用的内容可分为产品复用和过程复用。产品复用是指复用已有的软件产品，通过集成（组装）得到新系统。过程复用是指复用已有的软件过程，使用可复用的应用生成器来自动或半自动地生成所需系统。过程复用依赖于软件自动技术的发展，目前只适用于一些特殊的应用领域。产品复用是目前比较流行的一种途径和方法。

3.3.4　针对复用的过程模型

图 3 – 10 给出了一个针对复用的过程模型。这种过程模型强调并行的工作方式。领域工程执行一系列工作，以建立一组可以被软件工程师复用的软件产品。

在图 3 – 10 中，领域工程创建应用领域的模型，用于软件应用工程以分析用户需求。软件体系结构为应用软件的设计提供基础。在可复用软件产品被构造好后（作为领域工程的一部分），它们可以在软件建造活动中被软件工程师利用。

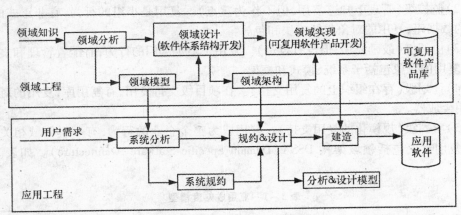

图 3 – 10　针对复用的过程模型

3.3.5　软件复用成功实施的关键

软件复用的实施除了建立和使用可复用产品库外，还需要在软件开发方法、工具、度量等方面为复用提供支持。除非一个组织明确和正式地实施复用，否则它不可能重复地利用在多个软件项目中的复用机会。实施复用是困难的，有大量的工作要做，但如果成功地实施复用，那么复用带来的回报是巨大的，下面是成功实施复用的关键。

（1）管理者的支持

获得管理者的支持对于保证成功实施复用是非常重要的。向公司引入复用必须得到各级管理者的积极配合，因为它影响了企业的组织结构、文化和软件技术等方面。

（2）复用支持组的建立

要成功地实施复用，必须建立一个正式的复用支持组，以承担可复用软件产品的建立、获取、验证、分类和管理。

（3）复用库的创建

可复用软件产品除了应有较高的质量外，还应容易被快速找到，易于理解，并且能被安全地修改等。复用库主要用来对可复用软件产品进行分类、组织、存储和管理。

（4）复用驱动的方法支持

与复用有关的活动和技术必须加入到有关开发方法中，一方面指导可复用产品的建立人员识别复用机会和候选的可复用产品，并建立一个可复用产品，另一方面指导应用软件开发人员寻找可复用产品，并利用它们组装成新的应用。

3.3.6 复用成熟度模型

为了对复用水平层次进行度量，受 SEI 软件工程研究所提出的能力成熟度模型 CMM 的启发，人们已提出若干个复用成熟度模型。

在 IBM 的 RMM（Reuse Maturity Model）中，将软件复用水平分为五级：

（1）初始级（不协调的复用努力）。复用是个人的行为，没有可复用产品库的支持，主要的复用对象是子程序和宏。

（2）监控级（管理上知道复用，但不作为重点）。复用是小组的行为，有非正式的、无监控的数据库，复用的对象包括模块和包。

（3）协调级（鼓励复用，但没有投资）。复用是整个部门的行为，有配置管理和文档数据库，复用的对象包括子系统、模式和框架。

（4）计划级（存在组织上的复用支持）。在项目级支持复用，有复用库，复用的对象包括应用生成器。

（5）牢固级（规模化的复用支持）。复用成为整个企业的行为，有一组领域相关的复用库，复用对象包括领域架构 DSSA（Domain Specific Software Architecture）。如表 3－1 所示。

表 3－1 复用成熟度模型

成熟度等级	复用比例	过程	复用制品	范围	工具
初始级	没有复用 −20% ~20%	特定的过程	子程序、宏	个人	没有库
监控级	原始的复用 10% ~50%	项目级的过程	模块包	小组	非正式的数据库
协调级	计划的复用 30% ~40%	标准的过程	子系统模型框架	部门	有配置管理功能的数据库
计划级	正式的复用 50% ~70%	大规模的复用	应用程序生成器	现场	复用库
牢固级	领域分析 80% ~90%	软件组装过程	特定领域体系结构	公司	一组特定领域服用库的集合

3.3.7　针对复用的软件项目组织

针对复用的软件项目组织必须有两个职能,并由两个部门分别承担。一个职能是创建可复用产品,相应的部门是创建者或领域工程部门;另一个职能是利用可复用产品来建立系统,相应的部门是复用者或应用工程部门。有复用经验的机构往往还有支持复用的支持者或支持部门,这三个平行的部门之上是高层经理,如图 3－11 所示。

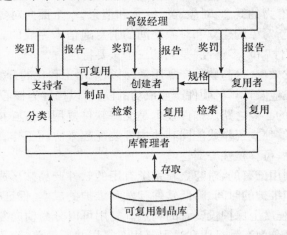

图 3－11　针对复用的软件项目组织

(1)创建者负责从复用者手中接受可复用产品的设计规格说明,进行可复用产品的设计、实现和质量控制,重点考虑可复用产品的可复用性。在可复用产品库的积累初期,开发工作量比较大,需要独立的开发组。但随着可复用产品库的不断丰富,可以考虑将其并入系统开发组。

(2)复用者负责软件系统开发任务。在各开发阶段,软件开发人员可查询可复用产品库,并从中检索出可复用产品,进行适应性修改后将其合成到当前的目标软件之中。此外,对于同类(或同族)应用的首次开发,复用者需在需求分析之前进行领域分析,以便为系统地构造可复用产品提供依据。

(3)复用支持者负责可复用产品的资格确认、质量保证、分类和存储。在可复用产品库尚未形成的初期,支持者的任务还包括开发可复用构件库和其他配套的软件复用 CASE 工具。此后,还可将部分力量投入到应用领域某些通用的可复用产品的开发中。

(4)高层经理负责管理、组织和协调各类软件复用活动,并处理所有与复用有关的事务性工作。所有下属的创建、支持和复用部门都应定期向其报告各自活动的当前状况,高层经理根据这些状况制定或调整复用计划,实施奖励,以调动开发人员的复用积极性。此外,高层经理还应根据整体复用情况,向项目管理人员提供资源分配、进度安排等方面的决策建议。

总的来说,创建者、复用者和复用支持者在高层经理的管理和指导下,由创建者根据复用者的需求创建可复用产品;复用支持者则对可复用产品进行管理,并向复用者提供所需的可复用产品；而复用者则将检索到的可复用产品合成到目标系统当中。

小 结

20世纪60年代后期提出面向对象技术正从多个方面影响和推动着计算机软件开发技术的发展，面向对象的软件开发方法是在充分吸收结构化分析设计方法优点的基础上，引进了一些新的、强有力的概念：对象、类、继承和消息，一个面向对象的程序每一成分应是对象，计算是通过新对象的建立和对象之间的消息通信来完成的。对面向对象方法来说，"封装性"、"继承性"和"多态性"是它的三个重要特性。

要提高软件开发效率，提高软件产品质量，必须采用工程化的开发方法与工业化的生产技术。借鉴传统工业及计算机硬件产业成功的模式，以构件为核心和基础，以复用为手段，是软件产业发展的必经之路。构件技术是支持软件复用的核心技术之一。构件是具有一定的功能的，能够独立工作或能同其他构件装配起来协调工作，构件应具备有用性、可用性、质量、适应性、可移植性等属性。

软件复用是指利用已有的、对建立新系统有用的软件产品来形成新系统的活动。复用能缩短软件开发和维护的时间、降低软件开发和维护的成本、保证软件的可靠性、保证软件的一致性、很大程度上保护投资者的利益。复用可以分为横向复用和纵向复用两种类型。复用的内容可分为产品复用和过程复用。复用并不简单，除了需要建立和使用可复用产品库外，还需要在软件开发方法、工具、度量等方面为复用提供支持。

思 考 题

（1）什么是面向对象技术？

（2）面向对象技术有哪些特点？

（3）简述OOD方法的各设计阶段。

（4）什么是软件构件，它与软件复用的关系是什么？

（5）当前比较成熟的构件模型有哪些？

（6）简述软件复用的目的和类型。

（7）简述软件复用的创建者、支持者和复用者三者之间的关系。

第二专题

实用软件开发技术

第4章 数据库应用系统开发

数据库作为一门学科其研究范围十分广泛,从宏观上大致可分为三个主要领域:数据库管理系统(DBMS)软件的研制、数据库理论研究和数据库应用系统的设计与开发。数据库应用系统设计与开发的主要内容是如何在 DBMS 的支持下,按照用户的需求构造最优的数据库模式,建立数据库,并在数据库逻辑模式、子模式的制约下,根据功能要求开发出使用方便、效率高的应用系统。

随着计算机软硬件技术的发展以及数据库技术的发展,数据库应用系统的开发方法和技术有了很大的变化:程序设计方法由面向过程的结构化程序设计发展到面向对象由事件驱动的程序设计方法;数据库管理系统从文件型数据库(如 FoxPro、Access 等)发展到服务器型数据库(如 SQL Server、Oracle 等);数据库开发方法由专用的数据库开发工具(如 FoxPro)转向通用的数据库开发工具(如 Visual C ++ 、Delphi 等);数据库应用系统的结构由主机集中式结构、文件型服务器结构、二层客户/服务器结构发展到多层的分布式客户/服务器结构。这些变化给数据库应用系统的开发带来新的挑战。

Visual C ++ 提供了多种方式的数据库访问手段,支持应用系统与数据库进行交互,将对数据库的数据访问和 MFC 应用框架融为一体,使得开发人员能够独立于特定的数据库管理系统而编写数据库应用系统。

本章介绍了数据库应用系统的设计方法、数据库应用系统的结构以及常见的数据库通用访问技术。在此基础上结合学生课程信息管理系统的开发,利用 Visual C ++ 开发工具,针对 MFC ODBC 和 ADO 两种主流的数据库访问技术,分别给出了具体的数据库应用系统的开发和实现过程。

4.1 数据库应用系统设计方法

从系统开发的角度来看,一个完整的数据库应用系统的设计应当包括两个方面:结构特性设计和行为特性设计。结构特性设计通常是指数据库模式或数据库结构的设计,其结果是得到一个合理的数据模型,以反映现实世界中事物间的联系,它通常包括各级数据库模式(模式、外模式和内模式)的设计。行为特性设计是应用程序设计,包括功能组织、流程控制等方面的设计。其结果是根据行为特性设计出数据库的外模式,然后用应用程序将数据库的行为和动作(如数据查询和统计、事物处理及报表处理)表达出来。

图 4 - 1 是由结构特性设计和行为特性设计组成的数据库应用系统设计示意图。数据库应用系统的行为特性设计从需求分析阶段就开始了,与结构特性设计中的数据库设计各阶段并行进行。图中的双向箭头说明两阶段需共享设计结果。

在需求分析阶段,数据分析和功能分析可以同步进行,功能分析可根据数据分析的数据流图,分析围绕数据的各种业务处理功能,并以带说明的系统功能结构图给出系统的功能模型及功能说明书。

在数据库的逻辑设计阶段(设计数据库的模式和外模式)进行事务处理设计,并产生编程说明书,这是行为特性设计的主要任务。利用数据库结构设计产生的模式、外模式以及行为特性产生的程序设计说明书,选用一种数据库应用程序开发工具就可进行应用系统的编制了。按数据库的各级模式建立数据库后,可以对编写的应用系统进行调试和运行。

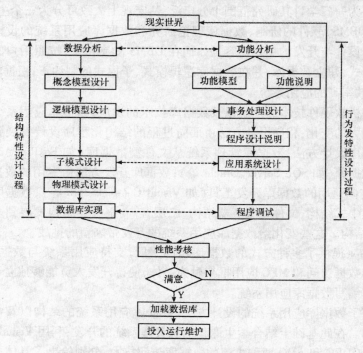

图4-1 数据库应用系统的设计过程

在数据库原理相关教材中都阐述了数据库结构特性设计的全过程,最常使用和比较成熟的是 E-R 模型方法。数据库应用系统的行为设计过程与传统的软件设计类似,软件工程中的工具和手段基本上都可用到数据库行为设计中。

4.2　数据库应用系统的结构

数据库应用系统的结构(也称为体系结构)类型不仅仅与它所运行的计算机系统的结构有很大关系,而且与它的功能在客户端和服务端的分工也十分密切。依据其数据运算及存取方式可分为四大类型:集中式结构、文件型服务器结构、二层客户/服务器结构和多层客户/服务器结构。

4.2.1　集中式结构

集中式结构在 20 世纪60—70 年代比较盛行,是指一台主机(大型计算机或小型计算机)带多台终端的多用户数据库应用系统结构。数据库的存储、计算与应用程序的执行全由主机来完成,用户通过公共总线连接在一起,并发地存取数据库,共享数据资源。其结构如图4-2所示。

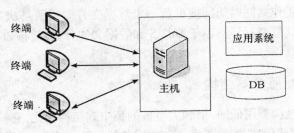

图4-2 集中式结构的数据库应用系统

这种结构的优点是管理维护方便,运行效率高,集中的数据管理与安全控制使得整个系统易于管理和维护,系统管理人员只要专心管理好主机,不需要对前端的终端机进行维护。主机有处理大量数据和支持并发用户的能力,当终端用户不很多时,其运行效率较高。缺点是主机易成"瓶颈",当终端用户的数量增加到一定程度后,主机任务过于繁重,从而导致系统性能下降。另外,当主机出现故障时整个系统都不能使用,因此系统的可靠性不高。

4.2.2 文件型服务器结构

20世纪80年代,随着个人计算机的诞生和局域网的问世,诞生了文件服务器技术和文件型数据库及文件型数据库应用程序。在文件型数据库应用程序中,数据存放在文件型数据库中。dBase、FoxPro、Access等是一些拥有较高知名度的文件型数据库。存放数据库文件的服务器作为文件服务器使用,应用程序的数据运算和处理逻辑则存放在客户端的工作站中,应用程序以文件的形式存取文件服务器上的数据,而文件服务器将用户所需要的数据以整个文件的形式传送到客户端上。文件型服务器结构如图4-3所示。这种结构的特点是将共享数据资源集中管理,而将应用系统分散在各个客户端的工作站上。

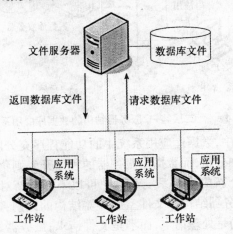

图4-3 文件型服务器结构的数据库应用系统

文件型服务器结构的优点是实现的费用比较低廉,而且配置灵活,在一个局域网中可以方便地增减客户端工作站。这种结构的应用系统也有一些致命的缺点:首先,由于数据的请求和更新都是以文件的形式完成的,这将导致网络负载很大,从而影响整个系统的性能;其次,多个客户工作站同时访问或更新一个数据文件时需要解决共享和互斥问题,使得应用系统变得极其复杂;另外,由于 DBMS 和数据文件分离,使得数据的一致性、完整性和安全性无法保证。

4.2.3 二层客户/服务器结构

文件型服务器结构费用低廉,但和大型机的集中式结构相比,它缺乏足够的计算和处理能力。为了解决费用和性能的矛盾,客户/服务器(Client/Server,简称 C/S)结构应运而生了。这种结构允许应用系统分别在客户端工作站和服务器上执行,这里服务器不再是文件服务器。

数据库应用系统的功能从普通用户的角度来看,大致可以分为前端和后端两部分,但从软件开发人员的角度来看,则应分成数据管理、事务逻辑、应用逻辑和用户界面的显示逻辑等四部分。二层客户/服务器结构将应用系统的计算机分为客户机和服务器,系统的功能在客户机和服务器之间进行重新划分,如图 4-4 所示。客户机主要负责应用逻辑的处理、用户界面的处理与显示,通过网络与服务器交互。服务器负责向客户机提供数据服务、实现数据管理和事务逻辑,有时也完成有限的应用逻辑。目前支持客户/服务器的常用数据库管理系统有 Microsoft SQL Server、Sybase 和 Oracle 等。

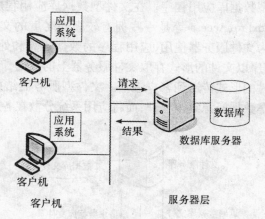

图 4-4 二层客户/服务器结构的数据库应用系统

在客户/服务器结构中,数据库应用系统中的功能程序充分隔离,客户端应用程序的开发集中于数据的显示和分析,而数据库服务器的程序开发则集中于数据的管理和事务逻辑控制,这样,在每一个新的应用系统开发中可以不必重新对数据库进行编码。从图 4-4 中可以看出客户/服务器结构和文件型服务器结构的区别,客户/服务器结构的客户端工作站向服务器发送的是处理请求,而不是文件请求;服务器返回的是处理结果,而不是整个数据文件,从而极大地减少了网络数据传输量,提高了系统的性能、吞吐量和负载能力。另一方面,数据和应用的分离使得二层 C/S 结构数据库应用系统更加开放,可以使用不同的数据库产品开发服务器端,也可以使用不同的前台开发工具开发客户端,客户端和服务器端一般都能在多种不同的硬件和软件平台上运行,使得应用系统具有更强的可移植性。

随着 C/S 结构应用范围的不断扩大和计算机网络技术的发展,这种结构也带来一些日益明显的问题:首先是系统维护费用高。由于客户端需要安装庞大而复杂的应用程序,当客户端用户的规模达到一定的数量之后,系统的维护量急剧增加,因而维护应用系统变得十分困难。其次是重用性差。数据库访问、业务规则等都固化在客户端应用程序中,若客户另外的应用需求也包含相同的业务规则,程序开发者不得不重新编写相同的代码。再者是缺乏灵活性。客户机/服务器需要对每一应用独立地开发应用程序,尤其是客户端软件,需要编写专用的客户端。在向广域网(如 Internet)扩充的过程中,由于信息量和应用的迅速增大,专用的客户端无法满足多功能的需求。三层或多层客户/服务器结构能有效地解决这些问题。

4.2.4　多层客户/服务器结构

多层客户机/服务器结构是从传统的二层客户机/服务器结构中发展起来的一种新的网络计算模式,如图 4－5 所示。它把数据库应用系统的四个组成部分分为数据层(事务管理、事务逻辑)、功能层(应用逻辑)和表示层(表示逻辑)三个层次,即把二层结构中客户端的应用逻辑分离成一个应用服务器,使得客户机上的所有处理过程不直接涉及到数据库管理系统。这种结构中的三个层次分别放在各自不同的硬件系统上,因此具有很高的灵活性,能够适应客户机数目的增加和处理负荷的变动。例如,在增加新业务处理时,只需在响应功能层的服务器上增加新业务应用程序即可。

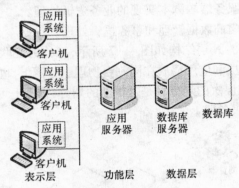

图 4－5　三层客户/服务器结构的数据库应用系统

三层 C/S 结构中表示层负责表达逻辑并与用户交互(客户机);功能层实现应用逻辑(应用服务器),也称应用层、中间层;数据层负责数据管理(数据库服务器)。

典型的三层 C/S 结构系统是 WWW(World Wide Web)上的数据库应用,如图 4－6 所示。由于这种结构的表示层采样浏览器实现,是传统 C/S 结构在 Internet 应用中的一种变化或改进,因此被称为 B/S 结构,即浏览器/服务器(Browser/Server)结构。

多层客户机/服务器结构的数据库应用系统具有较明显优点:首先,业务逻辑放置在

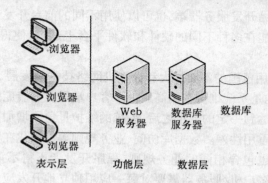

图 4 - 6　三层 B/S 结构的数据库应用系统

功能层可以提高系统的性能,使得业务逻辑的处理和数据层的业务数据紧密结合在一起,而无需考虑客户机的具体位置。其次,将业务逻辑置于功能层,从而使得业务逻辑集中在一起,便于整个系统的维护、管理和代码复用。最后,添加新的功能层服务器,能够满足新增客户机的需求,提高系统的可伸缩性。

在纯粹的三层 C/S 结构系统中,表示层和数据层已被严格定义,但功能层并未明确定义。功能层包括所有与应用程序的界面和数据存储无关的处理。将功能层划分成许多服务程序是符合逻辑的,并将每一个主要服务都视为独立的层,那么三层结构就称为 N 层结构。典型的 N 层结构的例子就是基于 Web 的应用程序。

一个基于 Web 的应用程序在逻辑上可能包含如下几层:

(1)表示层:Web 浏览器实现的客户端的界面。

(2)Web 层:Web 服务器实现的业务层的任务分配机制。

(3)应用层:由一些服务器端脚本实现的业务逻辑处理。

(4)数据层:提供专门的数据管理和事务逻辑处理。

这种基于 Web 应用的 N 层结构如图 4 - 7 所示,又称为互联网应用程序结构。实际部署过程中可以把 Web 层和应用层放在同一台物理服务器上,也可以分别放在不同的物理服务器上,即应用系统层次的划分只是逻辑上的划分,物理上可以根据实际情况将它们放在一台或几台不同的服务器上。

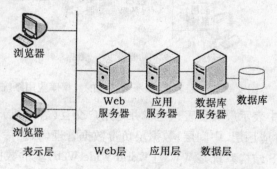

图 4 - 7　三层 B/S 结构的数据库应用系统

4.3 数据库访问技术

目前 DBMS 提供的数据库接口分为专用和通用两种。专用数据库接口具有很大的局限性,可伸缩性也比较差。通用的数据库接口提供了与不同的数据库系统通信的统一接口,采用这种数据库接口,可以通过编写一段代码实现对多种类型数据库的复杂操作。目前 Windows 系统上常见的通用数据库访问技术包括:

ODBC(Open Database Connectivity,开放数据库互连)

DAO(Data Access Objects,数据访问对象)

OLE DB(Object Linking and EmbeddingDatabase,对象链接嵌入数据库)

ADO(ActiveX Data Objects,ActiveX 数据对象)

JDBC(Java Database Connectivity,Java 数据库互连)

4.3.1 ODBC

ODBC 是微软公司开放服务结构(WOSA,Windows Open Services Architecture)中有关数据库的一个组成部分,它建立了一组规范,为用户提供一个访问关系数据库的标准接口,针对不同的数据库提供了一套标准 API。应用程序可以通过 ODBCAPI 访问任何提供了 ODBC 驱动的数据库。目前所有关系数据库都提供了 ODBC 驱动,故 ODBC 技术的应用非常广泛。

ODBC 技术使得应用程序与数据库之间在逻辑上可以分离,使应用程序具有数据库无关性,使得应用程序具有良好的互用性和可移植性,并且具备同时访问不同数据库的能力。

ODBC 的体系结构如图 4-8 所示,它由数据库应用程序、ODBC 管理器、驱动程序管理器、数据库驱动程序和数据源等部分组成,各部分的主要功能如下:

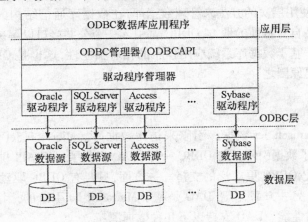

图 4-8 ODBC 的分层体系结构

ODBC 数据库应用程序通过 ODBC 接口访问不同数据源中的数据。它负责执行并调用 ODBC 接口来提交 SQL 语句;接收 SQL 的执行结果。主要完成以下任务:请求与数据源连接;向数据源发送 SQL 请求;为 SQL 语句执行结果分配存储空间;读取结果;处理错误;向用户提交处理结果;断开与数据源的连接等。

ODBC 管理器位于 Windows 控制面板的管理工具内。其主要任务是管理安装的 ODBC 驱动程序和数据源。

驱动程序管理器为应用程序加载、调用和卸载数据库驱动程序。驱动程序管理器本身是一个动态链接库,用于连接各种 DBMS 提供的驱动程序,管理应用程序和数据库驱动程序之间的交互。驱动程序管理器除了为应用程序加载数据库驱动程序,还执行以下任务:映射数据源到特定驱动程序的动态链接库;处理初始化调用;提供入口指针;提供 ODBC 的参数确认和顺序确认。当一个应用程序与多个数据库连接时,驱动程序管理器能够保证应用程序准确地调用不同数据库进行数据访问。

数据库驱动程序实现对数据源的各种操作,操作结果也通过驱动程序返回给应用程序。驱动程序本身也是一个动态链接库,从图 4-8 中可以看出,应用程序不能直接存取数据库,其各种操作请求要通过 ODBC 的驱动程序管理器提交给数据库驱动程序,通过驱动程序所支持的函数来操纵数据库。

ODBC 数据源(Database Source Name,简称 DSN)是驱动程序与数据库连接的桥梁。数据源不是数据库,而是用于表达一个 ODBC 驱动程序和数据库连接的命名。在连接中用 DSN 来代表用户名、服务器名、所连接的数据库名等,可将 DSN 看成是与一个具体数据库建立的连接。

作为一种数据库连接的标准技术,ODBC 有如下几个特点:

(1)ODBC 是一种使用 SQL 的程序设计接口;

(2)ODBC 的设计是建立在客户机/服务器体系结构基础之上的;

(3)ODBC 的结构允许应用程序访问多个数据源,即应用程序与数据源的关系是多对多的关系;

(4)ODBC 减少了应用程序开发者与数据源连接的复杂性。

另外,ODBC 使用层次的方法来管理数据库,在数据库通信结构的每一层,对可能出现依赖数据库产品自身特性的地方,ODBC 都引入一个公共接口以解决潜在的不一致性,从而很好地解决了基于数据库系统应用程序的相对独立性,这也是 ODBC 一经推出就获得巨大成功的重要原因之一。

4.3.2 DAO

DAO 使用 Microsoft Jet 数据库引擎来访问数据库。Microsoft Jet 为 Access 和 Visual Basic 等产品提供了数据引擎。与 ODBC 一样,DAO 提供了一组 API 供编程使用。

DAO 提供了比 ODBC 更广泛的支持。一方面,只要有 ODBC 驱动程序,DAO 可以访问 ODBC 数据源。另一方面,由于 DAO 是基于 Microsoft Jet 引擎的,因而在访问 Access 数据库时具有很好的性能。DAO 支持以下几种数据源:

(1)Microsoft Jet 型数据库文件,即基于微软的 mdb 类型数据库的数据库应用程序,该数据库是通过 Access 生成的。

(2)ISAM 型(索引顺序访问方法)数据源,包括 Dbase、FoxPro、Paradox、Excel 或文本

文件。

（3）DAO 也可以使用 ODBC Direct 对 ODBC 数据源进行操作，但性能并不是很好。ODBC Direct 可以直接访问 ODBC 数据源，而不是通过 Jet 引擎。

在 DAO3.1 版本以前，DAO 被定义为"Microsoft Jet 引擎的编程接口"，也就是说，DAO 和 Jet 在历史上几乎是同义词。DAO 访问数据库都要通过 Microsoft Jet 数据库引擎来完成。当然，这两个概念在内涵上是不一样的，Jet 不能被直接使用，只有通过 DAO 或 Access 才能使用 Jet。DAO 3.1 之后增加了一项重要的功能，这就是 ODBCDirect 访问。ODBCDirect 使得 DAO 可以跳过 Jet 引擎，直接访问 ODBC 数据源。一般来说，如果应用程序使用的是本地数据库，那么 DAO 一般通过 Jet 来访问数据库，反之，如果使用的是远程数据库，那么 DAO 通过 ODBCDirect 来访问数据库。

由于 DAO 和 ODBC 的许多方面都比较相似，因此只要用户掌握了 ODBC，就很容易学会如何使用 DAO，用户可以很轻松地把数据库应用程序从 ODBC 移植到 DAO。

4.3.3　OLE DB

OLE DB 是微软公司继 ODBC 标准后提出的基于 COM 思想的一种数据库访问技术标准，目的是为应用系统提供一种统一的数据访问接口，使得数据的使用者（应用程序）可以使用同样的方法访问各种数据，而不用考虑数据的具体存储地点、格式或类型。这里所说的统一是指不仅能像 ODBC 那样提供基于关系型数据库的访问，而且能提供其他形式的数据的访问，如邮件数据、Web 上的文本或图形、目录服务、主机系统中的 IMS 和 VSAM 数据等。

OLE DB 将传统的数据库系统划分为多个逻辑组件，这些组件之间相对独立又相互通信。这种组件模型中的各个部分被冠以不同的名称：

数据提供者（Providers）：包含数据并将数据输出到其他组件中去。提供者大致被分为两类：数据提供者和服务提供者。

业务组件（Business Component）：利用数据服务提供者、专门完成某种特定业务信息处理、可以复用的功能组件。

消费者（Consumers）：是使用 OLE DB 对存储在数据提供者中的数据进行控制的应用程序。

OLE DB 定义了统一的 COM 接口作为存取各类异质数据源的标准，并封装在一组 COM 对象之中。但由于 OLE DB 太底层化，而且在使用上非常复杂，因此 OLE DB 难以推广和流行。

4.3.4　ADO

ADO 是建立在 OLE DB 之上的高层数据库访问技术。ADO 基于 COM，具有 COM 构件的诸多优点，能够访问关系数据库、非关系数据库以及所有的文件系统。ADO 是目前在 Windows 平台上比较流行的客户端数据库编程技术。

ADO 是 OLE DB 的消费者，与 OLE DB 提供者一起协同工作。它利用低层 OLE DB 为应用程序提供简单高效的数据库访问接口，ADO 封装了 OLE DB 中使用的大量 COM

接口,对数据库的操作更加方便简单。ADO 实际上是 OLE DB 的应用层接口,可以处理各种 OLE DB 支持的数据源。

ADO 提供了一种数据库编程对象模型,类似于 DAO 的对象模型,但比 DAO 有更高的灵活性。与 OLE DB 相比,能够使用 ADO 的编程语言更多。ADO 提供了一个自动化接口,不仅 Visual C++、Visual Basic、Delphi 等支持 COM 的高级语言可以使用,VBScript 和 JavaScript 等脚本语言也可以使用。ADO 对象模型参见 4.5.4 节中有关 ADO 对象模型的介绍。

4.3.5 JDBC

JDBC 是专门为 Java 程序与各种常用关系数据库之间进行连接和通信的统一接口,其结构和工作方式与 ODBC 十分类似。JDBC 为 Java 编写的应用程序访问数据库提供了统一的标准方法,实现 Java 语言"编写一次,处处运行"的跨平台优势。JDBC 的体系结构如图 4 – 9 所示。

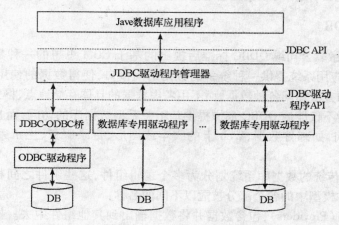

图 4 – 9　JDBC 的分层体系结构

4.3.6 几种数据访问技术比较

ODBC 的最大优点是能以统一的方式处理数据库,使用简单,但是不支持非关系型数据库。MFC ODBC 的本质是 ODBC,Visual C++ 中提供了 MFC ODBC 类,封装了 ODBC API,使得程序的编制更为方便,只需了解该类的一些属性和方法就可以访问数据库,而无需了解 ODBC API 的具体细节。目前大部分的 ODBC 开发都使用 MFC ODBC。ODBC 访问数据需要创建数据源,对数据库的访问速度慢,同时 ODBC 的使用需要很多部件的支持,因此当从一个环境移植到另一个环境时,不但需要重新注册数据源,而且要移动很多部件。

DAO 类与 ODBC 类相比具有很多相似之处。首先,二者都支持对各种 ODBC 数据源的访问。虽然二者使用的数据引擎不同,但都可以满足用户编写独立于数据库系统的应用程序的要求;其次,DAO 提供了与 ODBC 功能相似的 MFC 类,它们的大部分成员函数都是相同的。

DAO 也可访问 ODBC 数据源,但性能不是很好。DAO 最适合访问基于 Microsoft Jet 型数据库,同时使用 DAO 不需要登录数据源。使用 DAO 技术可以使我们方便地访问

Microsoft Jet 引擎数据库,由于 Microsoft Jet 不支持多线程,因此,必须限制调用 DAO 的操作在应用程序主线程中运行。

但是 ODBC 和 DAO 访问数据库的机制是完全不同的。ODBC 的工作依赖于数据库制造商提供的驱动程序,使用 ODBC API 的时候,ODBC 管理程序把对数据库的访问请求传递给相应的驱动程序,驱动程序再使用 SQL 语句指示数据库管理系统完成数据库的访问工作。DAO 则不需要中间环节,它直接利用 Microsoft Jet 数据库引擎提供的数据库访问对象集进行工作。虽然 Microsoft 宣称 DAO 支持目前流行的绝大多数数据库格式的访问,但是对其他格式数据库的访问比对 MDB 格式访问更差。所以如果使用 MDB 格式的数据库,可考虑使用 DAO。

另外,从 Visual C++. NET 起,Visual C++ 环境和向导不再支持 DAO(尽管包括 DAO 类并且还可以使用这些类)。DAO 只用于维护现有的应用程序。

Microsoft 推出的 UDA 技术(Universal Data Access,一致数据访问)为关系型或非关系型数据访问提供了一致的访问接口,为企业级 Intranet 应用多层软件结构提供了数据接口标准。一致数据访问包括两层软件接口,分别为 ADO 和 OLE DB,对应于不同层次的应用开发。ADO 提供了高层软件接口,还可在各种脚本语言或宏语言中直接使用;OLE DB 提供了底层软件接口,可在 C/C++ 语言中直接使用。

UDA 技术建立在 Microsoft 的 COM 基础上,它包括一组 COM 构件程序,构件与构件之间或者构件与客户程序之间通过标准的 COM 接口进行通讯。用 UDA 产生的应用程序具有 COM 构件的优点,运行效率高,便于使用和管理,占用的内存较少。

4.4 Visual C++ 中数据库访问技术

Visual C++ 提供了多种多样的数据库访问技术如 ODBC API、MFC ODBC、DAO、OLE DB、ADO 等。这些技术各有自己的特点,但都提供了简单、灵活、访问速度快、可扩展性好的开发技术。Visual C++ 中提供了 MFC 类库、ATL 模板类以及 AppWizard、ClassWizard 等一系列的 Wizard 工具,用于帮助快速建立应用程序,简化了应用程序的设计过程,因此只需编写很少的代码或不需编写代码就可以开发一个数据库应用程序。

ODBC API 可以使应用程序能够从底层设置和控制数据库,完成一些高层数据库技术无法完成的功能。直接使用 ODBC API 需要编写复杂代码,Visual C++ 提供了 MFC ODBC 类,对 ODBC 功能进行了封装,使 ODBC 编程的复杂性大大降低。MFC ODBC 类主要包括 CDatabase、CRecordSet、CRecordView、CFieldExchange、CDBException。

数据库应用程序如果只需与 Access 数据库接口时,使用 DAO 编程较方便。与 MFC ODBC 类似,Visual C++ 封装了 DAO 类,如 CDaoDatabase、CDaoRecordView、CDaoRecordset、CDaoException 等,这些对应的类功能相似,它们的大部分成员函数都是相同的。因此只要掌握了 ODBC,就很容易学会使用 DAO。实际上,用户可以很轻松地把数据库应用系统从 ODBC 移至到 DAO。

Visual C++ 提供了一组 OLE DB 的 API 作为统一的数据访问接口。与 ODBC API 不同的是,OLE DB API 是符合 COM 标准的且是基于对象的。直接使用 OLE DB 的对象和接口设计数据库应用程序需要编写大量代码,为了简化程序设计,Visual C++ 提供了 ATL 模板用于设计 OLE DB 数据应用程序和数据提供程序。利用 ATL 模板很容易将 OLE DB 与 MFC 结合起来,使得数据库的复杂编程变得简单。

Visual C++ 进行 OLE DB 数据应用程序开发有两个途径:以 MFC AppWizard(exe)为向导建立应用程序框架,在应用程序里添加对 OLE DB 支持的头文件,然后使用 OLE DB 类进行数据库应用开发。或者,以 ATL COM AppWizard 为向导建立应用程序框架,该框架直接支持 OLE DB 的模板类,不需要添加任何头文件。

ADO 是建立在 OLE DB 之上的高层数据库访问技术,使用 ADO 开发数据库应用程序有两种方法:其中最简单的方法是在程序中使用 ActiveX 控件。这种方法可以最大限度地简化数据库应用程序的访问,但是这种方法的效率比较低,不能完全发挥 ADO 访问数据库的优点;另一种方法是直接使用 ADO 对象,这种方法可以灵活地控制应用程序。

尽管 Visual C++ 提供了多种数据库访问技术,但是 Microsoft 推荐使用 MFC ODBC 或 ADO 数据库访问技术。在实际的项目开发中主要使用这两种技术。下面通过一个具体的学生课程信息管理系统的数据库应用程序来介绍如何使用这两种技术。

4.5 Visual C++ 数据库编程实例

作为实例,我们利用数据库原理教材中使用较多的教学数据库来设计和开发一个学生课程信息管理系统。数据库管理系统为 SQL Server 2000,开发工具为 Visual C++ 6.0。

4.5.1 概述

学生课程信息管理中的实体有学生和课程,学生和课程间的联系是多对多的关系,其 E-R 模型如图 4-10 所示。对应逻辑模型设计阶段的三个关系模型如下,关系的主键用下划线标出。

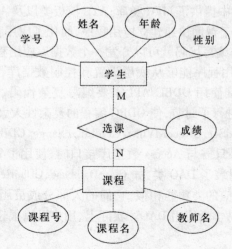

图 4-10 教学数据库 E-R 图

学生关系模式 S（SID,SNAME,AGE,SEX），其属性名分别表示学号、姓名、年龄和性别。

选课关系模式 SC(SID,CID,GRADE)，其属性名分别表示学号、课程号和成绩。

课程关系模式 C(CID,CNAME,TEACHER)，其属性分别表示课程号、课程名和教师名。

在 SQL Server 中建立一个名为 TeachingDB 数据库，数据库文件 TeachingDB_ Data. MDF 和日志文件 TeachingDB_Log. LDF 的存放位置为系统默认位置。在库中建立三个基本表，对应的 SQL 命令如下：

```
CREATE TABLE S
(
    SID CHAR(4) NOT NULL,
    SNAME CHAR(8) NOT NULL,
    AGE SMALLINT,
    SEX CHAR(2),
    PRIMARY KEY(SID)
);
CREATE TABLE C
(
    CID CHAR(4) NOT NULL,
    CNAME CHAR(20) NOT NULL,
    TEACHER CHAR(8),
    PRIMARY KEY(CID)
);
CREATE TABLE SC
(
    SID CHAR(4),
    CID CHAR(4),
    GRADE SMALLINT,
    PRIMARY KEY(SID, CID),
    FOREIGN KEY(SID) REFERENCES S(SID),
    FOREIGN KEY(CID) REFERENCES C(CID)
);
```

系统界面如图 4-11 所示。系统的主要功能包括学生信息显示、课程信息显示、选课信息显示、选课信息设置和课程成绩查询等。其中：学生信息显示和课程信息显示通过两个列表控件来分别显示数据库中保存的学生信息和课程信息；

在学生信息列表中选择一个学生信息时，系统自动在数据库中查询该学生所选的课程，并通过课程信息列表框中课程号前面的复选框的选中状况来表示该学生的选课情况；

通过课程号前面的复选框来重新设置该学生的选课信息，在学生信息列表框中选择其他学生信息前，自动保存当前学生的选课信息，若取消该学生某门已选课程，系统给出提示信息，经确认后从数据库中删除该选课信息。

课程成绩查询提供两个按钮，分别按姓名排序和按课程名排序来查询课程成绩。在

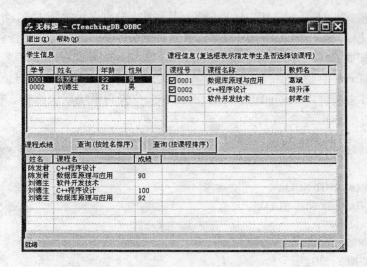

图 4 – 11　学生课程信息管理系统

6.5 节的示例中通过 COM 构件将查询结果生成一个 Word 文档。

通过上述功能可以学习和掌握数据库中单表和多表的查询、增加、删除和修改。系统中没有实现学生信息和课程信息的增加、删除和修改功能，读者可以参考选课信息的情况来自行实现。

4.5.2　创建项目框架

使用 MFC AppWizard（exe）新建一个基于单文档的应用程序，项目名称为 TeachingDB，如图 4 – 12、图 4 – 13 所示。对话框"MFC AppWizard － Step 2 of 6"中选择 "Header files only"，对话框"MFC AppWizard － Step 6 of 6"中 CTeachingDBView 的 Base Class 选择 CFormView，如图 4 – 14、图 4 – 15 所示。其余对话框按默认设置即可。

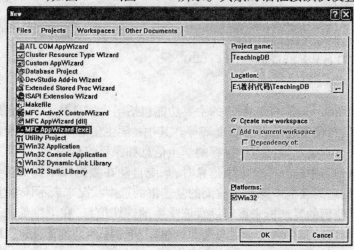

图 4 – 12　创建项目框架

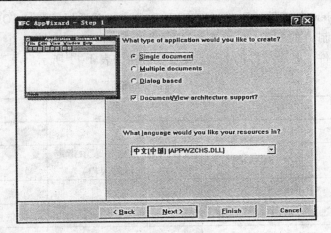

图 4 – 13　单文档的应用程序

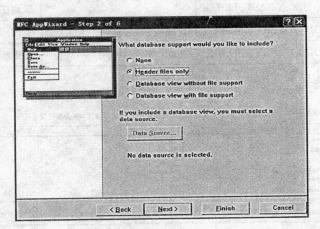

图 4 – 14　数据库支持

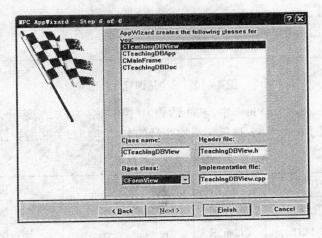

图 4 – 15　类创建

在 ResoureView 中打开 IDD_TEACHINGDB_FORM 对话框,删除"TODO:在这个对话框里设置表格控制。"的 Static Text 控件,添加 3 个 Static Text 控件、3 个 List Control 控件和 2 个 Button 控件。各个控件的类型、ID 及其说明如表 4-1 所示。

表 4-1　对话框的资源

资源类型	资源 ID	标题	功能
标签	IDC_STATIC	学生信息	
标签	IDC_STATIC	课程信息(复选框表示指定学生是否选择该课程)	
标签	IDC_STATIC	课程成绩	
列表框	IDC_STUDENT_LIST		学生信息列表
列表框	IDC_COURCE_LIST		课程信息列表
列表框	IDC_GRADE_LIST		课程成绩信息列表
按钮	IDB_QUERY_GRADE1	查询(按姓名排序)	查询所有选课成绩
按钮	IDB_QUERY_GRADE2	查询(按课程排序)	查询所有选课成绩

设计完成后的学生选课管理界面如图 4-16 所示。

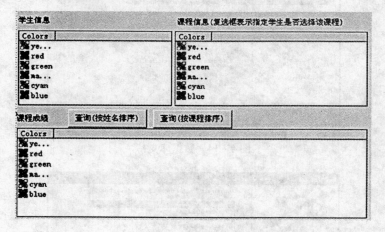

图 4-16　学生选课管理界面

创建类 CTeachingDBView 中与对话框中控件相关联的变量,这些变量通过 ClassWizard 工具添加,表 4-2 显示了添加变量的名称、类型、关联的控件 ID 及其意义。

表 4-2　类的变量

资源 ID	变量类型	关联变量	说明
IDC_STUDENT_LIST	CListCtrl	m_StudentListCtrl	学生信息列表
IDC_COURCE_LIST	CListCtrl	m_CourseListCtrl	课程信息列表
IDC_GRADE_LIST	CListCtrl	m_GradeListCtrl	课程成绩信息列表

创建类 CTeachingDBView 中消息映射函数,通过 Class Wizard 工具的 MessageMap 标签添加,如表 4 - 3 所示。当学生信息列表中项的状态改变时,触发消息映射函数 OnItemchangedStudentList。在该映射函数中,若项的状态从已选择改变为未选择,则从课程信息列表中读取该学生所选择的课程,并保存到选课表 SC 中,若项的状态改变为已选择,则从选课表中读取该学生的选课信息并更新课程信息列表中课程的选择状态。

表 4 - 3　消息映射函数

资源 ID	消息	消息映射函数	说明
IDC_STUDENT_LIST	LVN_ITEMCHANGED	OnItemchangedStudentList	响应列表中项的状态的改变
IDB_QUERY_GRADE1	BN_CLICKED	OnQueryGrade1	响应按钮单击
IDB_QUERY_GRADE2	BN_CLICKED	OnQueryGrade2	响应按钮单击

重载视图类 CTeachingDBView 的 OnInitialUpdate 函数,对列表控件进行初始化:

```
void CTeachingDBView::OnInitialUpdate()
{
    CFormView::OnInitialUpdate();
    GetParentFrame() -> RecalcLayout();
    ResizeParentToFit();

    //设置列表控件的外观
    m_CourseListCtrl.ModifyStyle(0,LVS_REPORT|LVS_SINGLESEL|LVS_SHOWSELALWAYS);
    m_GradeListCtrl.ModifyStyle(0,LVS_REPORT|LVS_SHOWSELALWAYS);

    m_StudentListCtrl.SetExtendedStyle(LVS_EX_GRIDLINES|LVS_EX_FULLROWSELECT);
    m_CourseListCtrl.SetExtendedStyle(LVS_EX_GRIDLINES|LVS_EX_FULLROWSELECT|
                                      LVS_EX_CHECKBOXES);
    m_GradeListCtrl.SetExtendedStyle(LVS_EX_GRIDLINES|LVS_EX_FULLROWSELECT);

    //设置列表控件的列头信息
    m_StudentListCtrl.InsertColumn(0, "学号", LVCFMT_LEFT, 50);
    m_StudentListCtrl.InsertColumn(1, "姓名", LVCFMT_LEFT, 80);
    m_StudentListCtrl.InsertColumn(2, "年龄", LVCFMT_LEFT, 50);
    m_StudentListCtrl.InsertColumn(3, "性别", LVCFMT_LEFT, 50);

    m_CourseListCtrl.InsertColumn(0,"课程号",LVCFMT_LEFT,70);
    m_CourseListCtrl.InsertColumn(1,"课程名称",LVCFMT_LEFT,150);
    m_CourseListCtrl.InsertColumn(2,"教师名",LVCFMT_LEFT,80);

    m_GradeListCtrl.InsertColumn(0, "姓名", LVCFMT_LEFT, 50);
    m_GradeListCtrl.InsertColumn(1, "课程名",LVCFMT_LEFT, 150);
```

```
    m_GradeListCtrl. InsertColumn(2，"成绩"，LVCFMT_LEFT, 50)；
}
```

至此,学生课程信息管理系统的项目框架创建完毕,图4-17是删除了工具条和无关菜单项后的系统运行界面。下面利用 Visual C++ 中不同的数据库访问技术,通过上述三个消息映射函数来访问教学库中信息。

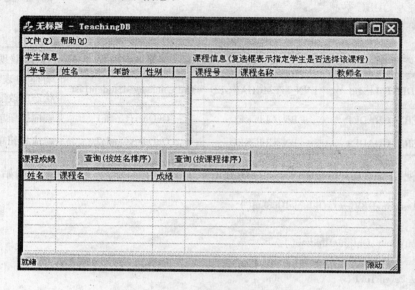

图4-17　学生选课管理界面

4.5.3　MFC ODBC 编程

本节介绍如何通过 MFC ODBC 类来进行数据库编程。

1. 管理数据源

通过 ODBC 访问数据库必需建立数据源,创建数据源最简单和直接的方法是利用 ODBC 数据源管理器(ODBC Data Source Administrator)。数据源分为用户 DSN、系统 DSN 和文件 DSN 三类。

用户 DSN:只允许创建该 DSN 的登录用户使用,并且只能在当前机器上运行。这里的当前机器是指这个配置只对当前的机器有效,而不是说只能配置本机上的数据库,它可以配置到局域网中其他机器上的数据库。

系统 DSN:与用户 DSN 不同的是允许所有登录的用户使用。系统 DSN 对当前机器上的所有用户都是可见的,包括 NT 服务。

文件 DSN:是 ODBC 3.0 以上版本增加的一种数据源,可用于企业用户。文件 DSN 允许所有登录的用户使用,即使在没有任何用户登录的情况下,也可以提供对数据库 DSN 的访问支持。文件 DSN 把具体的配置信息保存在硬盘上的某个具体文件中,可以供所有安装了相同驱动程序的用户共享。

下面以 SQL Serer 2000 数据库 TeachingDB 为例,介绍如何创建一个名称为"Teaching

DSN"的系统 DSN,数据源驱动程序为 SQL Server。具体步骤如下:

(1)启动 ODBC 驱动程序管理器。打开"控制面板"中"管理工具",双击"数据源(ODBC)"图标打开"ODBC 数据源管理器",如图 4 – 18 所示。

(2)选择 ODBC 驱动程序。切换到"系统 DSN"标签页,单击"添加(D)…"按钮,将弹出如图 4 – 19 所示的对话框,选择数据源驱动程序 SQL Server,单击"完成"按钮。

(3)输入 ODBC 数据源名称,选择数据源的 SQL 服务器。在图 4 – 20 中将数据源命名为"TeachingDB",服务器选择或者手动输入 local,有些机器需要加一对圆括号,例如(local)。单击"下一步"按钮。也可选择其他机器上安装的 SQL Server 服务器。

(4)登录身份配置。在图 4 – 21 中,选择登录到 SQL Server 的安全验证信息,选中"使用网络登录 ID 的 Windows NT 验证"复选框,客户端配置为默认值。

(5)选择连接的默认数据库。如图 4 – 22 所示,将默认的数据库改为 TeachingDB 数据库(数据库需要通过 SQL Server 的企业管理器预先建立)。

(6)在图 4 – 23 中,可以设置 SQL Server 的系统消息,如语言、货币、时间、数字格式以及日志等(一般保持默认设置即可)。

(7)单击"完成"按钮,在图 4 – 24 中可单击"测试数据源"按钮进行数据源测试。

(8)单击确定按钮,返回数据源管理器对话框,如图 4 – 25 所示,系统 DSN 的系统数据源列表中已经多一项"Teaching DSN",这就是刚刚配置的数据源。

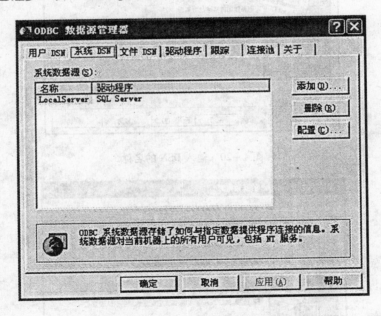

图 4-18　系统 DSN 选项卡

图 4-19 创建数据源对话框

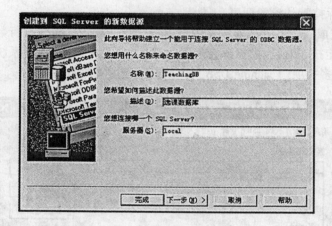

图 4-20 输入 DSN 的名称

图 4-21 选择验证登录的 ID 方式

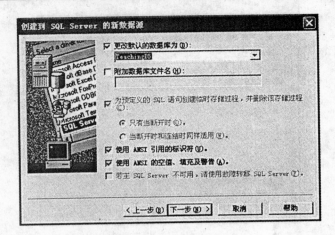

图 4-22 更改默认的数据库

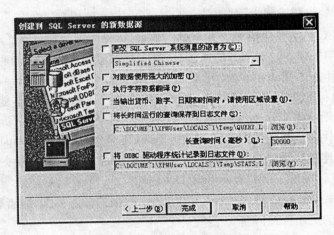

图 4-23 SQL Server DSN 配置

图 4-24 数据源测试对话框

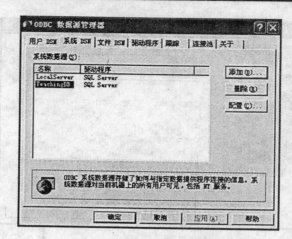

图 4-25 已配置的系统数据源对话框

2. MFC ODBC 类和编程步骤

MFC 中 ODBC 类主要包括如下五个类：

CDatabase：用于建立与数据源的连接，提供对数据库进行状态查询和操作的函数，如查询是否支持事务的 CanTransact 函数，执行事务操作的 BeginTrans、CommitTrans 和 Rollback 函数，执行 SQL 语句的 ExecuteSQL 函数。执行 SQL 语句时不能返回记录集，若需要返回记录集则使用 CRecordset 类。

CRecordset：代表从数据源中选择的一组记录（记录集）。通过 CDatabase 实例的指针实现同数据源的连接。可以是数据源中一个或多个表的所有列或其中的有限列，由其中的 SQL 语句决定。提供了 AddNew、Edit、Delete、Update 等函数对记录集进行更新操作。记录集有两种形式：snapshot 和 dynaset。前者表示数据的静态视图，后者表示记录集与其他用户对数据源的更新保持同步。

CFieldExchange：支持记录字段交换（RFX）和批量记录字段交换（BulkRFX）。RFX（Record Field Exchange）机制是记录集数据成员与对应的数据源中表的字段之间的数据交换机制，使得用户通过操作记录集来实现对数据库的操作。MFC 提供了一系列 RFX 调用函数，如 RFX_Text 和 RFX_Int，在记录集和数据源之间进行数据交换，这种交换是双向的。在下面的例子中类 CStudentRecordset、CCourseRecordset 的消息映射 DoFieldExchange 有应用示例。

CRecordView：CFormView 的派生类，它直接连接到一个 CRecordset 对象，提供了一个表单视图来显示对象的当前记录。

CDBException：CException 的派生类，用于记录对数据库操作的异常。包括两个公用数据成员，可以用来确定异常原因，或者显示描述异常的消息。

MFC 的 ODBC 类编程要先建立与 ODBC 数据源的连接，这个过程由 CDatabase 对象的 Open 函数实现。然后 CDatabase 对象的指针将被传递到 CRecordset 对象的构造函数里，与当前建立起来的数据源连接结合起来。完成数据源连接之后，大量的数据库编程操作将集中在记录集的操作上。CRecordset 类中丰富的成员函数可以让开发人员轻松地完成数据库应用程序开发任务。使用 MFC ODBC 类访问数据库的具体编程步骤如下：

（1）使用 CDatabase 创建数据库对象，如：

CDatabase m_dbTeaching;

（2）使用数据库对象的 Open 或 OpenEx 函数打开数据源的连接，如：

m_dbTeaching. OpenEx（"DSN = TeachingDB;"）;

（3）使用 CRecordset 创建记录集对象或指针，将打开的数据库对象指针传入，如：

CRecordset * m_pRecordset; //记录集

m_pRecordset = new CRecordset（&m_dbTeaching）;

（4）使用数据库对象或记录集对象或指针提供的接口函数对数据库进行操作，使用记录集对象对数据表进行遍历、增加、删除或修改操作，使用数据库对象执行 SQL 命令、进行事务处理等。

（5）关闭记录集和数据库，并释放对象。

系统中可以创建一个或多个 CDatabase 对象，分别打开不同的数据源，也可创建多个 CRecordset 对象。这种方式为基本方式。

为了进一步简化上述操作步骤，MFC 提供 ClassWizard 向导，创建由 CRecordset 派生的用户记录集类，如 CStudentRecordset，在向导中指定数据源和要访问的表或视图（可多个），将这些信息封装到派生类中，并利用 RFX 机制自动创建成员变量，并且与对应的字段进行绑定。当表的结构或字段名发生改变时，需要在 ClassWazad 中点击"Update Columns"按钮来重新绑定，如图 4 – 26 所示。

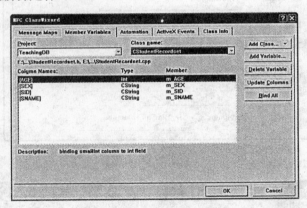

图 4 – 26　记录集中字段绑定

CRecordset 的派生类创建后，可直接创建该派生类对象来访问数据库，而不需要创建数据库对象、传递数据库对象指针到记录集等操作。这种方式为简化方式。

基本方式和简化方式各有优缺点，在程序中可以结合使用，其中学生信息和课程信息的显示采用简化方式，课程成绩查询和学生选课信息的查询与维护使用基本方式。

3. 创建 CRecordset 派生类

首先，通过 ClassWizard 分别创建 CRecordset 的派生类 CStudentRecordset 以及 CCourseRecordset。以 CStudentRecordset 类为例进行说明。

通过菜单命令 Insert | New Class…弹出 New Class 对话框，在 Class Information 中输入

类名,在 Base Class 中选择基类 CRecordset,如图 4 – 27 所示。

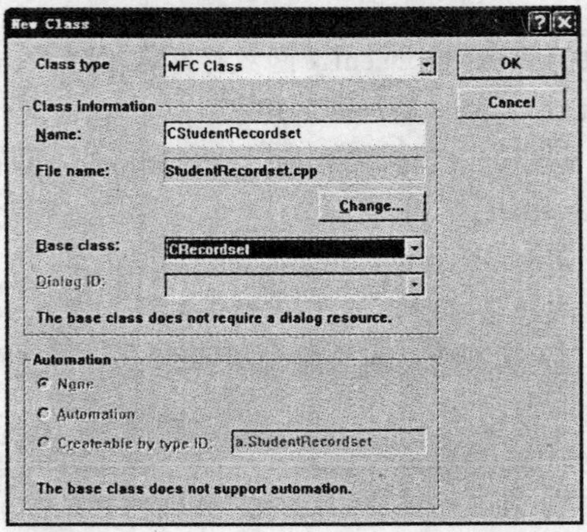

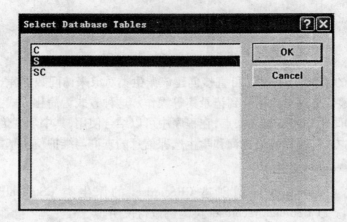

图 4 – 27   创建类 CStudentRecordset

在弹出的 Database Options 对话框中选择 ODBC 数据源"TeachingDB",如图 4 – 28 所示。在弹出的 Select Database Tabless 对话框中选择表"S",如图 4 – 29 所示。

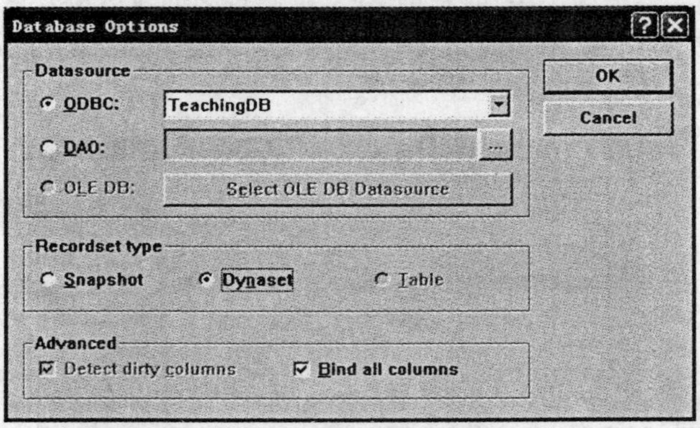

图 4 – 28   选择数据源

图 4 – 29   选择数据表

点击"OK"按钮后,系统自动在项目框架中创建并加入两个文件:StudentRecordset. cpp 和 StudentRecordset. h。

4. 创建数据库和记录集对象

为了使用基本方式开访问数据库,在 TeachingDBView. h 文件中 CTeachingDBView 类里面定义如下变量。定义时注意变量的访问权限。

```
class CTeachingDBView
{
public：
    CDatabase m_dbTeaching; //保存打开的数据库
    CRecordset * m_pRecordset; //记录集指针
};
```

在 TeachingDBView. cpp 文件中 CTeachingDBView 类的构造函数和析构函数加入如下代码段。

构造函数：

```
    m_pRecordset = NULL; //初始化变量
```

析构函数：

```
    if (m_pRecordset)
        delete m_pRecordset; //释放变量
```

同时在 OnInitialUpdate 中加入数据源打开和记录集对象创建代码。如下面的代码段。

5. 学生和课程信息的显示

在 OnInitialUpdate 中进行学生和课程信息的显示。首先包含如下头文件。

```
#include "CourseRecordset. h"
#include "StudentRecordset. h"
```

在 4.5.2 节创建项目框架中,函数 OnInitialUpdate 的尾部加入下述代码段。

```
CString strValue; //保存从记录集中字段的值
int nCount = 0; //向 ListCtrl 插入项的计数
int nFieldCount; //记录集中字段数

try
{
    //读取数据库中学生信息来初始化 m_StudentListCtrl
    CStudentRecordset rsStudent; //定义记录集对象
    rsStudent. Open(); //打开记录集
```

```
        nCount = 0;
        nFieldCount = rsStudent. GetODBCFieldCount( ); //取字段数

        while( !rsStudent. IsEOF( ))//判断是否结束
        {
            m_StudentListCtrl. InsertItem( nCount, rsStudent. m_SID);
            m_StudentListCtrl. SetItemText( nCount,1,rsStudent. m_SNAME);
            strValue. Format( "%d",rsStudent. m_AGE);
            m_StudentListCtrl. SetItemText( nCount,2,strValue);
            m_StudentListCtrl. SetItemText( nCount,3,rsStudent. m_SEX);

            rsStudent. MoveNext( ); //移到下一条记录
            nCount ++;
        }
        rsStudent. Close( ); //关闭记录集

        //读取数据库中课程信息来初始化 m_CourseListCtrl
        CCourseRecordset rsCourse; //定义记录集对象
        rsCourse. Open( ); //打开记录集

        nCount = 0;
        nFieldCount = rsCourse. GetODBCFieldCount( );//取字段数

        while( !rsCourse. IsEOF( ))
        {
            m_CourseListCtrl. InsertItem( nCount,rsCourse. m_CID);
            m_CourseListCtrl. SetItemText( nCount,1,rsCourse. m_CNAME);
            m_CourseListCtrl. SetItemText( nCount,2,rsCourse. m_TEACHER);

            rsCourse. MoveNext( ); //移到下一条记录
            nCount ++;
        }
        rsCourse. Close( ); //关闭记录集

        m_dbTeaching. OpenEx( "DSN = TeachingDB;"); //打开数据源
        m_pRecordset = new CRecordset( &m_dbTeaching); //创建记录集对象
    }
    catch( CDBException * e)
    {
        e -> ReportError( );
    }
```

6. 学生选课信息的存取和显示

在消息映射函数 OnItemchangedStudentList 处理学生选课信息的存取和显示。这里使用基本方式来访问数据库,使用记录集指针 m_pRecordset,通过构造 SQL 语句来打开记录集进行数据库访问。m_pRecordset 在 OnInitialUpdate 中进行了对象创建和数据源关联。同时使用了数据库对象提供的方法直接进行数据库访问,如插入记录、删除记录等。

```cpp
void CTeachingDBView::OnItemchangedStudentList( NMHDR * pNMHDR, LRESULT * pResult)
{
    NM_LISTVIEW * pNMListView = ( NM_LISTVIEW * ) pNMHDR;

    int iCurrent = pNMListView -> iItem;
    CString strSQL, strSName, strSID, strCID, strCName, strTemp;

    try
    {
        //选中新项,根据选中的 SID 初始化所选课程
        if ( pNMListView -> uNewState&LVIS_SELECTED)
        {
            strSID = m_StudentListCtrl. GetItemText( iCurrent, 0) ;

            //将 m_CourseListCtrl 中课程项前的复选框设为 false
            for ( int i = 0; i < m_CourseListCtrl. GetItemCount( ); i ++ )
                m_CourseListCtrl. SetCheck( i, false) ;

            //构造 SQL 语句
            strSQL. Format( "SELECT CID FROM SC WHERE SID = \'% s\';", strSID) ;

            if( m_pRecordset -> IsOpen( )) //关闭记录集
                m_pRecordset -> Close( ) ;
            //打开 SQL 语句查询结果记录集
            m_pRecordset -> Open( CRecordset::dynaset, strSQL) ;

            CString strValue;
            while( !m_pRecordset -> IsEOF( ))
            {
                m_pRecordset -> GetFieldValue( int(0) , strValue) ;

                //将 m_CourseListCtrl 中对应课程项前的复选框设为 true
                for ( i = 0; i < m_CourseListCtrl. GetItemCount( ); i ++ )
                {
                    if ( m_CourseListCtrl. GetItemText( i, 0) == strValue)
                    {
                        m_CourseListCtrl. SetCheck( i, true) ;
                        break;
```

```
            }
        }
        m_pRecordset -> MoveNext( ) ;
    }
}

//选中的项变为未选中状态,保存所选课程
if ( pNMListView -> uOldState&LVIS_SELECTED)
{
    strSID = m_StudentListCtrl. GetItemText( iCurrent,0) ;
    strSName = m_StudentListCtrl. GetItemText( iCurrent,1) ;

    //保存该学生选择的课程
    for ( int i = 0 ; i < m_CourseListCtrl. GetItemCount( ) ; i ++ )
    {
        strCID = m_CourseListCtrl. GetItemText ( i,0) ;
        strCName = m_CourseListCtrl. GetItemText( i,1) ;

        if ( m_CourseListCtrl. GetCheck( i) ) //选中
        {
            //加入到选课库中,库中可能已经存在该选课
            strSQL. Format( "SELECT CID FROM SC WHERE SID = '%s'AND CID = '%s';",
                        strSID,strCID) ;
            if( m_pRecordset -> IsOpen( )) //关闭记录集
                m_pRecordset -> Close( ) ;
            m_pRecordset -> Open( CRecordset::dynaset, strSQL) ;
            if ( m_pRecordset -> IsEOF( )&&m_pRecordset -> IsBOF( )) //库中没有记录, 加入
            {
                strSQL. Format( "INSERT INTO SC( SID,CID) VALUES( '%s','%s')" ,strSID,strCID) ;
                //调用数据库对象的 ExcuteSQL 函数执行 SQL 语句
                m_dbTeaching. ExecuteSQL( strSQL) ;
            }
        }
        else //未选择,检查库中是否有对应记录
        {
            strSQL. Format( "SELECT GRADE FROM SC WHERE SID = '%s' AND CID = '%s';",
                        strSID,strCID) ;
            if( m_pRecordset -> IsOpen( )) //关闭记录集
                m_pRecordset -> Close( ) ;
            m_pRecordset -> Open( CRecordset::dynaset, strSQL) ;
            if ( m_pRecordset -> IsEOF( )&&m_pRecordset -> IsBOF( ))//库中没有记录不做处理
                ;
```

```
            else //提示用户是否删除,若选择是则删除该选课记录
         {
             strTemp. Format("库中存在%s 的%s 的选课记录,是否确认删除?",strSName,strCName);
             if ( MessageBox( strTemp,"提示",MB_YESNO) == IDYES)
             {
                 strSQL. Format( "DELETE FROM SC WHERE SID = '%s' AND CID = '%s';",
                                 strSID ,strCID);
                 m_dbTeaching. ExecuteSQL(strSQL); //直接执行 SQL 语句
             }
         }
         m_pRecordset -> Close( );
         }
      }
   }
   catch( CDBException  * e)
   {
       e -> ReportError( );
   }
    * pResult = 0;
}
```

每个学生所选课程信息是课程信息的一个子集,学生信息在运行时提供。MFC 支持参数化 CCourseRecordset 或过滤 CCourseRecordset 记录集的方法,但操作较复杂,前者需要手动修改该派生类的头文件和源文件,后者需设置过滤器。具体操作见 MSDN 的"Parameterizing a Recordset (ODBC)"。在这里通过构造 SQL 语句实现相同的功能,操作简单灵活。

7. 课程成绩查询信息的显示

课程成绩查询信息的显示用于说明如何对记录集进行排序。这里使用基本方式来访问数据库,使用关键字"ORDER BY"来构建 SQL 语句。按钮"查询(按姓名排序)"和"查询(按课程排序)"的功能类似,仅仅是排序方式不一样,故定义了一个统一函数 QueryGradeOrderBy(CString strOrderBy),参数为排序的字段名。

```
void CTeachingDBView::QueryGradeOrderBy( CString strOrderBy)
{
  try
  {
    m_GradeListCtrl. DeleteAllItems( );

    CString strSQL;
    strSQL. Format( "SELECT S. SNAME, C. CNAME, SC. GRADE FROM S, C, SC WHERE"
             " SC. SID = S. SID AND SC. CID = C. CID ORDER BY %s",strOrderBy);
```

```
    m_pRecordset -> Close();
    m_pRecordset -> Open(CRecordset::dynaset, strSQL);

    int nCount = 0;
    int nFieldCount = m_pRecordset -> GetODBCFieldCount();
    CString strValue;

    while(!m_pRecordset -> IsEOF())
    {
      m_GradeListCtrl. InsertItem(nCount, strValue);
      for(int j = 0;j < nFieldCount;j ++)
      {
        m_pRecordset -> GetFieldValue(j, strValue);
        m_GradeListCtrl. SetItemText(nCount, j, strValue);
      }
      m_pRecordset -> MoveNext();
      nCount ++;
    }
    m_pRecordset -> Close();
  }
  catch (CException * e)
  {
    e -> ReportError();
  }
}

// 查询(按姓名排序)
void CTeachingDBView::OnQueryGrade1()
{
  QueryGradeOrderBy("SNAME");
}

// 查询(按课程排序)
void CTeachingDBView::OnQueryGrade2()
{
  QueryGradeOrderBy("CNAME");
}
```

这里数据库访问部分除了 SQL 语句的构造不同外,其余同前面。

4.5.4 ADO 编程

1. ADO 对象模型

ADO 是目前 Windows 环境中数据库应用系统开发的新接口,是建立在 OLE DB 之上的高层数据库访问技术。ADO 技术基于 COM,具有 COM 构件的优点,可以用来构造可复用应用框架,能够访问关系数据库、非关系数据库以及所有文件系统,另外 ADO 建立在自动化(Automation)基础上,所以 ADO 的应用场合非常广泛,不仅可以在 Visual C++ 这样的高级语言开发环境中使用,还可以在一些脚本语言中使用,这对于开发 Web 应用,在 ASP(Active Server Page)的脚本代码访问数据库中提供了操作应用的捷径。

　　ADO 对象模型定义了一组可编程的自动化对象,可用于 Visual Basic、Visual C++、Java 以及其他各种支持自动化特性的脚本语言。ADO 对象模型简化了对对象的操作,它不依赖于对象之间的相互层次作用。可以只关心所要创建和使用的对象,而无需了解其父对象。在 OLE DB 的操作中,必须先建立到数据源的连接才能打开一个记录集对象,而在 ADO 中可以直接打开一个记录集对象,而无需建立与数据源的连接。

　　与微软的其他数据访问模型相比,ADO 对象模型非常精炼,仅仅由三个主要对象 Connection、Command、Recordset 和几个辅助对象组成,其相互关系如图 4 – 30 所示。

　　Connection 对象提供 OLE DB 数据源和对话对象之间的关联,它通过用户名称和口令来处理用户身份的鉴别,并提供事务处理的支持;它还提供执行方法,从而简化数据源的连接和数据检索的进程。Command 对象封装了数据源可以解释的命令,该命令可以是 SQL 命令、存储过程或底层数据源可以理解的任何内容。Recordset 对象用于表示从数据源中返回的表格数据,它封装了记录集合的导航、记录更新、记录删除和新记录的添加等方法,还提供了批量更新记录的能力。其他辅助对象则分别提供封装 ADO 错误、封装命令参数和封装记录集合的列。

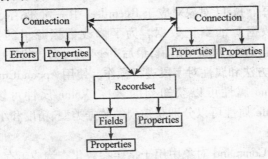

图 4 – 30　ADO 对象模型

　　(1)Connection 对象

　　它是数据库连接对象,表示和数据源的连接,以及处理一些数据库命令和事务。封装了 OLE DB 的数据源对象和会话对象。利用 Connection 对象的方法和属性对数据源进行操作。使用 Open 和 Close 方法建立和释放一个数据源连接。使用 Execute 方法执行一个数据操作命令,使用 BeginTrans、CommitTrans 和 RollbackTrans 方法来启动、提交和回滚一个处理事务。通过操作 Errors 集合可以获取和处理错误信息,通过 Properties 集合操作 CommandTimeout 属性可以设置连接的溢出时间,操作 ConnectionString 属性可以设置连接的字符串,操作 Mode 属性可以设置连接的模式,操作 Provider 属性可以指定 OLE DB 提供者。

　　(2)Recordset 对象

它是记录集对象,表示基本表或命令执行结果的记录全集。Recordset 对象仅把集合内的单个记录作为当前记录引用。Recordset 是操纵数据的主要方法,包括修改、更新、插入和删除行。

利用 Recordset 对象的方法和属性对记录集进行操作。使用 MoveFirst、MoveLast、MoveNext 和 MovePrevious 方法移动记录集里的光标,使用 Update 方法更新数据修改,使用 AddNew 方法执行行插入操作,通过执行 Delete 方法可以删除行,使用 GetCollect 方法取对应字段的值。通过设置 CursorType 属性设置记录集的光标类型,通过设置 CursorLocation 属性可以指定光标位置,通过读取 BOF 和 EOF 属性的值获知当前光标在记录集里的位置是在最前或者最后。

（3）Command 对象

它是命令对象,表示对数据源执行的特定命令的定义。通过 Command 对象可以查询数据库并返回一个 Recordset 对象,可以执行一个批量的数据操作,也可以操作数据库的结构。

利用 Command 对象的方法和属性构造命令并执行命令。使用 Execute 方法执行一个查询并将查询结果返回到一个 Recordset 对象中。CommandType 属性可以指定命令的类型,CommandText 属性可以为该对象指定一个命令的文本,Comand Prepared 属性可以得知数据提供者是否准备好命令的执行,CommandTimeout 属性可以设置命令执行的溢出时间。可以使用 Parameters 集合来设置 Command 对象的参数。

（4）Field 对象

它是字段对象。每个 Field 对象对应于 Recordset 中一列,保存了列的名称、数据类型和值,这些值是来自数据源的真正数据。为了修改数据源里的数据,必须首先修改 Recordset 对象各个行里 Field 对象里的值,最后 Recordset 对象将这些修改提交到数据源。

利用 Field 对象的方法和属性对字段进行操作。使用 AppendChunk 和 GetChunk 方法可以操作列的值。Name 属性可以获知列的名称,Value 属性可以改变列的值,Type、Precision 和 NumericScale 属性可以分别获知列的数据类型、精度和小数位的个数。

（5）Parameter 对象

它是参数对象,在 Command 对象中用于指定参数化查询或者存储过程的参数。利用 Parameter 对象的方法和属性对字段进行操作。使用 AppendChunk 方法可以将长整型二进制数据或字符数据传递给参数。Name 属性可设置获返回参数名称,Value 属性可以设置获返回参数值,Attributes、Direction、Precision、NumericScale、Size 和 Type 属性可以设置或返回参数的特性。

（6）Error 对象

它是错误信息对象,包含了 ADO 数据操作时发生错误的详细信息。ADO 的任何对象都可以产生一个或者多个数据提供者错误,当错误发生时,这些错误对象被添加到 Connection 对象的 Errors 集合中。当另外的 ADO 对象产生错误时,Errors 集合里的 Error 对象被清除,新的 Error 对象将被添加到 Errors 集合里。

通过 Errosr 对象的属性可以获得每个错误的详细信息。其中 Number 和 Description 属性包含错误号码和对错误的描述,Source 属性标示产生错误的对象,在向数据源发出请求后,如果 Errors 集合中有多个 Error 对象,该属性将十分有用。

(7)Property 对象

它是属性对象,表示由提供者定义的 ADO 对象的动态特征。ADO 对象有两种类型的属性:内置属性和动态属性,两种属性都无法删除。

内置属性是在 ADO 中实现并立即可用于任何新对象的属性,可以使用 MyObject. Property 语法立即访问这些属性。但它们不会作为 Property 对象出现在对象的 Properties 集合中,因此,尽管可以更改它们的值,但却不能修改它们的特性。

动态属性是由数据提供者定义的属性,并出现在 ADO 对象的 Properties 集合里,例如,提供者特有的属性可能会指示 Recordset 对象是支持事务还是支持更新。这些附加属性在该 Recordset 对象的 Properties 集合中将显示为 Property 对象。只有通过该集合使用 MyObjet. Properties(0) 或 MyObject. Properties("Name")语法才能引用动态属性。

2. ADO 智能指针和编程步骤

ADO 操作经常会使用到智能指针。智能指针是利用 Microsoft 的 ATL(Active Template Library)技术对一些常用结构体或者数据类型的封装(例如 _Command、_Connection、VARIANT、BSTR),这些结构体或数据类型涉及到内存的开辟和释放操作,智能指针对这些操作进行了封装,以方便程序员使用。详细内容可参考 MSDN 中_com_ptr 的帮助。ADO 库包含多个智能指针,常用的智能指针包括连接对象指针_ConnectionPtr、命令对象指针_CommandPtr 和记录集对象指针_RecordsetPtr。使用方法见示例。

Visual C++ 中创建基于 ADO 的数据库应用系统使用如下编程步骤来操作数据源里的数据:

(1)初始化 COM 库,引入 ADO 库定义文件;

(2)用 Connection 对象并建立同数据源的连接;

(3)利用建立好的连接,通过 Connection、Command 对象执行 SQL 命令,或利用 Recordset 对象取得结果记录集进行查询和处理;

(4)使用 Connection 对象的 BeginTrans、CommitTrans 和 RollbackTrans 函数进行事务处理;

(5)使用完毕后关闭连接释放对象。

网络上有一些开源代码对 ADO 的操作进行了封装,提供了一组类似 MFC ODBC 类的 ADO 类。具体可参见 A set of ADO classes(http://www. codeproject. com/KB/database/caaadoclass1. aspx)。

3. 初始化 OLE/COM 库环境

应用系统在调用 ADO 前必须初始化 OLE/COM 库环境。在 MFC 应用程序中,一个比较好的方法是在应用程序主类的 InitInstance 成员函数中初始化 OLE/COM 环境。

::CoInitialize(NULL);

在 ExitInstance 成员函数中释放系统占用的 OLE/COM 资源。

::CoUnInitialize();

也可以使用函数 AfxOleInit( )初始化 OLE/COM 库环境,本章的实例就是使用这种方法。AfxOleInit( )可以自动实现初始化 OLE/COM 和结束时关闭 OLE/COM 的操作。

```
BOOL CTeachingDBApp::InitInstance( )
{
    if ( !AfxOleInit( ) )
    {
        AfxMessageBox( "OLE/COM 初始化失败!" );
        return false;
    }
    //……
}
```

4. 引入 ADO 库文件

使用 ADO 前需使用#import 指令引入 ADO 库文件。ADO 类的定义作为一种资源存储在 ADO DLL(msado15.dll)中,在其内部称为类型库。预编译指令#import 将指定的动态链接库引入工程中,并从动态链接库中取出其中声明的有关接口的类型库的详细信息。具体使用时要根据 msado15.dll 文件位置来修改文件路径。

建议将#import 语句放在 stdafx.h 文件最后一个#endif 语句行之前,如下所示。

```
// Microsoft Visual C++ will insert additional declarations immediately…
#import "C:\Program Files\common files\system\ado\msado15.dll" \no_namespace rename( "EOF",
"adoEOF" )
#endif // !defined( AFX_STDAFX_H__…__INCLUDED_)
```

上面的语句声明在工程中使用 ADO 但不使用 ADO 的名字空间,并且为了避免常量标识符冲突,将 EOF 改名为 adoEOF。#import 的作用与#include 类似,现在不需添加另外的头文件就可以使用 ADO 接口。编译时系统会生成 msado15.tlh 和 ado15.tli 两个文件来定义 ADO 库。

注意,文件 stdafx.h 中下述三行代码应删除或注释掉,否则会导致编译通不过。

```
// #ifndef _AFX_NO_DAO_SUPPORT
// #include < afxdao.h >// MFC DAO database classes
// #endif // _AFX_NO_DAO_SUPPORT
```

5. ADO 连接字符串

ADO 应用程序既可以通过 ODBC 连接数据源,也可以通过 ADO 连接字符串来连接数据源。实际应用中出于效率的考虑不建议通过 ODBC 连接数据源。不同的数据库系统、同一数据库系统的不同版本,ADO 连接字符串都可能不相同。获取 ADO 连接字符串的方法主要有网络搜索、VS 辅助生成和 UDL 文件三种。

网络上有许多关于 ADO 连接字符串介绍的文章和网站,利用网络搜索方法可以找到常见的数据库的 ADO 连接字符串。经典网站有:www. connectionstrings. com。

  VS 辅助生成方法需要本机安装有 Visual Studio 2003 以上版本的开发环境。如图 4-31所示,通过"工具"菜单下的"连接数据库"菜单项启动"服务器资源管理项",然后通过其中的"数据连接"添加到不同数据库的连接,添加成功后查看该连接的属性,即可得到 ADO 连接字符串。需要注意的是,选择数据源时应选择 OLE DB 的数据提供程序。

图 4-31 VS 辅助生成方法

  UDL 文件法使用记事本等工具创建一个扩展名为 udl 的文件(Microsoft 数据链接文件),然后双击打开,操作系统会默认调用一个称之为"Microsoft Data Access - OLE DB Core Services"的程序来配置该数据链接属性。配置完成后,该数据库连接字符串写入该文件,用记事本打开就可得到,如图 4-32 所示。

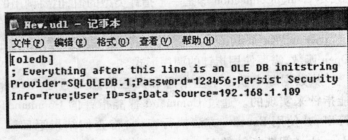

图 4-32 UDL 文件法

6. 学生和课程信息的显示

  通过 ADO 访问数据库,需定义 ADO 连接、命令、记录集对象。为了简单起见,这里定义为类 CTeachingDBView 的成员变量。

```
class CTeachingDBView : public CFormView
{
    //…
public:
    // 定义 ADO 连接、命令、记录集对象
    _ConnectionPtr   m_pConnection;
```

```
    _RecordsetPtr    m_pRecordset;
    _CommandPtr    m_pCommand;
    //…
};
```

在 CTeachingDBView 的构造函数中初始化,在析构函数关闭数据源的连接。

```
CTeachingDBView::CTeachingDBView()
{
    m_pRecordset = NULL;
}

CTeachingDBView::~CTeachingDBView()
{
    // 关闭 ADO 连接状态
    if( m_pConnection -> GetState() == adStateOpen)
        m_pConnection -> Close();
    m_pConnection = NULL;
}
```

在 OnInitialUpdate 中实现对象实例创建、数据源连接和通过记录集对象访问数据库。在调用 CreateInstance 时,调用形式不能使用→的指针调用形式。这是由于智能指针的缘故,尽管 m_pConnection 等是一个指针类型的值,但要调用的 CreateInstance 函数却不是指针指向对象的方法,而是指针对象本身所提供的函数,所以应使用 m_pConnection. CreateInstance() 的类成员函数的调用形式,在调用对象的方法时,如调用 Open 函数,需要使用指针的调用形式。

从数据源中获取学生信息和课程信息是通过 Command 智能指针和 Recordset 智能指针来实现的。通过 Command 智能指针的 CommandText 属性来构造 SQL 命令字符串,并使用 Execute 方法执行查询,将查询结果返回到 Recordset 对象中,然后使用 Recordset 智能指针的 MoveNext 函数来移动记录集的光标,并使用 GetCollect 方法来获取当前记录指针所指的字段值。程序中通过_variant_t 和_bstr_t 转换 COM 对象和 C++ 类型的数据。

在 4.5.2 创建项目框架中函数 OnInitialUpdate 的尾部加入下述代码段。

```
CString strValue; //保存从记录集中字段的值
int nCount = 0; //向 ListCtrl 插入项的计数
int nFieldCount; //记录集中字段数

BeginWaitCursor();
try
{
    m_pConnection. CreateInstance( __uuidof( Connection)) ;//创建连接对象实例
```

```
m_pRecordset. CreateInstance( __uuidof( Recordset)) ;//创建连接对象实例
m_pCommand. CreateInstance( __uuidof( Command)) ; //创建对象实例

//连接数据源
//1. 通过 ODBC 连接数据库
//_bstr_t strConnection = _T( "DSN = TeachingDB;") ;
//2. 通过 ADO 连接字符串连接数据库
//### SQL Server 数据库连接字符串
//_bstr_t strConnection = _T( "Driver = {SQL Server};Server = (local);"
// "Database = TeachingDB;Uid = sa;Pwd = sa;") ;
//
//###Oracle 数据库连接字符串,需要在客户端配置连接
//_bstr_t strConnection = _T( "Provider = OraOLEDB. Oracle;Data Source = "
//"TeachingDB;User Id = admin;Password = admin;") ;
//
//###Access 的 JET 引擎数据库连接字符串
//_bstr_t strConnection = _T( "Provider = Microsoft. Jet. OLEDB. 4. 0;Data"
// "Source = TeachingDB. mdb") ;
//
_bstr_t strConnection = _T( "Driver = {SQL Server};Server = (local);"
"Database = TeachingDB;Uid = sa;Pwd = sa;") ;
m_pConnection -> Open( strConnection,"","", adModeUnknown) ;

m_pCommand -> ActiveConnection = m_pConnection//将建立的连接赋值给它

//读取数据库中学生信息来初始化 m_StudentListCtrl
m_pCommand -> CommandText = "SELECT  *  FROM S";//命令字串
m_pRecordset = m_pCommand -> Execute( NULL,NULL,adCmdText) ;//执行命令取得记录集
nCount = 0;
nFieldCount = m_pRecordset -> GetFields( ) -> Count;//取记录中字段数
_variant_t var;
CString strValue;

while( !m_pRecordset -> adoEOF)//判断是否结束
{
  m_StudentListCtrl. InsertItem( nCount, "") ;
  for( int j = 0;j < nFieldCount;j ++ )
  {
    var = m_pRecordset -> GetCollect( ( _variant_t)( long)j) ;//取字段值
    if ( var. vt != VT_NULL) //格式转换
      strValue = ( LPCSTR)_bstr_t( var) ;
    else
      strValue = "";
```

```
                m_StudentListCtrl. SetItemText( nCount,j,strValue);
            }
        m_pRecordset -> MoveNext( ); //移到下一条记录
        nCount  ++ ;
    }
    m_pRecordset -> Close( );

    //读取数据库中课程信息来初始化 m_CourseListCtrl
    m_pCommand -> CommandText = "SELECT  *  FROM C"; //命令字串
    //执行命令取得记录集
    m_pRecordset = m_pCommand -> Execute( NULL,NULL,adCmdText);

    nCount = 0;
    nFieldCount = m_pRecordset -> GetFields( ) -> Count; //取字段数

    while( !m_pRecordset -> adoEOF)
    {
        m_CourseListCtrl. InsertItem( nCount, " "); 
        for( int j = 0;j < nFieldCount;j  ++ )
        {
            var = m_pRecordset -> GetCollect(( _variant_t)(long)j); //取字段值
            if ( var. vt != VT_NULL) //格式转换
                strValue = ( LPCSTR)_bstr_t(var);
            else
                strValue = " ";
            m_CourseListCtrl. SetItemText( nCount,j,strValue);
        }
        m_pRecordset -> MoveNext( ); //移到下一条记录
        nCount  ++ ;
    }

    m_pRecordset -> Close( ); //关闭记录集
}
catch( _com_error e) //错误捕获
{
    MessageBox( e. Description( ),e. ErrorMessage( ));
}
```

注释中给出了三类常见数据库的连接字符串,实际应用中须修改数据库名称、用户名和密码。

7. 学生选课信息的存取和显示

从数据源中获取指定学生的选课信息是直接通过 Recordset 智能指针来实现的。首先构造 SQL 命令字符串,使用 Recordset 智能指针的 Open 方法打开该记录集,然后使用

MoveNext 函数来移动记录集的光标,并使用 GetCollect 方法来获取当前记录指针所指的字段值。记录集使用完毕后通过 Close 方法关闭。

将指定学生所选课程保存到数据库中,是通过构造 SQL 命令字符串,然后使用 Connection 智能指针的 ExcuteSQL 函数来实现的。

```
void CTeachingDBView::OnItemchangedStudentList(NMHDR * pNMHDR, LRESULT * pResult)
{
    NM_LISTVIEW * pNMListView = (NM_LISTVIEW * )pNMHDR;

    int iCurrent = pNMListView -> iItem;
    CString strSQL,strSName,strSID,strCID,strCName,strTemp;

    try
    {
        //选中新项, 根据选中的 SID 初始化所选课程
        if ( pNMListView -> uNewState&LVIS_SELECTED)
        {
            strSID = m_StudentListCtrl. GetItemText(iCurrent,0);

            //将 m_CourseListCtrl 中课程项前的复选框设为 false
            for ( int i = 0;i < m_CourseListCtrl. GetItemCount( );i ++ )
                m_CourseListCtrl. SetCheck(i, false);

            //构造 SQL 语句
            strSQL. Format("SELECT CID FROM SC WHERE SID = \'%s\';",strSID);

            if ( m_pRecordset -> GetState( ) == adStateOpen)
                m_pRecordset -> Close( );
            //打开记录集
            m_pRecordset -> Open(_variant_t( strSQL), m_pConnection. GetInterfacePtr( ),
                            adOpenDynamic, adLockOptimistic,adCmdText);
            CString strValue;
            _variant_t var;
            while( !m_pRecordset -> adoEOF)
            {
                var = m_pRecordset -> GetCollect(( _variant_t)(long)0); //取字段值
                if ( var. vt != VT_NULL)
                    strValue = (LPCSTR)_bstr_t(var);
                else
                    strValue = "";

                //将 m_CourseListCtrl 中对应课程项前的复选框设为 true
                for (i = 0;i < m_CourseListCtrl. GetItemCount( );i ++ )
                {
```

```
        if ( m_CourseListCtrl. GetItemText( i,0) = = strValue)
        {
          m_CourseListCtrl. SetCheck( i, true) ;
          break ;
        }
      }
    m_pRecordset -> MoveNext( ) ;  //移到下一条记录
    }
  m_pRecordset -> Close( ) ;  //关闭记录集
}
```

```
//选中的项变为未选中状态,保存所选课程
if ( pNMListView -> uOldState&LVIS_SELECTED)
{
  strSID = m_StudentListCtrl. GetItemText( iCurrent,0) ;
  strSName = m_StudentListCtrl. GetItemText( iCurrent,1) ;

  //保存该学生选择的课程
  for ( int i = 0;i < m_CourseListCtrl. GetItemCount( ) ;i + + )
  {
    strCID = m_CourseListCtrl. GetItemText( i,0) ;
    strCName = m_CourseListCtrl. GetItemText( i,1) ;

    if ( m_CourseListCtrl. GetCheck( i) )  //选中
    {
      //加入到选课库中,库中可能已经存在该选课
      strSQL. Format( "SELECT CID FROM SC WHERE SID = '% s' AND CID = '% s';" ,
              strSID,strCID) ;
      if ( m_pRecordset -> GetState( ) = = adStateOpen)
        m_pRecordset -> Close( ) ;
      //打开记录集
      m_pRecordset -> Open( _variant_t( strSQL) , m_pConnection. GetInterfacePtr
              ( ) ,adOpenDynamic, adLockOptimistic ,adCmdText) ;
      if ( m_pRecordset -> adoEOF&&m_pRecordset -> BOF)  //库中没有记录,加入
      {
        strSQL. Format( "INSERT INTO SC(SID,CID) VALUES('% s','% s')" ,
                strSID,strCID) ;
        _variant_t var;
        //调用数据库对象的 ExcuteSQL 函数执行 SQL 语句
        m_pConnection -> Execute( _bstr_t( strSQL) ,&var,adCmdText) ;
      }
    }
    else  //未选择,检查库中是否有对应记录
```

```
      strSQL. Format("SELECT GRADE FROM SC WHERE SID = '%s' AND CID = '%s';",
              strSID,strCID);
      if ( m_pRecordset -> GetState( ) == adStateOpen)
        m_pRecordset -> Close( );
      m_pRecordset -> Open( _variant_t( strSQL) ,m_pConnection. GetInterfacePtr( ),
              adOpenDynamic, adLockOptimistic,adCmdText);
      if ( m_pRecordset -> adoEOF&&m_pRecordset -> BOF)
        ;//库中没有记录,不做处理
      else //提示用户是否删除,若选择是则删除该选课记录
        {
        strTemp. Format("库中存在%s 的%s 的选课记录,是否确认删除?",
              strSName,strCName);
        if ( MessageBox( strTemp,"提示",MB_YESNO) == IDYES)
          {
          strSQL. Format("DELETE FROM SC WHERE SID = '%s' AND CID = '%s';",
              strSID,strCID);
          _variant_t var;
          //直接执行 SQL 语句
          m_pConnection -> Execute(_bstr_t( strSQL) ,&var,adCmdText);
          }
        }
      m_pRecordset -> Close( );//关闭记录集
      }
    }
   }
  }

catch( _com_error e)
  {
  MessageBox( e. Description( ) ,e. ErrorMessage( ) );
  }
 * pResult = 0;
}
```

8. 课程成绩查询信息的显示

课程成绩信息查询也是直接通过 Recordset 智能指针来实现的,可不使用 Command 智能指针。方法同上。

```
void CTeachingDBView::QueryGradeOrderBy( CString strOrderBy)
{
 try
  {
```

```
        m_GradeListCtrl. DeleteAllItems( ) ;

        CString strSQL;
        strSQL. Format( "SELECT S. SNAME,C. CNAME,SC. GRADE FROM S,C,SC WHERE SC. SID"
                    " = S. SID AND SC. CID = C. CID ORDER BY %s" ,strOrderBy) ;
        if ( m_pRecordset -> GetState( ) == adStateOpen)
          m_pRecordset -> Close( ) ;
        //打开记录集
        m_pRecordset -> Open( _variant_t( strSQL) , m_pConnection. GetInterfacePtr( ) ,
                    adOpenDynamic , adLockOptimistic ,adCmdText) ;

        int nCount = 0;
        int nFieldCount = m_pRecordset -> GetFields( ) -> Count;//取记录中字段数
        _variant_t var;
        CString strValue;

        while( !m_pRecordset -> adoEOF)
        {
          m_GradeListCtrl. InsertItem( nCount, strValue) ;
          for( int j = 0;j < nFieldCount;j ++ )
          {
            var = m_pRecordset -> GetCollect( ( _variant_t) (long)j) ;//取字段 j 值
            if ( var. vt!= VT_NULL) //格式转换
              strValue = ( LPCSTR)_bstr_t( var) ;
            else
              strValue = "" ;
            m_GradeListCtrl. SetItemText( nCount, j, strValue) ;
          }
          m_pRecordset -> MoveNext( ) ; //移到下一条记录
          nCount ++ ;
        }
      m_pRecordset -> Close( ) ; //关闭记录集
    }
  catch( _com_error e)
  {
    MessageBox( e. Description( ) ,e. ErrorMessage( )) ;
  }
}
```

小　结

从系统开发的角度来看,一个完整的数据库应用系统的设计应当包括两个方面:结构特性设计和行为特性设计。结构特性设计通常是指数据库模式或数据库结构的设计,最常使用和比较成熟的是 E－R 模型方法。行为特性设计是指应用程序设计,包括功能组织、流程控制等方面的设计。

数据库应用系统的结构也称为体系结构,不仅与它所运行的计算机系统的结构有很大关系,而且与它在客户端和服务端的功能分工也十分密切。经历了从最开始的集中式结构、文件型服务器结构,到现在应用非常广泛的二层客户/服务器结构,以及目前日益兴起的基于 B/S 结构的多层客户/服务器结构。

数据库应用系统需通过数据访问接口才能访问数据库,数据访问接口分为专用接口和通用接口两种。专用接口是每个数据库管理系统提供的专用数据访问接口。通用接口的思想是 Microsoft 提出的,通过这些通用接口,用户可以访问不同的数据库管理系统,极大地简化和方便了用户对数据库的访问。

Windows 系统上常见的通用数据库访问技术包括 ODBC、DAO、OLE DB、ADO 和 JDBC。Visual C++ 中提供了上述除 JDBC 之外的数据库访问技术,并提供了 MFC 类库、ATL 模板类以及 Appwizard 和 ClassWizard 等 Wizard 工具,用于帮助快速建立应用程序,简化了应用程序的设计过程。

在实际的项目开发中使用较多的是 MFC ODBC 或 ADO 这两种数据库访问技术。作为示范,使用数据库原理教材中教学数据库来设计和开发一个学生课程信息管理系统。数据库管理系统为 SQL Server 2000,开发工具为 Visual C++ 6.0。分别阐述了 MFC ODBC 编程和 ADO 编程,并给出了详细编程步骤和对数据库进行访问的关键操作。

思 考 题

(1)一个完整的数据库应用系统的设计应当包括哪几个方面?

(2)简述数据库应用系统多层客户/服务器结构的概念及其特点。

(3)目前 Windows 系统上常见的通用数据库访问技术有哪些?

(4)ODBC 的体系结构由哪几部分组成?各部分的主要功能是什么?

(5)结合编程实例阐述 MFC ODBC 编程和 ADO 编程的优缺点。

(6)如何通过 ADO 编程存取数据库中的存储过程?

第5章 网络编程技术

网络编程就是利用网络编程接口编写网络应用程序,实现网络应用进程间的信息交互。一般来说,进程间的通信可以分为两种:同一系统上的应用进程间的通信和不同系统上的应用进程间的通信。同一系统上的应用进程间的通信又称为进程通信,而不同系统上的进程间的通信则必须通过网络编程接口访问网络协议提供的服务来实现。事实上,同一系统上的不同应用进程间的通信也可以通过网络编程接口来实现,只是性能上会有些差别。

网络通信离不开网络协议,网络编程接口访问网络协议所提供的服务。不同的网络协议可能提供不同的服务访问接口,同一网络应用编程接口可能提供访问不同网络协议的接口。网络应用编程接口——Socket API 支持对很多网络协议的访问,如 TCP 协议(传愉控制协仪)、UDP 协议(用户数据报协议)、rawIP 协议、数据链路层协议及 UNIX 域协议等。

本章介绍了网络应用编程技术的原理、接口和方法,详细讨论了 Windows 环境下的各种网络编程接口和网络通信程序设计与开发技术。

5.1 网络编程基础

5.1.1 开放系统互连参考模型

开放系统互连(Open System Interconnection, OSI)参考模型是一个多层的通信协议,最初由国际标准化组织(International Standard Organization,ISO)开发,1983 年正式成为国际标准。OSI 模型总共包含了 7 层,如表 5 - 1 所示,当数据通过 OSI 模型的不同层时,

表 5 - 1 OSI 模型

层	功能描述	数据名称
应用层	用户的应用程序和网络的接口	报文(message)
表示层	协商数据交换格式	数据报(datagram)
会话层	会话管理、传输同步以及活动管理	数据包
传输层	提供进程间通信机制和保证数据传输的可靠性	数据包及数据段(datasegment)
网络层	定址寻径机制、流量控制和拥塞控制	数据包
链路层	决定访问网络介质的方式	帧(frame)
物理层	将数据转换为物理传输的电气信号	位(bit)

传送的数据格式有不同的名称。模型中每一层只与其上下两层直接通信。高层协议偏重于处理用户服务和各种应用请求,低层协议偏重于处理实际的信息传输。分层的目的在于把各种特定的功能分离开来,并使其实现对其他层来说是透明的。OSI 模型中相邻层之间的关系称为接口,而不同网络实体间在相同层之间的关系就是网络通信协议。

5.1.2　TCP/IP 参考模型

与作为理论标准的 OSI 模型形成对比的是作为实际工业标准的 TCP/IP 模型。TCP/IP 是一个工业标准协议套件,是为跨广域网(WAN)的大型互连网络而设计的,1969 年由美国国防部高级研究计划局(Department of Defense Advanced Research Project Agency, DARPA)开发,它是 ARPANET(Advanced Research Projects Agency Network)资源共享试验的产物。TCP/IP 的目标是提供高速网络通信链路。从 1969 年至今,ARPANET 已发展成为一个世界范围的通信网络,即 Internet。通常,当我们提及 TCP/IP 时,并不仅仅是指传输控制协议(TCP)和网络协议(IP),而是指整个 TCP/IP 协议体系。

TCP/IP 对应于一个四层概念模型,称作 DARPA 模型。DARPA 模型的四层分别为应用层、传输层、网际层和网络接口层,DARPA 模型中的每层对应于 OSI 模型中的一层或几层,图 5-1 描述了 TCP/IP 协议的体系结构。

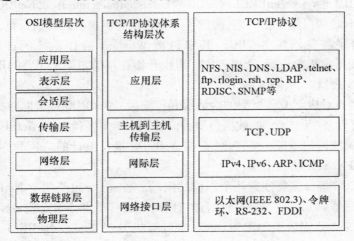

图 5-1　TCP/IP 协议体系结构

5.1.3　网络编程接口

理论上,无论是 OSI 模型还是 TCP/IP 模型,在体系中的任何一层上都应能提供应用程序的编程接口,但实际并非如此。在完整的计算机网络系统中,仅提供了基于网络操作系统之上的编程接口。例如 Windows 的 Winsock、Netware 的 IPX/SPX(Internet Packet eXchange/Sequences Packet eXchange,网间数据包交换/顺序包交换)及 NetBIOS(Network Basic Input/Output System、网络基本输入/输出系统)等。在这些接口上进行网络通信程序设计是最常用的方法。图 5-2 给出了应用程序与网络编程接口的关系。

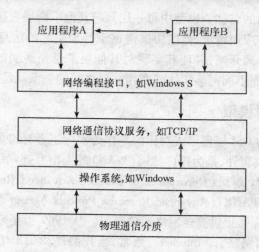

图 5-2 应用程序与网络编程接口的关系

1. 基于 NetBIOS 的网络编程

NetBIOS 是一种标准的网络应用程序编程接口。1983 年由 Sytek 公司专为 IBM 开发成功,1985 年 IBM 创制了 NetBEUI(NetBIOS ExtendedUser Interface,NetBIOS 扩展用户接口),它同 NetBIOS 接口集成在一起,构成了一套完整的协议。到目前为止,全球已有许多平台和应用程序需要依赖 NetBIOS,其中包括 Windows 操作系统的许多构件。由于 NetBIOS 接口变得愈来愈流行,所以各大厂商也开始在其他如 TCP/IP 和 IPX/SPX 的协议上实施 NetBIOS 接口。

NetBIOS 接口对应于 OSI 模型的会话层和传输层。NetBIOS 接口同时提供了"面向连接"的会话服务以及"无连接"的数据包服务。与 Winsock 接口类似,NetBIOS 接口是一种与网络协议无关的网络 API。换言之,根据 NetBIOS 接口设计的应用程序能在 TCP/IP、NetBIOS 甚至 IPX/SPX 协议上运行。

使用 NetBIOS 接口需要注意几个方面的问题。首先,要想使两个 NetBIOS 应用程序通过网络进行通信,那么对它们各自运行的计算机来说,至少必须安装一种两者通用的协议。假如计算机 A 只安装了 TCP/IP 协议,而计算机 B 只安装了 NetBEUI,那么计算机 A 上的 NetBIOS 应用程序无法同计算机 B 上的 NetBIOS 应用程序进行通信。其次,只有部分协议实施了 NetBIOS 接口。Microsoft TCP/IP 和 NetBEUI 在默认情况下已经提供了 NetBIOS 接口,而 IPX/SPX 却不一定默认提供,需要在其协议属性对话框中选择。最后,NetBIOS"不可路由",若计算机 A 和计算机 B 之间存在一个路由器,那么在两部计算机上采用 NetBIOS 接口的应用程序是无法沟通的。收到数据包后路由器便会将其抛弃。TCP/IP 和 IPX/SPX 则不同,它们均属"可路由"协议。

2. 基于 Winsock 的网络编程

Socket(也称为套接字)是 TCP/IP 协议簇提供的最常用的应用编程接口,应用层的应用程序通过调用 Socket 的接口来利用传输层提供的各种服务。Socket 有两种不同的类型:流套接字和数据报套接字。流套接字提供双向的、有序的、无重复并且无记录边界的数据流服务,适用于处理大量数据。流套接字是面向连接的,通信双方进行数据交换前必须建立一条路径。数据报套接字支持双向的数据流,不保证数据传输的可靠性、有序性和无重复性,但保留了记录边界。

Windows Socket(简称 Winsock)是以 U. C. Berkeley 大学 BSD UNIX 中流行的 Socket 接口为范例定义的 Windows 环境下一套开放的、支持多种协议的网络编程接口,是 Windows 网络编程事实上的标准。应用程序通过调用 Winsock 的 API 实现相互之间的通信,而 Winsock 利用下层的网络通信协议功能和操作系统调用实现实际的通信工作。Winsock 规范并定义了如何使用 API 与 Internet 协议簇,不仅提供了一套简单的 API,如人们所熟悉的 Berkeley Socket 风格的库函数,还包含了一组针对 Windows 的扩展库函数,以便程序员能充分地利用 Windows 的消息驱动机制进行编程。

Winsock 包含两个版本:Winsock 1.1 和 Winsock 2.2。自 1993 年 1 月起 Winsock 1.1 已经成为业界的一项标准,它为通用的 TCP/IP 应用程序提供了灵活的 API,但 Winsock 1.1 设计的时候把 API 限定在 TCP/IP 范畴里,而不像 Berkeley Socket 模型一样可以支持多种协议。Winsock 2 规范化了一些其他协议(如 ATM、IPX/SPXDECNet 协议等)的 API,使得调用的 API 可以共用各种协议。Winsock 2 向下兼容,可以把调用 Winsock 1.1 接口的代码原封不动地用在 Winsock 2 中,同时 Winsock 2 充分利用了操作系统的优势,强化了应用程序的性能和效率。

3. 直接网络编程

常规网络编程接口一般无法访问到位于底层的网络协议。NetBIOS 主要在会话层和传输层发挥作用,Winsock 工作在 TCP/IP 协议的传愉层,两者都无法直接对传愉层以下的网络协议进行直接操作。随着计算机网络复杂性和规模的不断增长,网络设计和维护人员面临的困难成倍增加,网络的安全性也正面临着严峻的考验。因此,需要有一些网络工具来分析、诊断和测试网络,以确保网络的安全,而这些网络诊断测试和安全工具不能采用常规的网络编程方法,它们通常需要在较低的层次(链路层或网络层)操作网络。

直接网络编程接口提供在链路层或网络层的编程方法,在程序中会涉及底层网络协议及其协议数据单元。因此,需要对链路层帧与网络协议数据单元的结构有一定的了解。直接网络编程方法包括基于 Winpcap 的网络数据包捕获技术、基于 libnet 的网络数据包构造技术以及原始套接字等。

4. 基于物理设备的网络编程

基于物理设备的网络编程接口也称为 MAC 层编程接口。这种编程接口主要用于特殊目的的网络程序设计,如网络数据包截获、网络协议分析、流量统计分析等,或设计自己的安全协议。在这种编程接口上进行网络编程设计,需要对网卡的网络接口控制器(NIC)进行编程控制。这一接口没有提供现成的程序接口,因此所有功能的实现都需自行设计。程序设计人员可以根据具体应用设计出适合特殊要求的协议,进行更底层的控制,加大了程序设计的难度。

5.1.4 网络通信方式

1. 面向连接的通信和无连接通信

通常情况下,一个协议提供面向连接(会话)和无连接(数据报)两种通信服务。如 NetBIOS 和 TCP/IP 协议均提供了这两种服务。

在面向连接的服务中,通信双方在进行数据交换之前必须建立一条路径,这样既确定了通信双方之间存在一个通信信道,又保证了通信双方都是活动的、可以彼此响应的、数据传送是按序传送的,从而保证数据通信的可靠性。一般来说,面向连接服务过程分为三个阶段:连接建立、数据传输和连接释放。面向连接服务比较适合于在一段时间间隔内要向同一目的地发送许多报文的情况。对于发送很短的零星报文,连接建立和释放所带来的开销就显得过大了。面向连接服务的缺点是建立和维持一个通信信道需要很多开销。此外,为了保证数据通信的可靠性而设置的验证机制,会进一步增加开销。

无连接服务不用确定接收端是否正在收听,发送方随时可以发送数据。无连接协议的特点是速度快、使用灵活,既能实现点到点通信,又能实现多点和广播通信,对非重要的数据传输来说非常有用。其缺点是不能保证数据可靠地到达接收端,也不能保证数据的完整性,这些问题必须由应用程序根据需要自行解决。无连接通信特别适合于传送少量零星的报文。

2. 阻塞通信与非阻塞通信

在网络通信中,由于网络拥挤或发送的数据过大等因素,经常会发生发送数据的函数在短时间内不能传送完,或接收数据的函数因接收不到所需数据而不能返回的现象,这种现象称为阻塞。据此,网络通信可以分为阻塞通信和非阻塞通信两种模式,简称阻塞模式和非阻塞模式。对于不同的协议,阻塞模式和非阻塞模式有不同的表现。

以 Winsock 为例。利用 TCP 协议发送一个报文时,在阻塞模式下,如果低层协议没有可用空间来存放用户数据,则应用进程将阻塞直到协议有可用的空间;而在非阻塞模式下,调用将直接返回而不需等待。接收函数接收报文时,如果是在阻塞模式下,若没有到达的数据,则调用将一直阻塞直到有数据到达或出错;而在非阻塞模式下,将直接返回而不需等待。

对于面向连接的协议,在连接建立阶段阻塞与非阻塞也表现不一。在阻塞模式下,如果没有连接请求到达,等待连接调用将阻塞直到有连接请求到达;但在非阻塞模式下,如果没有连接请求到达,等待连接调用将直接返回。

不管是阻塞模式还是非阻塞模式,发起连接请求的一方总是会使调用它的进程阻塞,阻塞间隔最少等于到达服务器的一次往返时间。

通信模式对应用程序的设计方法也有直接的影响。在非阻塞模式下,应用程序不断地轮询查看是否有数据到达或有连接请求到达。这种轮询方式比其他的技术耗费更多的 CPU 时间,因此尽量避免使用。阻塞模式不存在这一问题,阻塞模式的缺点是进程或线程在执行 I/O 操作时将被阻塞而不能执行其他的工作,因此在单进程或单线程应用中不能使用这种模式。在多线程应用中比较适合采用阻塞模式,一个线程被阻塞不影响其他线程的工作。

3. 多播通信与广播通信

广播通信是指数据从一个工作站发出,局域网内的其他工作站都能收到它。这一特征适用于无连接协议,LAN(局域网)上的所有机器都可获得并处理广播消息。使用广播消息的不利之处是每台机器都对该消息进行了处理。比如,用户在 LAN 上广播一条消息,每台机器上的网卡都会收到这条消息,并把它上传到协议栈。然后,协议栈将这条消息在所有的网络应用程序中循环,看它们是否应该接收这条消息。通常,局域网上的多数机器对该消息都不感兴趣而丢弃,但是仍需花时间来处理这个数据包。一般情况下,路由器都不会传送广播包。

多播是指数据从一个工作站发出,由一个或多个接收端进行接收。进程加入一个多播通信的方法与采用的底层协议有关。在 IP 协议和 NetBIOS 协议下,多播是广播的一种变形,多播要求对收发数据感兴趣的所有主机加入到一个特定的组,进程希望加入多播组时,网卡上会增添一个过滤器。这样,只有绑定组地址的数据才会被网络硬件接收,并上传到网络堆栈进行相应处理。

无论是多播还是广播通信,它们都是建立在无连接服务协议之上的,因此数据传输的可靠性无法得到保证。

5.1.5 网络应用系统的结构

创建网络应用程序之前,首先要确定应用程序的体系结构。现有的主要网络应用系统的结构有:客户机/服务器结构、P2P(Peer-to-Peer,点对点)结构和这两种结构的混合结构。

1. 客户机/服务器结构

在客户机/服务器结构中有一台机器称为服务器,它为来自其他称为客户机(或客户端)的机器上的应用程序提供服务。最通俗的应用就是 Web 应用。Web 服务器总是处于打开状态,等待客户端程序的请求,并发送数据响应请求。客户机/服务器应用程序结构有如下特点:服务器方有一个固定的、对客户机公开的 IP 地址和端口,而且总是打开的,等待客户端程序与之进行通信;客户端程序之间并不直接交流信息,它们仅与服务器通信。

如果仅有一台电脑,也仍能进行网络编程。可以使用本地回环地址 127.0.0.1,这样,如果有一个服务器运行在本机上,运行在其上的客户程序则使用这个回环地址连到服务器。

2. P2P 结构

单纯的 P2P 结构中没有服务器,任意的两台主机(称为 Peer)对都可以直接相互通信。因为 Peer 之间可以不经过特定的服务器通信,所以这个体系结构称为 Peer-to-Peer,简写为 P2P。在 P2P 结构中,不再需要任何机器总是打开的,也不再需要任何机器有固定的 IP 地址。现在,网上有许多 P2P 软件,如 BT、eMule 等。

P2P 结构的优点之一就是它的可伸缩性。例如,在 P2P 文件共享程序中,每个 Peer

既作为服务器向其他 peer 提供资源,又作为客户端从其他 peer 下载文件。因此,每增加一个 peer,不仅增加了对资源的需求,也增加了对资源的供给。另一方面,P2P 用户高度分散,它们难以管理。

实际应用中单纯使用 P2P 结构的程序很少,大都需要一个中心服务器来维护总体状态、初始化客户端之间的连接等,这可以算是两种体系结构的混合。由于网络结构不同,防火墙设置各异,编程时需要考虑如何穿过内网防火墙、如何穿过网络地址转换(Network Address Translation)等。

5.2 Winsock 网络编程

Winsock 是 Windows 环境下网络编程的标准接口,它允许两个或多个网络应用程序通过网络进行信息交互。Winsock 是真正的协议无关的接口。本节将阐述如何使用 Winsock 来编写应用层的网络应用程序。

5.2.1 Winsock 编程特点

Winsock 对可能造成阻塞的函数提供了两种处理方式:阻塞方式和非阻塞方式。阻塞方式下收发数据的函数被调用后一直要到收发完毕或出错时才能返回,阻塞期间不能进行其他任何操作。非阻塞方式下函数被调用后立即返回,当要收发的数据通过网络操作完成后,Winsock 给应用程序发送一个消息,通知操作完成。

Winsock 阻塞方式的处理与阻塞模式一致,非阻塞方式的处理在非阻塞模式基础上增加了 Windows 的信息通知功能。使用 Winsock 编程时尽量使用非阻塞方式。

5.2.2 Winsock 寻址方式和字节顺序

因为 Winsock 要兼容多个协议,所以必须使用通用的寻址方式。TCP/IP 使用 IP 地址和端口号来指定一个地址,其他协议可采用不同的形式。如果 Winsock 使用特定的寻址方式,添加其他协议就不大可能了。Winsock 的第一个版本使用 sockaddr 结构来解决此问题。

```
struct sockaddr
{
    unsigned short sa_family;
    char        sa_data[14];
};
```

成员 sa_family 指定了这个地址使用的地址家族。sa_data 成员存储的数据在不同的地址家族中可能不同。若仅仅使用 Internet 地址家族(TCP/IP),Winsock 重新定义了 sockaddr 结构的 TCP/IP 版本——sockaddr_in 结构。本质上它们是相同的结构,但是后者更容易操作。

```
struct sockaddr_in
```

```
{
    shortsin_family;
    unsigned shortsin_port;
    structin_addrsin_addr;
    charsin_zero[8];
};
```

sin_family 指协议族,必须设为 AF_INET,以告知 Winsock 我们此时正在使用 IP 地址族。sin_port 指定了 TCP 或 UDP 通信服务的端口号。端口号可分为如下三个范围:公共的、注册的和动态的(私有的)。其中 0 ~ 1023 由互联网编号分配认证(Internet Assigned Number Authority,IANA)管理,保留为公共的服务使用,如 FTP 和 HTTP。1024 ~ 49151 是 IANA 列出来的、已注册的端口号,供普通用户进程或程序使用。49152 ~ 65535 是动态和/或私用端口号,建议不使用。

sin_zero 是为了让 sockaddr 与 sockaddr_in 两个数据结构保持大小相同而保留的空字节。sin_addr 用来保存 IP 地址(32 位),使用 in_addr 数据结构,它被定义为一个联合结构来处理整个 32 位的值,两个 16 位部分或者每个字节单独分开。

in_addr 结构定义如下:
```
struct in_addr
{
    union
    {
        struct{unsigned char s_b1, s_b2, s_b3, s_b4;} S_un_b;
        //以 4 个 unsigned char 来描述
        struct {unsigned short s_w1, s_w2; } S_un_w;
        //以 2 个 unsigned short 来描述
        unsigned long S_addr;
        //以 1 个 unsigned long 来描述
    } S_un;
};
```

Windows 提供了一个名为 inet_addr 的函数,可把一个"Internet 标准点分表示法"的点式 IP 地址转换成一个 32 位的无符号长整数。定义如下:

```
unsigned long inet_addr(const char FAR * cp);
```

对于一个 sockaddr_in 类型变量 sockAddr,可通过下述方式来进行点式 IP 地址转换:

```
sockAddr. sin_addr. S_un. S_addr = inet_addr("192.168.0.1");
```

有两个特殊的 IP 地址:INADDR_ANY 和 INADDR_BROADCAST。INADDR_ANY 允许服务器应用程序侦听服务器上每个网络接口上的客户机的活动。有时服务器是多宿主机,至少有两个网卡,此时服务器应用程序的 IP 地址可指定为 INADDR_ANY,使得不论哪个网段上的客户端程序都能与该服务程序通信;如果只绑定一个固定的 IP 地址,那么只有与该 IP 地址处于同一个网段上的客户程序才能与该服务器应用程序进行通信。INADDR_BROADCAST 用于在一个 IP 网络中发送广播 UDP 数据报,使用时需要设置套接字选项 SO_BROADCAST。

TCP/IP 协议是一组开放的协议,它被设计用来在不同的计算机平台之间进行通信,所以在协议的实现细节中不能包括与特定平台相关的东西,凡是与平台相关的都需要转换为规定的格式,其中最主要的就是对字节顺序的处理。

字节顺序是指多字节数据存储或传输时字节的组织顺序,典型情况是整形数据在内存中的存储方式和网络传输的传输方式。字节顺序包括大尾序(Bigendian)和小尾序(Littleendian)。大尾序将数据的高字节放置在连续存储区的首位,小尾序将数据的低字节放置在连续存储区的首位。如端口号(一个 16 位的数字)8888(0x22B8)的大尾序是 0x22、0xB8,小尾序是 0xB8、0x22。

TCP/IP 规定统一使用大尾序方式传输数据,在网络编程中也叫做网络字节顺序。Intel x86 机器使用小尾序存储数据,也称为机器字节顺序,传输时需要转换为大尾序。上述 sockaddr 和 sockaddr_in 结构中除了 sin_family 成员(它不是协议的一部分)外,其他所有值必须使用网络字节顺序。

Winsock 提供了一些函数来处理本地机器的字节顺序和网络字节顺序的转换。这些 API 是平台无关的,使用它们可以保证程序正确地运行在所有机器上。

u_short htons(u_short hostshort);
//将 u_short 类型变量从主机字节顺序转换到 TCP/IP 网络字节顺序
u_long htonl(u_long hostlong);
//将 u_long 类型变量从主机字节顺序转换到 TCP/IP 网络字节顺序
u_short ntohs(u_short netshort);
//将 u_short 类型变量从 TCP/IP 网络字节顺序转换到主机字节顺序
u_long ntohl(u_ long netlong);
//将 u_ long 类型变量从 TCP/IP 网络字节顺序转换到主机字节顺序

在 Winsock 2 中提供了上述函数的以 WSA 开头的扩展版本。

5.2.3 常用 Winsock 函数

Winsock 库有两个版本,Winsock 1.1 和 Winsock 2.2。这里只介绍 Winsock 1.1 函数,同样功能的 Winsock 2.2 函数可以参考 MSDN。版本 2.2 是在版本 1.1 基础上进行了更新和扩展,其函数名采用 WSA 作为前缀。

1. Winsock 库的加载和释放

由于 Winsock 库是以动态链接库形式实现的,每个 Winsock 应用程序必须先调用 WSAStartup 函数进行初始化,协商 Winsock 的版本支持,并分配必要的资源。如果在调用 Winsock 的函数前没有加载 Winsock 库,函数返回 SOCKET_ERROR,出错代码将是 WSANOTINITIALISED。加载 Winsock 库的函数:

int WSAStartup（WORD wVersionRequested, LPWSADATA lpWSAData）;

参数 wVersionRequested 用来指定想要加载的 Winsock 库的版本,高字节为次版本号,低字节为主版本号,可以使用宏 MAKEWORD（bLow,bHigh）,如 MAKEWORD（2,2）表示 Winsock 2.2 版本。参数 lpWSAData 是一个指向 WSADATA 结构的指针,用来返回 DLL 库的详细信息。函数调用成功返回 0,否则返回错误。

对应每一个 WSAStartup 函数的调用必须对应一个 WSACleanup 函数的调用,以释放 Winsock 库,并释放资源,以备下一次使用。该函数的定义如下:

int WSACleanup（void）;

该函数不带任何参数。若调用成功则返回 0,否则返回错误。

所有的 Winsock API 都是从 WS2_32. DLL 中导出的,Visual C++ 在默认情况下没有链接到该库,应在项目中包含相应的库文件。

#pragma comment（lib, "WS2_32"）

2. 错误检查和控制函数

对编写成功的 Winsock 应用程序而言,错误检查和控制是至关重要的。事实上,对 Winsock 函数来说,返回错误是非常常见的。但是,多数情况下这些错误都是无关紧要的,通信仍可在 Winsock 上进行。不成功的 Winsock 调用返回的最常见值是 SOCKET_ERROR。调用一个 Winsock 函数,发生错误后就可用 WSAGetLastError 函数来返回所发生的特定错误的具体代码。该函数的定义如下:

int WSAGetLastError（void）;

函数返回的错误代码都已预定义为常量值,一般以 WSA 开头,如 WSANOTINITIALISED。

3. 基本 Winsock 函数

Winsock API 建立在套接字基础上。套接字从实质上讲就是一个指向传输提供者的句柄。在 Win32 中套接字不同于其他文件描述符,它是一个独立的类型——SOCKET。基本 Winsock 函数包括 socket 的创建、绑定、连接、侦听等。

（1）socket 函数

使用套接字前须调用 socket 创建一个套接字对象,函数调用成功将返回一个套接字句柄。

SOCKET socket（int af, int type, int protocol）;

参数 af 用来指定套接字使用的地址格式,Winsock 中只支持 AF_INET,表示是 Internet 上的 Socket。参数 type 用来指定套接字的类型,常见类型有流套接字、数据报套接字和原始套接字。含义如下:

SOCK_STREAM	流套接字,使用 TCP 提供有连接的、可靠的传输
SOCK_DGRAM	数据报套接字,使用 UDP 提供无连接的、不可靠的传输
SOCK_RAW	原始套接字,Winsock 接口不使用特定的协议去封装它,由应用程序自行处理数据报以及协议首部

当参数 type 指定为 SOCK_STREAM 和 SOCK_DGRAM 时,系统已经明确使用 TCP 和 UDP 来工作,所以 protocol 参数可以指定为 0。Winsock2 中新函数 WSASocket 与 socket 相比,提供了更多的参数,如可以使用自己选择的下层服务提供者、设置重叠标志等。参考下面的 Winsock I/O 模型。

创建套接字后可以通过套接字选项和 I/O 控制命令对其各种属性进行操作,Winsock 提供了四个辅助函数:setsockopt、getsockopt、ioctlsocket 及 WSAIoctl,具体可参见 MSDN 帮助。在成功创建套接字后,就可以开始在套接字上建立通信,并为收发数据做好准备。在 Winsock 中有两种基本的通信技术:面向连接的通信和无连接的通信。

（2）closesocket 函数

当套接字不再使用时应当调用 closesocket 函数将它关闭,以释放套接字所占用的资源。

int closesocket(SOCKET s);

参数 s 是要关闭的套接字。调用后会释放套接字句柄 s。

（3）bind 函数

套接字创建后须绑定到一个指定地址。bind 函数可将指定的套接字同一个地址绑定到一起。该函数声明如下:

int bind(SOCKET s, const struct sockaddr FAR * name, int namelen);

参数 name 指向一个 sockaddr 结构,一般情况下使用 sockaddr_in 结构来标示 TCP/IP 协议下的地址,详细情况见有关 Winsock 寻址方式的章节内容。参数 namelen 是该结构体的长度。

函数调用成功返回 0,出错返回 SOCKET_ERROR,可通过错误检查函数检查错误。最常见的错误是 WSAEADDRINUSE,表示 name 中指定的 IP 地址和端口号已与其他套接字绑定。若对一个已经绑定的套接字 s 再次调用 bind,则返回 WSAEFAULT 错误。

（4）listen 函数

对于服务器端,当 socket 创建并绑定后,就应当等待客户机的程序来连接。listen 函数将套接字设为侦听模式,等待客户端提出的连接请求。该函数声明如下:

int listen(SOCKET s, int backlog);

参数 backlog 是等待连接的队列长度。处于侦听状态的套接字 s 将维护一个客户连接请求队列,当服务器与其他客户端程序连接时,后来的客户程序连接请求会被放在队列中,等待服务器程序空闲时再与之连接。当等待连接队列达到指定长度(backlog)时,新来的连接请求都将被拒绝。

（5）accept 函数

accept 函数从处于侦听状态的套接字 s 的客户连接请求队列中取出排在最前的一个请求,创建一个新的套接字来与对方通信,返回新创建的套接字。该函数声明如下:

SOCKET accept(SOCKET s, struct sockaddr FAR * addr, int FAR * addrlen);

参数 addr 是一个有效的 sockaddr 结构的地址,参数 addrlen 是 sockaddr 结构的长度,

accept 函数返回后,addr 结构中包含发出连接请求的客户机的 IP 地址信息。

新创建的套接字才是与客户端进行通信的实际套接字,原来的套接字被释放用于继续等待其他的客户连接请求。所以一般将参数中 SOCKET 称做"侦听"Socket,只负责接受连接而不负责通话,返回的 SOCKET 称做"会话"socket 或"工作"Socket,负责与客户端通话。

（6）connect 函数

对客户端程序而言,创建套接字后要通过 connect 函数主动向服务端程序提出连接请求,以建立通信连接。该函数声明如下：

int connect(SOCKET s, const struct sockaddr FAR * name, int namelen);

参数 s 为准备与服务端程序连接的套接字。参数 name 是套接字地址结构指针,标识服务端程序的 IP 地址及端口信息。参数 namelen 表示参数 name 的长度。

如果服务端没有在指定地址上侦听指定的端口,connect 函数调用就会失败,并发生错误 WSAECONNREFUSED,另外一个常见的错误是 WSAETIMEDOUT,表示连接超时。

（7）shutdown 函数

通信任务完成后必须关掉连接以释放套接字所占用的资源。通常调用 closesocket 函数即可,但直接调用该函数可能会导致数据丢失。为了保证接收端能够收到发送端发送的所有数据,对一个好的网络应用程序来说,应该通知接收端"不再发送数据"。同样,接收端也应如此。这就是所谓的"从容关闭"方法,由 shutdown 函数来执行。该函数声明如下：

int shutdown(SOCKET s, int how);

参数 s 为准备关闭的套接字。参数 how 用于描述禁止哪些操作,可能的取值是 SD_RECIEVE, SD_READ 或 SD_BOTH。SD_RECIEVE 表示不允许再调用接收函数,SD_READ 表示不允许再调用发送函数,SD_BOTH 表示取消连接两端的收发操作。

从容关闭只出现在面向连接的通信中,在这种关闭过程中,一方开始关闭通信会话,另一方仍然可以读取线上或网络堆栈中已挂起的数据。如果面向连接通信中不支持从容关闭,只要其中一方关闭了通信连接,就会导致连接立即中断,那么数据可能会丢失,接收端不能读取这些数据。所以连接双方都必须执行一次从容关闭,以便完全中断连接。shutdown 函数并不关闭套接字,且套接字所占用的资源被一直保持到 closesocket 函数调用。

4. 数据传输函数

Winsock 提供了 send 和 recv 两个函数在已建立连按的套接字上发送和接收数据,提供了 sendto 和 recvfrom 两个函数在无连接的套接字上发送和接收数据。所有关系到收发数据的缓冲区都属于简单的 char 类型,即面向字节的数据。事实上,它可能是一个包含任何原始数据的缓冲区,至于这个原始数据是二进制数据还是字符型数据则无关紧要。

（1）send 函数

在已建立连接的套接字上发送数据,可以使用 send 函数。不论是客户端还是服务端应用程序都用 send 函数来向连接的另一端发送数据。客户程序一般用 send 函数向服务器发送请求,而服务器则通常用 send 函数来向客户程序发送应答。该函数声明如下：

int send(SOCKET s, const char FAR * buf, int len, int flags);

参数 s 是已建立了连接、将用于数据传输的套接字。传输 buf 是指向字符缓冲区的指针,该缓冲区中包含即将发送的数据。传输 len 指定缓冲区内的字符数。参数 flag 为函数的执行方式,可以是 0、MSG_DONTROUTE、MSG_OOB 或者是这些标志位按位或运算的结果。0 表示无特殊行为,MSG_DONTROUTE 要求传输层不要把它发出的包路由出去,MSG_OOB 标志数据应带外(out-of-band,OOB)发送。

send 函数将返回发送的字节数,若发生错误就返回 SOCKET_ERROR。在阻塞模式下 send 函数将会阻塞线程的执行,直到所有的数据发送完毕或者发生错误。

(2)recv 函数

在已建立连接的套接字上接收数据,可以使用 recv 函数。不论是客户端还是服务端应用程序,都用 recv 函数从连接的另一端接收数据。该函数声明如下:

```
int recv( SOCKET s, char FAR * buf, int len, int flags);
```

参数 s 是准备接收数据的套接字。参数 buf 是即将收到数据的字符缓冲区。参数 len 是准备接收的字节数或 buf 缓冲的长度。参数 flag 是函数的执行方式,可以是 0、MSG_PEEK、MSG_OOB 或这些标志位按位或运算的结果。0 表示无特殊行为,MSG_PEEK 表示从 s 的网络堆栈中复制数据到接收缓冲区 buf 中,但没有从 s 的网络堆栈中将它删除。recv 函数实际上是读取 send 函数发过来的一个数据包,当读到的字节数少于 len 时,就把数据全部接收,并返回实际接收到的字节数,当读到的字节数大于 len 时,在流套接字方式下,剩余的数据由下一个 recv 函数读取,在数据报套接字方式下,多余的数据将被丢失。

(3)sendto 函数

在一个无连接的套接字上发送数据,可以使用 sendto 函数。该函数声明如下:

```
int sendto (SOCKET s,const char FAR * buf,int len,int flags,
            const struct sockaddr FAR * to,int tolen);
```

前四个参数同 send 函数一样。参数 to 是一个指向 sockaddr 结构的指针,该结构带有接收数据的网络应用程序的地址。参数 tolen 是 to 所指地址结构的长度。

sendto 函数的调用成功并不意味着数据能被接收方正确接收。

(4)recvfrom 函数

对于无连接的套接字,始发于网络上任何一台机器的数据报都可被接收端的套接字接收。接收函数 recvfrom 用于接收一个数据报并保存发送方的地址结构信息。该函数声明如下:

```
int recvfrom (SOCKET s,char FAR * buf, int len, int flags,
             struct sockaddr FAR * from,int FAR * fromlen);
```

前面四个参数和 recv 是一样的。参数 from 是一个 sockaddr 结构的指针。参数 fromlen 是 from 所指地址结构的长度。调用成功则返回实际接收的字节数,同时参数 from 中被填入发送数据报的发送方的地址结构信息。

5. 网络信息查询函数

Winsock 提供了一些网络信息查询函数,它们在网络应用程序中非常有用。

（1）getpeername 函数

函数用于获得通信对方的套接字地址信息。该函数声明如下：

int getpeername(SOCKET s, struct sockaddr FAR * name, int FAR * namelen);

参数 s 是已连接的套接字。参数 name 是一个 sockaddr 结构的指针,用于保存通信对方的套接字地址结构信息。参数 namelen 是 name 所指地址结构的长度。

（2）getsockname 函数

函数是 getpeername 的对应函数,用于获取指定套接字的本地地址结构信息。该函数声明如下：

int getsockname(SOCKET s, struct sockaddr FAR * name, int FAR * namelen);

参数说明同 getpeername 函数。

（3）gethostbyname 函数

函数返回给定主机名的主机信息,在已知主机名而打算查找其 IP 地址时可以使用这个函数。该函数声明如下：

struct hostent FAR * gethostbyname(const char FAR * name);

参数 name 是指向主机名的指针。函数返回一个指向 hostent 结构的指针。hostent 结构定义如下：

```
struct hostent
{
  char FAR * h_name;//正式的主机名
  char FAR * FAR * h_aliases;//主机名的别名
  short h_addrtype;//地址家族
  short h_length;//h_addr_list 字段中每个地址长度
  char FAR * FAR * h_addr_list;//主机 IP 地址组成的字符串
};
```

（4）gethostbyaddr 函数

函数返回给定 IP 地址的主机信息,在已知 IP 地址而打算查找其友好主机名时可以使用这个函数。该函数声明如下：

struct HOSTENT FAR * gethostbyaddr(const char FAR * addr, int len, int type);

参数 addr 是一个指向网络字节顺序的 IP 地址的指针,需通过所讲的 inet_addr 函数将一个点式 IP 地址进行转换。参数 len 说明地址的长度。参数 type 指定地址类型,包括 AF_INET、AF_NETBIOS 和 AF_INET6。

5.2.4 会话通信程序设计

1. 会话通信模型

会话通信程序设计也称基于 TCP 协议的网络编程。会话套接字定义了一种可靠的面向连接的服务,实现无差错无重复的顺序数据传输。服务器程序和客户端程序在通信前必须创建各自的套接字并进行连接,然后才能进行发送或接收数据的操作,实现数据的传输。

在会话通信程序中使用的基本 Winsock 函数有 socket、bind、listen、accept、connect、shutdown 和 closesocket 等,使用的数据传输函数有 send 和 recv,图 5 - 3 描述了会话通信程序的编程模型。会话通信程序的步骤如下:

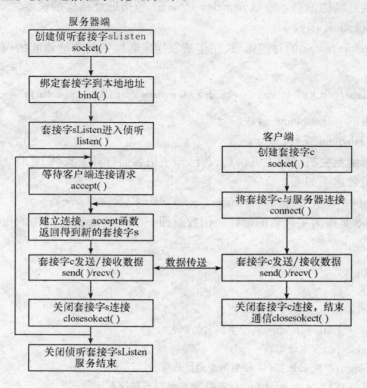

图 5 - 3   会话套接字的编程模型

(1)创建套接字并绑定到本地地址(指定 IP 地址和端口号)。套接字类型必须为 SOCK_STREAM。

(2)服务器程序要处于侦听状态,等待任意数量的客户端程序的连接,以便为它们的请求提供服务。通过 listen 函数来实现。

(3)服务器程序调用 accept 函数准备接受来自客户端的连接。如果这时一个客户端用 connect 函数试图建立连接,服务器程序就可以接受连接。

(4)连接建立后,服务器端和客户端之间就可以使用 send 和 recv 函数进行通信了。默认情况下 recv 函数处于阻塞模式,在接收到数据前程序将不向下执行。

2. 会话通信程序实例

(1)程序描述

该实例完成了一个服务器端和客户端的会话通信过程,要求计算机上安装 TCP/IP 协议。服务器端和客户端使用同一台计算机的不同端口号,服务器端使用的端口号为

8888,客户端使用的端口号由计算机指定。运行示例如图5-4所示。

图5-4 会话通信程序实例

（2）服务器端程序

服务器端程序首先初始化 Winsock,然后创建套接字,在 8888 端口号上绑定,并进入侦听状态。收到并接受客户端的连接请求后,先接收客户端发送过来的数据,然后等待 1 秒钟时间,取本机的当前时间并转换为对应字符串,发送到已连接的客户端,然后关闭当前连接,继续侦听其他客户端的连接。这里应注意的是,accept 函数新创建的套接字才是与客户端进行通信的实际套接字,侦听套接字 ListenSocket 被用于继续侦听其他客户端的连接请求。

```cpp
#include "iostream. h"
#include "time. h"
#include "Winsock2. h"

#pragma comment (lib, "Ws2_32. lib")

int main( )
{
  //初始化 Winsock2 环境
  WSADATA wsa;
  if (WSAStartup( MAKEWORD(2, 2), &wsa) != 0)
  {
    cerr << "Initialize the Winsock error(code：)" << WSAGetLastError( ) << endl;
    return  - 1;
  }

  //创建用于侦听的 TCP Server Socket
  SOCKET ListenSocket = socket( AF_INET, SOCK_STREAM, 0); //流类型套接字

  //填充本地 TCP Socket 地址结构
```

```
SOCKADDR_IN ListenAddr;
memset( &ListenAddr, 0, sizeof( SOCKADDR_IN) );
ListenAddr. sin_family = AF_INET;
ListenAddr. sin_port = htons( 8888) ; //侦听端口
ListenAddr. sin_addr. s_addr = htonl( INADDR_ANY) ;
//ListenAddr. sin_addr = inet_addr( "127. 0. 0. 1") ; //本地回环地址

//绑定 TCP 端口
if ( bind( ListenSocket, ( sockaddr * ) &ListenAddr, sizeof( ListenAddr) ) ==
    SOCKET_ERROR)
{
    cerr << "Bind error( code: ). " << WSAGetLastError( )  << endl;
    return  -1;
}

if ( ( ( listen( ListenSocket, 5) ) == SOCKET_ERROR) //侦听
{
    cerr << "Listen error( code: ). " << WSAGetLastError( ) << endl;
    return  -1;
}
cout << "TCP Server Started On TCP Port: 8888\n";
cout << endl;

SOCKET AcceptSocket;
SOCKADDR_IN ClientAddr;
time_t tCurTime;
char sBuf[ 256];
int nRecv;

while ( TRUE)
{
    //接受客户端连接请求
    int iSockAddrLen = sizeof( sockaddr) ;
    if ( ( AcceptSocket = accept( ListenSocket, ( sockaddr * ) &ClientAddr,
        &iSockAddrLen) ) == SOCKET_ERROR)
    {
        cerr << "Accept error( code: ). " << WSAGetLastError( ) << endl;
        return  -1;
    }

    cout << "Connection from TCP client "
        << inet_ntoa( ClientAddr. sin_addr) << ":"
        << ntohs( ClientAddr. sin_port) << " accepted. " << endl;
```

```
    memset(sBuf, 0, sizeof(sBuf));
    nRecv = recv(AcceptSocket, sBuf, sizeof(sBuf), 0);  //接收数据
    if (nRecv > 0)
    {
        sBuf[nRecv] = 0;
        cout << "Received data:" << sBuf << endl;
    }

    Sleep(1000);  //等待 1 秒
    cout << "Sleep 1s" << endl;

    //获取系统时间并发送给 client
    time(&tCurTime);
    memset(sBuf, '\0', sizeof(sBuf));
    strftime(sBuf,sizeof(sBuf),"%Y - %m - %d %H:%M:%S",localtime(&tCurTime));
    send(AcceptSocket,sBuf,sizeof(sBuf),0);  //发送数据
    cout << "Sending data: " << sBuf << endl << endl;

    closesocket(AcceptSocket);
    }

    closesocket(ListenSocket);
    WSACleanup();
    return 0;
}
```

(3)客户端程序

同样,客户端程序运行首先应初始化 Winsock,然后创建流类型套接字,和服务器端进行连接,连接一旦建立就可以在服务器端和客户端进行通信。这里,客户端首先获取系统时间并转换为对应字符串,发送到已连接的服务器端,然后等待接收服务器端发送过来的数据并打印输出。

```
#include "iostream. h"
#include "time. h"
#include "Winsock2. h"
#pragma comment (lib, "Ws2_32. lib")

int main()
{
    //初始化 Winsock2 环境
    WSADATA wsa;
    if (WSAStartup(MAKEWORD(2, 2), &wsa) != 0)
    {
        cerr << "initialize the Winsock error(code: )" << WSAGetLastError();
```

```
    return -1;
}

//创建用于连接的 TCP Client Socket
SOCKET connSocket = socket(AF_INET, SOCK_STREAM, 0);

//填充服务器端 Socket 地址结构
SOCKADDR_IN ServAddr;
memset(&ServAddr, 0, sizeof(SOCKADDR_IN));
ServAddr. sin_family = AF_INET;
ServAddr. sin_port = htons(8888); //侦听端口
//这里要填写服务器程序(TCPServer 程序)所在机器的 IP 地址
//若计算机没有联网或者服务器程序和客户端程序在一台计算机上
//直接使用 127.0.0.1(本地回环地址)即可
ServAddr. sin_addr. S_un. S_addr = inet_addr("127.0.0.1");
if (connect(connSocket, (sockaddr *)&ServAddr, sizeof(ServAddr))
    == SOCKET_ERROR) //连接
{
    cerr << "Connect error(code: )." << WSAGetLastError() << endl;
    return -1;
}

time_t tCurTime;
char sBuf[256];
int nRecv;

//获取系统时间并发送给 Server
time(&tCurTime);
memset(sBuf, '\0', sizeof(sBuf));
strftime(sBuf,sizeof(sBuf),"%Y-%m-%d %H:%M:%S",localtime(&tCurTime));
send(connSocket,sBuf,sizeof(sBuf),0); //发送数据
cout << "Sending data:" << sBuf << endl;

memset(sBuf, 0, sizeof(sBuf));
nRecv = recv(connSocket, sBuf, sizeof(sBuf), 0); //接收数据
if (nRecv > 0)
{
    sBuf[nRecv] = 0;
    cout << "Received data:" << sBuf << endl;
}

closesocket(connSocket);

WSACleanup();
```

```
    return 0;
}
```

5.2.5　数据报通信程序设计

1. 数据报通信模型

数据报通信程序设计也称基于 UDP 协议的网络编程。数据报套接字提供了无连接的、不可靠的数据传输服务。无连接是指它不像流套接字那样在通信前先与对方建立连接以确定对方的状态。不可靠是指它直接按照指定的 IP 地址和端口号将数据发出去,如果对方不在线,则数据会丢失。图 5 - 5 描述了数据报套接字的编程模型,数据报套接字的编程过程比会话套接字模型要简单一些。

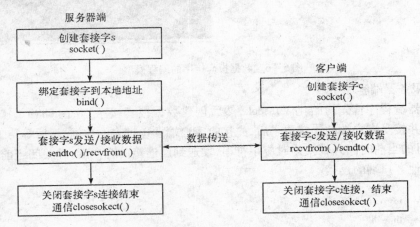

图 5 - 5　数据报套接字的编程模型

数据包套接字编程模型使用的基本 Winsock 函数与会话套接字模型使用的函数是一样的,而数据传输函数则与会话套接字不同,发送数据使用 sendto 函数,接收数据使用 recvfrom 函数。数据报通信程序步骤如下:

(1)服务器端和客户端各自创建一个数据报套接字。

(2)服务器端调用 bind 函数给套接字绑定一个指定的端口。

(3)服务器端和客户端都可使用 sendto 函数发送数据,使用 recvfrom 函数接收数据,完成数据报的传递。默认情况下,recvfrom 函数处于阻塞模式,在接收到数据前,程序将不向下执行。

(4)通信结束后,服务器端和客户端分别调用 closesocket 关闭套接字。

2. 数据报通信程序实例

(1)程序描述

该实例完成了一个服务器端和客户端的数据报通信过程,要求计算机上安装有 UDP 协议。服务器端和客户端使用同一台计算机的不同端口号,服务器端使用的端口号为8899,客户端使用的端口号由计算机指定。运行界面如图 5 - 6 所示。

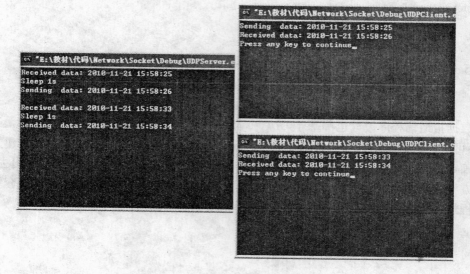

图 5-6　数据报套接字的编程模型

（2）服务器端程序

服务器端程序首先初始化 Winsock，然后创建数据报套接字，并在 8899 端口号上绑定。收到并接受客户端的连接请求后，先接收客户端发送过来的数据，然后等待 1 秒钟时间，取本机的当前时间并转换为对应字符串，发送到已连接的客户端，并关闭当前连接，继续侦听其他客户端的连接。

```cpp
#include "iostream. h"
#include "time. h"
#include "WinSock2. h"
#pragma comment（lib，"Ws2_32. lib"）

int main（）
{
  //初始化 winsock2 环境
  WSADATA wsa；
  if（WSAStartup（MAKEWORD（2，2），&wsa）!= 0）
  {
    cerr << "Initialize the winsock error(code：)" << WSAGetLastError（）  << endl；
    return  -1；
  }
  //创建用于侦听的 UDP Server Socket
  SOCKET udpSocket = socket（AF_INET，SOCK_DGRAM，0）；

  SOCKADDR_IN sockAddr；
  SOCKADDR_IN sockFrom；
```

```
//填充本地 UDP Socket 地址结构
int addrlen = sizeof( SOCKADDR_IN ) ;
memset( &sockAddr, 0, sizeof( SOCKADDR_IN ) ) ;
sockAddr. sin_family = AF_INET ;
sockAddr. sin_port = htons( 8899 ) ; //端口
sockAddr. sin_addr. s_addr = htonl( INADDR_ANY ) ;

//绑定 UDP 端口
if ( bind( udpSocket, ( sockaddr * ) &sockAddr, sizeof( sockAddr ) ) == SOCKET_ERROR )
{
    cerr << " Bind error( code: ). " << WSAGetLastError( ) << endl ;
    closesocket( udpSocket ) ;
    WSACleanup( ) ;
    return  - 1 ;
}

time_t tCurTime ;
char sBuf[ 256 ] ;
int nRecv ;

while ( TRUE )
{
    memset( sBuf, 0, sizeof( sBuf ) ) ;
    nRecv = recvfrom( udpSocket,sBuf,sizeof( sBuf ) ,0,( struct sockaddr * ) &sockFrom,
            &addrlen ) ;

    if ( nRecv > 0 )
    {
        sBuf[ nRecv ] = 0 ;
        cout << " Received data: " << sBuf << endl ;
    }

    Sleep( 1000 ) ; //等待 1 秒
    cout << " Sleep 1s " << endl ;

    //获取系统时间并发送给 client
    time( &tCurTime ) ;
    memset( sBuf, '\0', sizeof( sBuf ) ) ;
    strftime( sBuf, sizeof( sBuf ), " % Y - % m - % d % H:% M:% S ", localtime( &tCurTime ) ) ;
    //发送数据
    sendto( udpSocket,sBuf,sizeof( sBuf ) ,0,( struct sockaddr * ) &sockFrom,addrlen ) ;
    cout << " Sending data: " << sBuf << endl << endl ;
}
```

```
        closesocket( udpSocket) ;
        WSACleanup( ) ;
        return 0 ;
    }
```

(3)客户端程序

同样,客户端程序运行应首先初始化 Winsock,然后创建数据报套接字。此时不需要和服务器端进行连接,就可以和服务器端进行通信。这里,客户端首先获取系统时间并转换为对应字符串,发送给服务器端,然后等待接收服务器端发送过来的数据并打印输出,服务器端的地址信息在 sendto 函数的第 5 个参数中指定。

```cpp
#include " iostream. h"
#include " time. h"
#include " WinSock2. h"
#pragma comment ( lib, " Ws2_32. lib" )

int main( )
{
    //初始化 winsock2 环境
    WSADATA wsa;
    if ( WSAStartup( MAKEWORD( 2, 2), &wsa) != 0)
    {
        cerr << " initialize the winsock error( code: )" << WSAGetLastError( )  << endl;
        return -1;
    }
    //创建用于连接的 UDP Client Socket
    SOCKET updSocket = socket( AF_INET, SOCK_DGRAM, 0);

    //填充服务器端 Socket 地址结构,若发送广播信息,请参考 MSDN 帮助
    SOCKADDR_IN ServAddr;
    int addrlen = sizeof( SOCKADDR_IN);
    memset( &ServAddr, 0, sizeof( SOCKADDR_IN));
    ServAddr. sin_family = AF_INET;
    ServAddr. sin_port = htons( 8899); //端口
    ServAddr. sin_addr. S_un. S_addr = inet_addr( "127.0.0.1"); //服务器地址

    time_t tCurTime;
    char sBuf[ 256];
    int nRecv;

    //获取系统时间并发送给 Server
    time( &tCurTime);
    memset( sBuf, '\0', sizeof( sBuf));
```

```
strftime(sBuf, sizeof(sBuf), "%Y-%m-%d %H:%M:%S", localtime(&tCurTime));
//发送数据
sendto(updSocket,sBuf,sizeof(sBuf),0,(struct sockaddr * )&ServAddr,addrlen);
cout << "Sending data: " << sBuf << endl;

memset(sBuf, 0, sizeof(sBuf));
nRecv = recvfrom(updSocket,sBuf,sizeof(sBuf),0,(struct sockaddr * )&ServAddr,
        &addrlen);//接收数据
if (nRecv > 0)
{
  sBuf[nRecv] = 0;
  cout << "Received data:" << sBuf << endl;
}

closesocket(updSocket);

WSACleanup();
return 0;
}
```

5.3　Winsock I/O 模型

Winsock 分别提供了套接字模式和套接字 I/O 模型,对套接字上的 I/O(Input/Output)操作进行管理。其中套接字模式决定了 Winsock 函数随套接字调用时的行为,套接字 I/O 模型描述了一个应用程序如何对套接字上的 I/O 进行管理及操作。

Winsock 提供了两种套接字模式:阻塞模式和非阻塞模式,在 5.1.4 节 网络通信方式中进行了阐述。在默认的情况下,套接字为阻塞模式,在 I/O 操作完成前执行操作的 Winsock 函数会一直等待下去,不会立即返回(将控制权交还给程序),这就意味着任一个线程在某一时刻只能执行一个 I/O 操作,使得应用程序很难同时通过多个建好连接的套接字进行通信。这样,Winsock 编程经常要使用多线程的编程方法,以使程序的运行界面对用户的动作进行响应,但它会增大一些开销,并且程序的扩展性比较差。在非阻塞模式下,Winsock 函数调用会立即返回并交出程序的控制权。大多数情况下这些调用都会失败,并返回一个 WSAEWOULDBLOCK 错误,表示请求的操作在调用期间没有时间完成,为此程序需要通过不断地调用并检查函数返回代码,以判断一个套接字何时可以读写。

为了避免上面所述的麻烦,Winsock 提供了几种不同的套接字 I/O 模型,有助于应用程序通过某些异步方式一次对一个或多个套接字上进行的通信加以管理。这些模型包括 select(选择)、WSAAsyncSelect(异步选择)、WSAEventSelect(事件选择)、Overlapped I/O (重叠 I/O)以及 Complete port(完成端口)等。所有 Windows 平台都支持两种套接字模式,然而并非每种平台都支持各种 I/O 模型,Windows NT 及其后期版本中各种 I/O 模型都是支持的。本节介绍这几种 I/O 模型的特点和用法。

5.3.1　select(选择)模型

select 模型是 Winsock 中最常见的 I/O 模型,称之为 select 模型,因为它主要是使用 select 函数来管理 I/O 的。这个模型的设计源于 UNIX 系统,目的是使那些想避免在套接字调用过程中被阻塞的应用程序,能够采取一种有序的方式同时进行对多个套接字的管理。

select 函数可以确定一个或多个套接字的状态。如果套接字上没有指定的网络事件发生,便进入等待状态,以便执行同步 I/O。该函数声明如下:

```
int select( int nfds, fd_set FAR  *  readfds,fd_set FAR  *  writefds,
fd_set FAR  *  exceptfds,const struct timeval FAR  *  timeout ) ;
```

参数 nfds 可忽略,仅是为了与 Berkeley 套接字兼容。参数 readfds、writefds 和 exceptfds 各自指向一个套接字集合,分别用来检查其可读性、可写性和错误。参数 timeout 指定此函数等待的最长时间,如果为 NULL,则最长时间为无限大。

若函数调用成功,则返回发生网络事件的所有套接字数量的总和。如果超过了时间限制返回 0,失败则返回 SOCKET_ERROR。

fd_set 结构可以把多个套接字连接在一起,形成一个套接字集合。select 函数可以测试这个集合中哪些套接字有事件发生。该结构在 WINSOCK2.h 中定义如下:

```
typedef struct fd_set
{
    u_int fd_count;//下面数组的大小
    SOCKET fd_array[ FD_SETSIZE ];//套接字句柄数组
} fd_set;
```

同时 Winsock 定义了 4 个操作 fd_set 套接字集合的宏。

FD_ZERO(* set)初始化 set 为空集合。
FD_CLR(s, * set)从 set 中移除套接字 s
FD_ISSET(s, * set)检查 s 是不是 set 成员,是则返回 TRUE
FD_SET(s, * set)添加套接字到集合

假如要测试一个套接字 s 是否"可读",则操作步骤如下:
(1)将套接字 s 添加到 readfds 集合:

```
fd_set fdread;
FD_ZERO( &fdread) ;
FD_SET(s,&fdread) ;
```

(2)调用 select 函数:

```
select(0,&fdread,NULL,NULL,NULL) ;
```

（3）等待 select 函数返回，若调用成功，判断该 s 是否仍然在 readfds 集合中，若是表明 s 可读，可立即从它上面读取数据：

```
if ( FD_ISSET( s , &fdread)
{
    //从套接字 s 中读取数据
}
```

使用 select 的好处是程序能够在单个线程内同时处理多个套接字连接，这避免了阻塞模式下的线程膨胀问题。但是，添加到 fd_set 结构的套接字数量是有限制的，默认情况下最大值是 FD_SETSIZE，它在 Winsock2. h 文件中定义为 64。为了增加套接字数量，应用程序可以将 FD_SETSIZE 定义为更大的值。不过，自定义的值也不能超过 Winsock 下层提供者的限制（通常是 1024）。另外，如果 FD_SETSIZE 的值太大，程序的性能将会受到影响。例如有 1000 个套接字，那么在调用 select 之前就不得不设置这 1000 个套接字，返回之后，又必须检查这 1000 个套接字。

5.3.2　WSAAsyncSelect（异步选择）模型

WSAAsyncSelect 模型也是一个常用的异步 I/O 模型，这个模型允许应用程序以 Windows 消息的形式接收网络事件通知。该模型的实现方法是通过调用 WSAAsyncSelect 函数自动将套接字设置为非阻塞模式，向 Winsock DLL 注册一个或多个感兴趣的网络事件，并提供一个通知时使用的窗口句柄，当注册的网络事件发生时，对应的窗口将收到一个基于消息的通知。许多对性能要求不高的网络应用程序都采用该模型。MFC 中 CSocket 类也使用了该模型。该函数声明如下：

int WSAAsyncSelect(SOCKET s , HWND hWnd, unsigned int wMsg, long lEvent) ;

其中，参数 s 是套接字句柄。参数 hwnd 用于标识一个在网络事件发生时需要接收消息的窗口句柄。参数 wMsg 指定当网络事件发生时窗口要接收到的消息，它是一个自定义的消息。参数 IEvent 为位屏蔽码，用于指明应用程序感兴趣的网络事件集合，它可由表 5 - 2 所列出的值组成。

表 5 - 2　函数 WSAAsyncSelect 的主要网络事件类型

事件类型	意义
FD_READ	接收读准备好的消息
FD_WRITE	接收写准备好的消息
FD_OOB	接收带外数据到达消息
FD_ACCEPT	接收有连接请求的消息
FD_CONNECT	接收已连接好的消息
FD_CLOSE	接收套接字关闭消息

若网络事件注册成功则返回 0。之后当套接字 s 上发生了一个已经注册的网络事件时,指定的窗口 hWnd 会接收到消息 wMsg,wParam 参数标示了网络事件发生的套接字,以便区分 hWnd 上注册的多个套接字,lParam 的低字节标示发生的网络事件,高字节则含有一个错误代码(若有的话)。

一个套接字的不同网络事件必须一次注册,不能对不同网络事件注册不同消息。如对套接字 s 注册读写准备好的消息,则须设置 lEvent 为 FD_READ|FD_WRITE,如下所示:

```
WSAAsyncSelect(s, hWnd, wMsg, FD_READ|FD_WRITE);
```

下面的代码将不会注册 FD_READ 网络事件,第二个调用将会使得第一个调用的作用失效,窗口 hWnd 只会通过 wMsg2 收到 FD_WRITE 网络事件。

```
WSAAsyncSelect(s, hWnd, wMsg1, FD_READ);
WSAAsyncSelect(s, hWnd, wMsg2, FD_READ);
```

需要注意的是,若应用程序针对一个套接字调用了 WSAAsyncSelect 函数,那么套接字的模式会从阻塞模式自动变成非阻塞模式,以后除非针对该套接字明确调用 closesocket 函数,或者再次调用了 WSAAsyncSelect 函数,从而更改注册的网络事件类型,否则事件通知总是有效。若将参数 lEvent 的值设为 0,则相当于停止在该套接字上进行的所有网络事件通知。

WSAAsyncSelect 模型有许多优点,最突出的是与 Windows 的消息驱动机制融在了一起,可以在系统开销不大的情况下同时处理多个套接字连接,使得开发带窗口界面的网络应用程序变得容易。缺点是,即使应用程序不需要窗口,例如服务或控制台程序,它也不得不额外使用一个窗口,同时用一个单窗口程序来处理成千上万的套接字中的所有事件,很可能成为性能瓶颈。

5.3.3　WSAEventSelect(事件选择)模型

Winsock 提供了另一种有用的异步事件通知 I/O 模型——WSAEventSelect 模型。这个模型与 WSAAsyncSelect 模型类似,允许应用程序在一个或者多个套接字上接收基于事件的网络通知。它与 WSAAsyncSelect 模型类似,是因为它也接收 FD_XXX 类型的网络事件,不过不是依靠 Windows 的消息驱动机制,而是经由事件对象句柄。使用 WSAEventSelect 模型要经过以下几步:

(1)创建一个事件对象。创建方法是使用 WSACreateEvent 函数,该函数声明如下:

```
WSAEVENT WSACreateEvent(void);
```

WSACreateEvent 函数的返回值就是一个创建好的事件对象句柄。该事件有两种工作状态:"有信号"(signaled)和"无信号"(nonsignaled),以及两种工作模式:"人工重设"(manual reset)和"自动重设"(auto reset)。默认状态下事件处于无信号的工作状态和人工重设模式。事件对象不再使用时,应调用 WSACloseEvent 函数来关闭事件,释放事件句柄使用的系统资源。

（2）将创建好的事件对象句柄与某个套接字关联在一起，同时注册感兴趣的网络事件，如表 5－2 所示。方法是调用 WSAEventSelect 函数，该函数声明如下：

int WSAEventSelect(SOCKET s, WSAEVENT hEventObject, long lNetworkEvents);

其中：参数 s 为套接字。参数 hEventObject 为指定要与 s 关联在一起的事件对象句柄。参数 lNetworkEvents 对应一个位掩码，用于指定感兴趣的各种网络事件的组合，可参见 WSAAsyncSelect 模型。

（3）等待网络事件触发事件对象，触发后进行 I/O 处理。方法是调用 WSAWaitForMultipleEvents 函数，该函数设计的宗旨是用来等待一个或多个事件对象，当有事件对象进入"有信号"状态或超过了一个规定的时间间隔后就立即返回。该函数声明如下：

DWORD WSAWaitForMultipleEvents(DWORD cEvents, const WSAEVENT FAR * lphEvents,

BOOL fWaitAll, DWORD dwTimeOUT, BOOL fAlertable);

其中：参数 lphEvents 为指向一个事件对象句柄数组的指针；参数 cEvents 指出 lphEvents 所指向数组中事件对象句柄的数目，事件对象句柄数组大小的最大值为 64；参数 fWaitAll 指定等待类型，若为 TRUE，则当 lphEvents 数组中所有事件对象同时有信号时函数返回，若为 FALSE，则当任意一个事件对象有信号时函数返回，返回值指出是哪一个事件对象触发信号。通常把该参数设为 FALSE，一次只为一个套接字事件提供服务；参数 dwTimeOUT 指定超时等待时间，当超时间隔到达时，无论 fWaitAll 参数所指定条件是否满足，函数立即返回。若 dwTimeOUT 为 0，函数会检测指定的事件对象的状态并立即返回。这样一来，应用程序便可实现对事件对象的"轮询"。考虑到会对性能造成影响，应尽量避免设为 0。若 dwTimeOUT 设为 WSA_INFINITE，那么只有在某一个事件对象有信号后才会返回。参数 fAlertable 在使用 WSAEventSelect 模型时应设为 FALSE。

得到发生网络事件的套接字后，接下来可调用 WSAEnumNetworkEvents 函数来检查该套接字上发生的网络事件。该函数声明如下：

int WSAEnumNetworkEvents (SOCKET s, WSAEVENT hEventObject, LPWSANETWORKEVENTS lpNetworkEvents);

其中：参数 s 标示发生网络事件的套接字；参数 hEventObject 是可选的，指定一个事件句柄，令其自动从"有信号"状态变为"无信号"状态；WSAResetEvent 函数可实现同样的功能。参数 lpNetworkEvents 是一个指向 WSANETWORKEVENTS 结构的指针，用于接收套接字上发生的网络事件类型以及可能发生的任何错误代码。

WSAEventSelect 模型简单易用，也不需要窗口环境。该模型唯一的缺点是有最多等待 64 个事件对象的限制，当套接字连接数量增加时，必须创建多个线程来处理 I/O。

5.3.4 Overlapped I/O(重叠 I/O) 模型

与前面其他的 I/O 模型相比，Overlapped I/O 模型使应用程序能达到更佳的系统性能。它的基本设计原理是让应用程序使用一个重叠的数据结构，一次投递一个或多个 Winsock

I/O 请求(即所谓的重叠 I/O),提交的 I/O 请求完成之后应用程序可为它们提供服务。Winsock 2 引入了重叠 I/O 的概念,并且要求所有的传输协议提供者都支持这一功能,该模型适用于除 Windows CE 之外的各种 Windows 平台。模型的设计以 Win32 的重叠 I/O 机制为基础,该机制可通过 ReadFile 和 WriteFile 两个函数来针对设备执行 I/O 操作。

要想使用重叠 I/O 模型,套接字必须使用 WSA_FLAG_OVERLAPPED 标志创建。如下所示:

s = WSASocket(AF_INET, SOCK_STREAM, 0, NULL, 0, WSA_FLAG_OVERLAPPED);

使用 socket 函数创建套接字时会默认设置该标志。成功建好套接字并将之绑定后便可进行重叠 I/O 操作。此时发送、接收等函数均应由 Winsock 2 中的 WSASend、WSARecv、WSASendTo、WSARecvFrom 等增强版本函数代替,每个函数都把 WSAOVERLAPPED 结构作为参数。若用 WSAOVERLAPPED 结构一起调用这些函数,函数会立即返回,而不管套接字是否设为阻塞模式。这些函数依赖于 WSAOVERLAPPED 结构来管理一个 I/O 请求的完成。应用程序有两种方法:等待事件对象通知(event object notification),或通过完成例程(completion routines)来对已经完成的重叠 I/O 请求进行处理。上述增强版本函数中还有一个常用的参数——WSAOVERLAPPED_COMPLETION_ROUTINE,指向一个可选的完成例程函数的指针,用于重叠请求完成后被执行。

(1)事件对象通知方法

重叠 I/O 的事件对象通知方法要求将 Windows 事件对象与 WSAOVERLAPPED 结构关联在一起。使用一个 WSAOVERLAPPED 结构进行重叠发送和接收时函数会立即返回。如果返回值是 0,则表明 I/O 操作已经完成,对应的操作指示也已经可以得到。如果返回值是 SOCKET_ERROR,并且错误代码是 WSA_IO_PENDING,则表明重叠 I/O 操作正在进行。稍后的某个时间,应用程序需要等候与 WSAOVERLAPPED 结构相关联的事件对象,判断某个重叠 I/O 请求何时完成。WSAOVERLAPPED 结构为重叠 I/O 请求的初始化及其后续的完成之间提供了一种通信媒介。该结构声明如下:

```
typedef struct _WSAOVERLAPPED
{
    DWORD Internal;
    DWORD InternalHigh;
    DWORD Offset;
    DWORD OffsetHigh;
    WSAEVENT hEvent;
} WSAOVERLAPPED, FAR  * LPWSAOVERLAPPED;
```

其中前四个变量 Internal、InternalHigh、Offset 和 OffsetHigh 由系统内部使用,应用程序不应该操作或者直接使用它们。变量 hEvent 允许应用程序为这个操作关联一个事件对象句柄。重叠I/O 的事件通知方法需要将 Windows 事件对象关联到上述的 WSAOVERLAPPED 结构。

一个重叠 I/O 请求最终完成后,在事件通知方法中 Winsock 会更改与一个

WSAOVERLAPPED 结构对应的一个事件对象的事件信号状态,将其从"无信号"变成"有信号"。由于事件对象已分配给 WSAOVERLAPPED 结构,所以只需简单地调用 WSAWaitForMultipleEvents 函数,即可判断一个重叠 I/O 调用在什么时候完成。该函数已在 5.3.3 节 WSAEventSelect(事件选择)模型中进行了介绍。

发现一次重叠请求完成之后,接着需要调用 WSAGetOverlappedResult(取重叠结果)函数,判断指定重叠调用到底是成功还是失败。该函数声明如下:

```
BOOL WSAGetOverlappedResult(SOCKET s, LPWSAOVERLAPPED lpOverlapped,
                    LPDWORD lpcbTransfer, BOOL fWait, LPDWORD lpdwFlags);
```

参数 s 用于指定在重叠操作开始的时候与之对应的那个套接字。参数 lpOverlapped 是一个指针,对应于在重叠操作开始时指定的那个 WSAOVERLAPPED 结构。参数 lpcbTransfer 指向一个 DWORD 变量,返回接收一次重叠 I/O 发送或者接收操作实际传输的字节数。参数 fWait 用于决定函数是否等待一次待决(未决)的重叠操作完成,若为 TRUE,那么除非操作完成,否则函数不会返回,若为 FALSE,而且操作仍然处于"待决"状态,那么函数会返回 FALSE 值,同时返回一个 WSA_IO_INCOMPLETE(I/O 操作未完成)错误。就目前的情况来说,由于需要等候重叠操作的一个有信号事件完成,所以该参数无论采用什么设置都不影响效果。参数 lpdwFlags 指向一个 DWORD 的指针,负责接收结果标志。

若 WSAGetOverlappedResult 函数调用成功,返回值是 TRUE。这就意味着重叠 I/O 操作已成功完成,而且由参数 lpcbTransfer 指向的值已进行了更新。若返回值是 FALSE,应用程序应检查到底是何种原因造成了调用失败。

(2)完成例程方法

完成例程其实就是一些函数,我们将这些函数传递给重叠 I/O 请求,以供重叠 I/O 请求完成时系统自动调用。它们的基本设计宗旨是通过调用者的线程为已完成的 I/O 请求提供服务。除此之外,应用程序可通过完成例程继续进行重叠 I/O 的处理。

如果希望用完成例程的方法为重叠 I/O 请求提供服务,应用程序必须为一个绑定 I/O 的 Winsock 函数指定一个完成例程,同时指定一个 WSAOVERLAPPED 结构。一个完成例程必须拥有下述函数原型:

```
void CALLBACKCompletionRoutine(DWORD dwError,DWORD cbTransferred,
                    LPWSAOVERLAPPED lpOverlapped,DWORD dwFlags);
```

用完成例程完成一个重叠 I/O 请求之后,参数中会包含下述信息:参数 dwError 表明了一个重叠操作的完成状态是什么;参数 cbTransferred 指定了在重叠操作期间实际传输的字节数;参数 lpOverlapped 指定的是传递到最初的 I/O 调用的一个 WSAOVERLAPPED 结构;参数 dwFlags 目前尚未使用,应为 0。

完成例程方法提交的重叠 I/O 请求与用事件对象通知方法提交的重叠 I/O 请求之间存在一个重要区别,即 WSAOVERLAPPED 结构的事件参数 hEvent 并未使用,也就是说,不可将一个事件对象同重叠请求关联在一起。

用完成例程方法发出一个重叠 I/O 调用,作为我们的调用线程,调用一旦完成之后,它必须为完成例程提供服务。这样一来,便要求我们将自己的调用线程置于一种"可警告的调用状态",并在 I/O 操作完成之后对完成例程加以处理。WSAWaitForMultiEvents 函数可用来将我们的线程置于一种可警告的等待状态。这样做的缺点是,我们还必须有一个事件对象可用于该函数。假定应用程序只用完成例程对重叠请求进行处理,便不可能有任何事件对象需要处理。作为一种变通方法,应用程序可用 SleepEx 函数将自己的线程置于一种可警告等待状态。当然,也可创建一个事件对象,不将它与任何东西关联在一起。假如调用线程经常处于繁忙状态,而且并不处在一种可警告的等待状态,就可能不会有投递的完成例程得到调用。SleepEx 函数的行为实际上和 WSAWaitForMultiEvents 函数差不多,只是它不需要任何事件对象。

重叠 I/O 模型能提供高性能套接字 I/O。在事件对象通知方法中使用重叠 I/O 的缺点也是每次最多只能等待 64 个事件。完成例程是一个不错的替代方式,但必须要确保投递完成操作的线程进入可警告的等待状态,以便使得完成例程能够圆满结束。同时还要确保完成例程不要做过量的运算。

5.3.5 Complete port(完成端口)模型

完成端口模型是最复杂的一种 I/O 模型,也是目前为止在性能和伸缩性方面表现最好的一个。从本质上说,完成端口模型要求我们创建一个 Win32 完成端口对象,通过指定数量的线程对重叠 I/O 请求进行管理,以便为已经完成的重叠 I/O 请求提供服务。所谓"完成端口"实际上是 Win32、Windows NT 以及 Windows 2000 采用的一种 I/O 构造机制,除了套接字句柄外还可接受其他句柄。

和完成端口相关联的套接字数目没有任何限制,而且仅需要少量线程为完成端口 I/O 进行服务。但因其设计复杂,只有在应用程序需要同时管理数百乃至上千个套接字的时候,且希望随着系统内安装的 CPU 数量增多而应用程序的性能也可线性提升的情况下,才考虑使用该模型。限于篇幅,这里不做详细介绍。

5.3.6 I/O 模型的问题

通过上述对各种 I/O 模型的介绍,关于如何挑选最适合自己应用程序的 I/O 模型,大家心中可能还有疑问。每种模型都有自己的优点和缺点,与开发一个简单的阻塞模式的应用程序(运行许多服务线程)相比,每种 I/O 模型都需要更为复杂的编程工作。因此,针对客户机和服务器应用程序的开发提供下述建议。

(1)客户机应用程序的开发

如果打算开发的客户机应用程序能够同时管理一个或多个套接字,那么建议采用重叠 I/O 模型或事件选择模型,以便在一定程度上提升性能。然而,假如开发的是一个以 Windows 为基础的应用程序,要进行窗口消息管理,那么因为异步选择模型本身便是从 Windows 信息模型借鉴来的,所以异步选择模型是一种更好的选择。选择该模型,程序一开始便具备了处理消息的能力。

(2)服务器应用程序的开发

若开发的是一个服务器应用程序,要在一个给定的时间同时控制多个套接字,建议采用重叠 I/O 模型,这也是从性能出发而考虑的。但是,如果预计到自己的服务器在任何给定的时间都会为大量 I/O 请求提供服务,应考虑使用 I/O 完成端口模型,从而获得更好的性能。

5.4　Visual C++ 中网络编程技术

Visual C++ 提供了多种多样的网络编程技术。既支持 Winsock 1.1 API,也支持 Winsock 2.2 API,同时,MFC 提供了两个类:CAsyncSocket 和 CSocket,对 Winsock API 进行了面向对象的封装以简化编程过程。为了使程序员在较高层次上建立 Internet 客户端应用程序,Visual C++ 在 Winsock 的基础上提供了 WinInet(Win32 Internet Function)网络编程接口,开发人员不必去了解 Winsock、TCP/IP 和特定 Internet 协议的细节就可以编写出高水平的 Internet 客户端程序。应用程序从 HTTP、Gopher 和 FTP 服务器读取信息就如同从本地硬盘中存取文件一样简单。同样,MFC 对 WinInet API 进行了封装,提供了 CInternetFile、CHttpFile 和 CGopher 等多个类。有关 WinInet 网络编程请参阅 MSDN。本节介绍 CAsyncSocket 类和 CSocket 类,并通过一个实例介绍 CSocket 类的使用。

5.4.1　CAsyncSocket 类

CAsyncSocket 类从 CObject 类派生出来,在非常低的级别上对 Winsock API 函数进行了封装,其成员函数都带有 Winsock API 的影子,并且其编程模型也大致相同。CAsyncSocket 类所提供的唯一抽象就是将与套接字相联系的 Windows 消息以回调函数的形式表示,因此它所带来的方便就是开发人员无需自行处理 Winsock 的 I/O 模型。

CAsyncSocket 类适合那些对网络通信细节很了解、希望利用回调函数的便利网络事件通知的开发人员。如果想利用 Winsock 方便处理 MFC 应用程序中的多个网络协议,又不想放弃灵活性,可以使用 CAsyncSocket 类,但必须自己处理阻塞、字节序的差异和 Unicode 与多字节字符集(MBCS)的转换。

CAsyncSocket 类包含有数据成员、构造函数、属性函数、操作函数和消息回调函数。其中数据成员 m_hSocket 用来保存类所关联的套接字句柄。操作函数封装了 Winsock 函数中的基本 Winsock 函数和数据传输函数,名字与功能都相对应。属性函数封装了 Winsock 函数中的网络信息查询函数。构造函数包含一个构造函数和一个 Create 函数。构造函数只构造一个空的套接字对象,构造该对象后必须调用 Create 函数以创建套接字句柄,并将其绑定到指定地址。Create 函数的原型为:

```
BOOL Create( UINT nSocketPort = 0, int nSocketType = SOCK_STREAM,
        long lEvent = FD_READ|FD_WRITE|FD_OOB|FD_ACCEPT|FD_CONNECT|FD_CLOSE,
        LPCTSTR lpszSocketAddress = NULL );
```

参数 nSocketPort 用于指定套接字使用的端口号,若为 0 则由 Winsock 选择端口。参数 nSocketType 用于指定套接字类型。参数 lEvent 用于注册感兴趣的网络事件,其取值见表 5-2。lpszSocketAddress 用于指定套接字的网络地址。

CAsyncSocket 类通过提供消息回调函数封装对 Winsock I/O 模型的处理,消息回调函数包括 OnAccept、OnClose、OnConnect、OnOutOfBandData、OnReceive、OnSend,它们能够向应用程序通告套接字事件的发生。消息回调函数都定义为虚函数,可在派生类中进行重载。函数都带有一个 int 参数 nErrorCode,用于返回套接字最近的错误。这些可重载的消息回调函数功能如表 5-3 所示。

表 5-3　CAsyncSocket 的消息回调函数

函数	说明
OnAccept	通知侦听的 Socket 它可以接收连接请求
OnClose	通知 Socket,和它相连的 Socket 已经关闭
OnConnect	通知正在连接的 Socket,连接尝试已经完成,或者成功或者失败
OnOutOfBandData	通知正在接收数据的 Socket,有紧急数据(OOB)到达
OnReceive	通知 Socket 有数据到达,可以调用 Receive 函数去接收数据
OnSend	通知 Socket,可以调用 Send 函数发送数据

5.4.2　CSocket 类

CSocket 类继承于 CAsyncSocket 类,是 Winsock API 的高层抽象。CSocket 通常与 CSocketFile 类和 CArchieve 类一起完成对发送数据和接收数据的管理。CSocket 提供了阻塞式的访问方式,这一点对于 CArchive 的同步操作是必需的。类成员的阻塞函数,如 Receive( )、Send( )、ReceiveFrom( )、SendTo 和 Accept( )不会像 Winsock 中的函数一样返回 WSAEWOULDBLOCK 错误,这些函数会自己等待直到操作完成。如果在这些阻塞的函数等待的时候,应用程序调用了 CancelBlockingCall 函数,那么这些阻塞函数将会停止等待并返回一个 WSAEINTR 的错误。

1. CSocket 类的组成

CSocket 类在 CAsyncSocket 类的基础上重载了构造函数中 Create 函数,新增了 3 个属性函数、1 个操作函数和 1 个消息回调函数。使用 CSocket 对象与 CAsyncSocket 对象一样,首先调用构造函数,然后调用 Create 函数创建一个套接字句柄。Create 函数的原型为:

```
BOOL Create( UINT nSocketPort = 0, int nSocketType = SOCK_STREAM,
        LPCTSTR lpszSocketAddress = NULL);
```

其参数说明与父类中 Create 函数的参数说明一样,省略了 lEvent 参数。Create 函数缺省创建一个流套接字。其功能通过调用父类的 Create 函数实现,代码如下:

```
{
return CAsyncSocket::Create(nSocketPort, nSocketType,
            FD_READ|FD_WRITE|FD_OOB|FD_ACCEPT|FD_CONNECT|FD_
            CLOSE, lpszSocketAddress);
}
```

其他新增的函数及功能如表 5-4 所示。

表 5-4 CSocket 的函数

函数	功能说明
IsBlocking	用于确定是否有正在执行的阻塞调用
FromHandle	用于从给定的套接字句柄得到相应的 CSocket 对象指针
Attach	用于将一个套接字句柄与 CSocket 对象关联
CancelBlockingCall	用于取消正在进行的阻塞调用
OnMessagePending	虚拟回调函数,当等待某阻塞操作完成时自动被 CSocket 类调用,以便于程序处理其他消息

2. CSocket 编程模型

使用 CSocket 涉及 CArchive 和 CSocketFile 类象。下面是使用 CSocket 对象进行客户端和服务器端通信的一般编程模型,它只适用于流套接字,数据报套接字不能使用 CArchive 类,具体的编程步骤如图 5-7 所示。

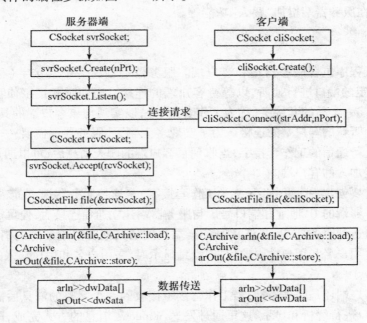

图 5-7 CSocket 编程模型

(1)调用 AfxSocketInit( )初始化 Winsock。

(2)分别构造客户端和服务器端 CSocket 对象,并使用对象的 Create 函数创建套接字句柄。与 CAsyncSocket 一样,服务器端创建套接字句柄时需要指定端口号。

(3)服务器端调用 Listen 成员函数开始侦听客户端的连接请求,而客户端可以调用 Connect 成员函数向服务器端请求连接。当服务器端侦听到客户端的连接请求时,创建一个新的套接字,并将其传递给 Accept 成员函数以接收客户端的连接请求。

(4)为服务器端和客户端的套接字对象分别创建一个与之相联系的 CSocketFile 对象。

(5)为服务器端和客户端的 CSocketFile 对象创建一个或多个与之相联系的 CArchive 对象,以进行数据的发送和接收。CArchive 对象只能单向传递数据,即载入(接收)或存储(发送)。一般情况下,用户必须使用两个 CArchive 对象,一个进行数据发送,一个进行数据接收。

(6)使用 CArchive 对象在客户端和服务器端套接字之间传送数据。

(7)任务执行完成后,销毁 CArchive、CSocketFile 和 CSocket 对象。

5.5 Visual C++网络编程实例

作为实例,我们使用 CSocket 类实现一个简单的网络聊天室程序。程序可作为服务器端,也可作为客户端。可以在一台或多台机器上同时启动多个客户端来连接服务器端,实现多个人在线聊天。开发工具为 Visual C++ 6.0。读者可以在本程序的基础上完善和扩展本程序的功能。如设置消息显示的字体和颜色,增加消息的目标用户实现客户端之间的悄悄话,在服务器端增加"踢人"功能等。

5.5.1 概述

网络聊天程序包含服务器端和客户端。服务器端创建一个套接字(称为侦听套接字)来打开指定的端口进行侦听,以等待客户端的连接。当侦听套接字侦听到某客户端的连接后,创建一个新的套接字(称为工作套接字),以实现与该客户端的具体通信,侦听套接字继续侦听新的客户端的连接。为了实现多人聊天,服务器端需要一个链表来保存与各客户端进行通信的工作套接字,当收到某客户端的聊天消息后,可以通过该链表将消息发送给已经加入的客户端。

客户端需要创建一个套接字(称为工作套接字)来连接服务器端,在该工作套接字中需要指定服务器端的 IP 地址和端口号。与服务器端建立通信连接后,便可通过该工作套接字将消息发送到服务器端,并将从服务器端收到的其他客户端发送的消息显示出来。这里消息包含用户名和用户输入的信息,消息显示时,在用户名和用户输入的信息之间添加了一个冒号。

不管是客户端还是服务器端,当工作套接字接收到一个完整的消息后需要告知父窗口,以便父窗口进行解析和显示,这里通过发送 Windows 消息的方式完成,即向指定的窗口句柄发送一条用户自定义的消息。同样,服务器端的侦听套接字侦听到一个客户端的连接时,也是向父窗口发送了一条自定义的 Windows 消息,以便父窗口进行处理。

系统界面如图 5-8 所示,包含 1 个服务器端和 2 个客户端。其中服务器端侦听和客户端连接的端口号为 8888,服务器端 IP 地址是通过网络信息查询函数获取的本机地址。

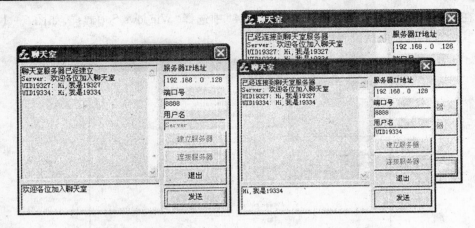

<table>
<tr><td>服务器端</td><td>2 个客户端</td></tr>
</table>

图 5 – 8　基于 CSocket 的网络聊天室

5.5.2　创建项目框架

使用 MFC AppWizard(exe)新建一个基于对话框的应用程序,项目名称为 ChatRoom,如图 5 – 9、图 5 – 10 所示。

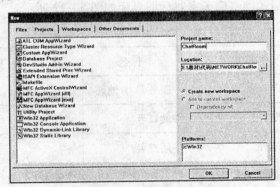

图 5 – 9　创建项目框架

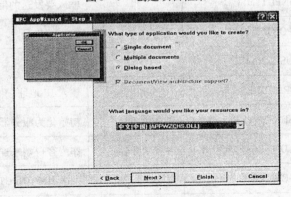

图 5 – 10　对话框应用程序

在对话框"MFC AppWizard – Step 2 of 4"中选择"Windows Sockets",如图 5 – 11 所示。其余对话框按默认设置即可。

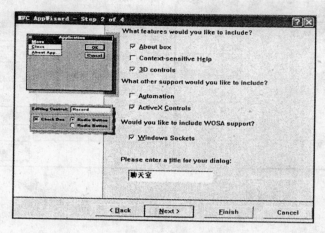

图 5 – 11　网络支持

在 ResoureView 中打开 IDD_CHATROOM_DIALOG 对话框,添加 3 个 Static Text 控件、4 个 Edit 控件、1 个 IP 地址控件和 4 个 Button 控件。各个控件的类型、ID 及其说明如表 5 – 5 所示。设计完成后的网络聊天室对话框界面如图 5 – 12 所示。

表 5 – 5　对话框的资源

资源类型	资源 ID	标题	功　能
标签	IDC_STATIC	服务器 IP 地址	
标签	IDC_STATIC	端口号	
标签	IDC_STATIC	用户名	
编辑框	IDE_SHOW_MSG		显示聊天信息(设为只读,多行)
编辑框	IDE_INPUT_MSG		输入要发送的信息
编辑框	IDE_PORT		输入端口号
编辑框	IDE_USERNAME		输入用户名
IP 控件	IDE_IPADDRESS		输入 IP 地址
按钮	IDB_SETSERVER	建立服务器	初始化为服务器端
按钮	IDB_CONNECTSERVER	连接服务器	作为客户端来连接服务器
按钮	IDB_SEND_MSG	发送	发送 IDE_INPUT_MSG 中消息
按钮	IDOK	退出	释放资源,退出程序

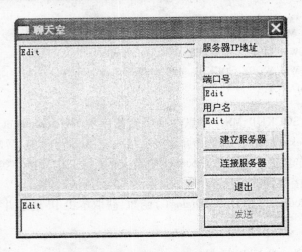

图 5 - 12　网络聊天室对话框界面

创建类 CChatRoomDlg 中与对话框中控件相关联的变量,这些变量通过 ClassWizard 工具添加,表 5 - 6 列出了添加变量的名称、类型、关联的控件 ID 及其意义。

表 5 - 6　控件关联的变量

资源 ID	变量类型	关联变量	说明
IDE_INPUT_MSG	CString	m_sInputMsg	待发送的信息
IDE_IPADDRESS	CIPAddressCtrl	m_IPAddressCtrl	IP 地址控件
IDE_PORT	UINT	m_nPort	端口号
IDE_SHOW_MSG	CString	m_sShowMsg	显示的消息
IDE_USERNAME	CString	m_UserName	用户名

创建类 CChatRoomDlg 中消息映射函数和两个用于向父窗口告知接收到网络消息的自定义消息映射函数。消息映射函数通过 Class Wizard 工具的 MessageMap 标签添加。表 5 -7 给出了四个按钮的消息映射函数。

表 5 - 7　消息映射函数

资源 ID	消息	消息映射函数	说明
IDB_SEND_MSG	BN_CLICKED	OnSendMsg	响应按钮单击
IDB_SETSERVER	BN_CLICKED	OnSetServer	响应按钮单击
IDB_CONNECTSERVER	BN_CLICKED	OnConnectServer	响应按钮单击
IDOK	BN_CLICKED	OnOK	响应按钮单击

两个自定义消息的消息映射函数需手动添加。代码如下:

```
BEGIN_MESSAGE_MAP( CChatRoomDlg, CDialog)
  //||AFX_MSG_MAP( CChatRoomDlg)
```

```
    ......
    //}}AFX_MSG_MAP
    ON_MESSAGE(WM_LISTEN_SOCKET_MSG,OnListenSocketProc)
    ON_MESSAGE(WM_WORK_SOCKET_MSG,OnWorkSocketProc)
END_MESSAGE_MAP()
```

其中,WM_LISTEN_SOCKET_MSG 消息在侦听套接字类 CListenSocket 中定义的(见侦听套接字类 CListenSocket),用于处理侦听套接字接收到 Accept 信息,WM_WORK_SOCKET_MSG 消息是在工作套接字类 CWorkSocket 中定义的(见工作套接字类 CWorkSocket),用于处理工作套接字接收到的信息。

重载类 CChatRoomDlg 的 OnInitDialog() 函数,获取本机 IP 地址并初始化 IP 地址、端口和用户名:

```
BOOL CChatRoomDlg::OnInitDialog()
{
    CDialog::OnInitDialog();
    // ......
    m_bClient = FALSE;
    m_bServer = FALSE;

    CString name;
    BYTE f0,f1,f2,f3;
    GetLocalHostName(name);
    GetIpAddress(name,f0,f1,f2,f3);
    m_IPAddressCtrl.SetAddress(f0,f1,f2,f3);

    srand((unsigned)time(NULL));
    m_UserName.Format("UID%d",rand());
    m_nPort = 8888;

    UpdateData(FALSE);

    return TRUE; // return TRUE unless you set the focus to a control
}
```

GetLocalHostName() 和 GetIpAddress() 是自定义的全局函数,分别通过调用 Winsock 的网络信息查询函数获得本地计算机的名称和本地 IP。定义如下:

```
int GetLocalHostName(CString &sHostName)//获得本地计算机名称
{
    char szHostName[256];
    int nRetCode;
    nRetCode = gethostname(szHostName,sizeof(szHostName));
    if(nRetCode!=0)
```

```
        {
            sHostName = _T("获得本地计算机名称出错!");
            return GetLastError();
        }
        sHostName = szHostName;
        return 0;
    }

    //获得本地 IP
    int GetIpAddress(const CString &sHostName, BYTE &f0, BYTE &f1, BYTE &f2, BYTE &f3)
    {
        struct hostent FAR * lpHostEnt = gethostbyname(sHostName);
        if(lpHostEnt == NULL)//产生错误
        {
            f0 = f1 = f2 = f3 = 0;
            return GetLastError();
        }
        //获取 IP
        LPSTR lpAddr = lpHostEnt -> h_addr_list[0];
        if(lpAddr)
        {
            struct in_addr inAddr;
            memmove(&inAddr, lpAddr, 4);
            f0 = inAddr. S_un. S_un_b. s_b1;
            f1 = inAddr. S_un. S_un_b. s_b2;
            f2 = inAddr. S_un. S_un_b. s_b3;
            f3 = inAddr. S_un. S_un_b. s_b4;
        }
        return 0;
    }
```

至此,聊天室系统的项目框架创建完毕,图 5 - 13 所示是系统运行界面。下面通过在项目中创建消息类 CMessage、侦听套接字类 CListenSocket 和工作套接字类 CWorkSocket 以及添加对应类的对象来实现网络通信。

5.5.3　网络编程

由于使用 ClassWizard 创建项目框架时包含了网络支持(见图 5 - 11),系统自动在项目中包含了与 Winsock 有关的头文件、库文件,并在 InitInstance 函数中调用了 AfxSocketInit 函数来初始化 Winsock。

使用 CSocket 对象一般涉及 CArchive 和 CSocketFile 类,故在设计应用程序时需从 CSocket 类派生出一个派生类,在派生类中封装类 CArchive 和类 CSocketFile 的对象。本

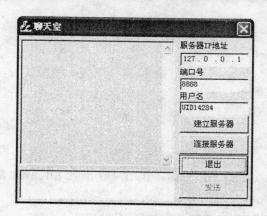

图 5 – 13　聊天室界面

实例中派生了两个派生类 CListenSocket 和 CWorkSocket。前者用于在服务器端进行套接字侦听,后者用于在客户端和服务器端之间进行网络通信,其中包含了两个类 CArchive 的对象和一个类 CSocketFile 的对象。

同时,为了便于程序扩展,将网络聊天消息进行了封装,定义了类 CMessage。读者可以通过该类的成员数据来完善和扩展本程序的功能,如通过增加字体和颜色数据成员来设置消息显示的字体和颜色,增加消息的目标用户实现悄悄话等。

1. 消息类 CMessage

CScoket 借助类 CSocketFile 和类 CArchive 的串行化技术,使得发送和接收网络数据就像普通数据的串行化一样简单。对发送或接收的消息封装到一个可以串行化的消息类(CMessage)是有必要的。使用类 CMessage,消息的发送和接收只需使用流操作符对数据进行存取即可。消息类 CMessage 定义如下:

```
class CMessage
{
public:
    CMessage( CString strUser = "" , CString strText = "" );
    void Serialize( CArchive &ar );

public:
    CString m_strUser;
    CString m_strText;
};
```

其中,m_strUser 为发送消息的用户名,m_strText 为发送的消息内容。类的构造函数定义如下:

```
CMessage::CMessage( CString strUser, CString strText)
{
```

```
      m_strUser = strUser;
      m_strText = strText;
}
```

Serialize 函数的源代码如下：

```
void CMessage::Serialize( CArchive &ar)
{
    if ( ar. IsStoring( ) )
    {
      ar << m_strUser << m_strText;
      ar. Flush( );
    }
    else
    {
      ar >> m_strUser >> m_strText;
    }
}
```

2. 侦听套接字类 CListenSocket

类 CListenSocket 是从类 CSocket 派生出来的，用于服务器端侦听客户端的连接请求。类 CListenSocket 增加了两个成员数据 m_pWnd 和 m_uPort 和初始化函数 Init，同时重载了基类的 OnAccept 函数。类定义如下：

```
#pragma once
#define WM_LISTEN_SOCKET_MSG ( WM_USER + 1) //自定义消息

class CListenSocket : public CSocket
{
public:
    CWnd * m_pWnd;//消息接收窗口
    UINT m_uPort;//侦听端口号

public:
    CListenSocket( ) { m_pWnd = NULL; m_uPort = 0; }
    virtual  ~CListenSocket( ) { }

    BOOL Init( UINT port, CWnd * pWnd); //初始化函数

    // ClassWizard generated virtual function overrides
    //{{AFX_VIRTUAL( CListenSocket)
public:
    virtual void OnAccept( int nErrorCode);
    //}}AFX_VIRTUAL
};
```

初始化函数 Init 中调用 Create 函数在指定端口创建套接字句柄,然后调用 Listen 函数开始侦听。

```
BOOL CListenSocket::Init( UINT port, CWnd * pWnd)
{
  m_uPort = port;
  m_pWnd = pWnd;

  if( Create( m_uPort) == FALSE)
  {
    AfxMessageBox("Server Socket Create Error");
    return FALSE;
  }
  if( Listen( ) == FALSE)
  {
    AfxMessageBox("Server Listen Error");
    return FALSE;
  }

  return TRUE;
}
```

重载函数 OnAccept 用于当侦听套接字侦听到有连接请求时,发送一条自定义的消息到指定的窗口中,由该窗口进行处理,详见 5.5.3 节中关于处理客户端连接请求部分的内容。

```
void CListenSocket::OnAccept( int nErrorCode)
{
  if (m_pWnd)
    m_pWnd -> SendMessage( WM_LISTEN_SOCKET_MSG, nErrorCode, (LPARAM) this);

  CSocket::OnAccept( nErrorCode);
}
```

3. 工作套接字类 CWorkSocket

类 CWorkSocket 是从类 CSocket 派生出来的,用于在客户端和服务器端之间进行网络通信。类中封装了 CSocketFile 类和 CArchieve 类对象,以进行数据的发送和接收。类中定义了两个成员函数 Init 和 SengMsg,前者用于初始化 CSocketFile 类和 CArchieve 类的对象,后者用于发送 CMessage 消息。同时重载了 OnReceive 函数。类 CWorkSocket 的定义如下:

```
#pragma once

#define WM_WORK_SOCKET_MSG (WM_USER+2)//自定义消息
```

```
class CWorkSocket : public CSocket
{
public：
    CArchive * m_pArIn；//用于接收
    CArchive * m_pArOut；//用于发送
    CsocketFile * m_pFile；//套接字文件

    CWnd * m_pWnd；//消息接收窗口

public：
    CWorkSocket( )；
    virtual ~CWorkSocket( )；

    void Init( CWnd * pWnd)；
    BOOL SendMsg( CMessage * msg)；

public：
    // ClassWizard generated virtual function overrides
    //{{AFX_VIRTUAL( CWorkSocket)
    public：
    virtual void OnReceive( int nErrorCode)；
    //}}AFX_VIRTUAL

    // Generated message map functions
    //{{AFX_MSG( CWorkSocket)
        // NOTE - the ClassWizard will add and remove member functions here.
    //}}AFX_MSG
};
```

在类的构造函数中将变量值初始化为空,在 Init 函数中分别创建三个对象,在析构函数中对创建的对象进行释放。

```
CWorkSocket::CWorkSocket( )
{
    m_pArIn = NULL；
    m_pArOut = NULL；
    m_pFile = NULL；
    m_pWnd = NULL；
}

void CWorkSocket::Init( CWnd * pWnd)
{
    m_pFile = new CSocketFile( this)；
    m_pArIn = new CArchive( m_pFile, CArchive::load)；//接收网络数据
```

```
    m_pArOut = new CArchive( m_pFile,CArchive::store);  //发送网络数据

    m_pWnd = pWnd;  //接收自定义消息的窗口
}

CWorkSocket::~CWorkSocket()
{
    if( m_pArIn)
    {
        delete m_pArIn;
        m_pArIn = NULL;
    }
    if( m_pArOut)
    {
        delete m_pArOut;
        m_pArOut = NULL;
    }
    if( m_pFile)
    {
        delete m_pFile;
        m_pFile = NULL;
    }
    Close();
}
```

OnReceive 函数用于串行化接收 CMessage 消息，并在成功接收后发送自定义消息 WM_WORK_SOCKET_MSG 到指定窗口以便处理。指定窗口接收到该自定义消息时，对于客户端而言，只需解析该 CMessage 消息并进行显示，对服务器端而言，除了解析显示外，还需要将该消息发送到其他连接的客户端，详见 5.5.3 节接收消息方面的内容。

```
void CWorkSocket::OnReceive( int nErrorCode)
{
    CSocket::OnReceive( nErrorCode);
    do
    {
        CMessage msg;

        msg.Serialize( * m_pArIn);
        if (m_pWnd)
            m_pWnd -> SendMessage( WM_WORK_SOCKET_MSG,( WPARAM)this,( LPARAM)&msg);
    } while (!m_pArIn -> IsBufferEmpty());
}
```

SendMsg 函数利用类 CArchive 的串行化技术将 msg 发送到网络中。

```
BOOL CWorkSocket::SendMsg(CMessage * msg)
{
    if (m_pArOut)
    {
        msg -> Serialize( * m_pArOut);
        return TRUE;
    }

    return FALSE;
}
```

4. 创建套接字对象

在类 CChatRoomDlg 中(ChatRoomDlg. h/CPP)增加用于通信的套接字对象。一个用于服务器端监听的侦听套接字类的对象 m_ListenSocket,一个用于客户端收发的工作套接字类的对象 m_WorkSocket。当服务器端侦听并接受到客户端的连接请求时,动态创建工作套接字对象,并保存到链表 m_AcceptedSocketList 中,详情见 5.5.3 节关于处理客户端连接请求方面的内容。同时在类中包含两个布尔变量 m_bClient 和 m_bServer,用于保存程序是以客户端登录或是以服务器端登录。头文件 ChatRoomDlg. h 的定义如下:

```
#pragma once

#include "ListenSocket. h"
#include "WorkSocket. h"

/////////////////////////////////////////////////////////////////////////////
//CChatRoomDlg dialog

class CChatRoomDlg : public CDialog
{
    // Construction
public:
    CChatRoomDlg(CWnd * pParent = NULL);// standard constructor

    // Dialog Data
    //{{AFX_DATA(CChatRoomDlg)
    enum { IDD = IDD_CHATROOM_DIALOG };
    CIPAddressCtrlm_IPAddressCtrl;
    CStringm_sInputMsg;
    CStringm_sShowMsg;
    UINTm_nPort;
    CStringm_UserName;
```

```
    //}}AFX_DATA

    // ClassWizard generated virtual function overrides
    //{{AFX_VIRTUAL( CChatRoomDlg)
protected：
    virtual void DoDataExchange( CDataExchange * pDX)；// DDX/DDV support
    //}}AFX_VIRTUAL

public：
    CWorkSocket m_WorkSocket；//收发 SOCKET
    CListenSocket m_ListenSocket；//监听 SOCKET
    CPtrList m_AcceptedSocketList；//服务器端与客户端连接的 SOCKET 列表

    BOOL m_bClient；//是否客户端
    BOOL m_bServer；//是否服务器端

    // Implementation
protected：
    HICON m_hIcon；

    // Generated message map functions
    //{{AFX_MSG( CChatRoomDlg)
    virtual BOOL OnInitDialog( )；
    virtual void OnOK( )；
    afx_msg void OnSysCommand( UINT nID, LPARAM lParam)；
    afx_msg void OnPaint( )；
    afx_msg HCURSOR OnQueryDragIcon( )；
    afx_msg void OnSendMsg( )；
    afx_msg void OnSetServer( )；
    afx_msg void OnConnectServer( )；
    afx_msg LRESULT OnListenSocketProc( WPARAM wParam, LPARAM lParam)；
    afx_msg LRESULT OnWorkSocketProc( WPARAM wParam, LPARAM lParam)；
    //}}AFX_MSG
    DECLARE_MESSAGE_MAP( )
};
```

5. 建立服务器

侦听套接字类 CListenSocket 用于服务器端与侦听客户端的连接请求。建立服务器时，通过服务器端监听的侦听套接字类的对象 m_ListenSocket 来实现，调用初始化函数 Init 在指定端口创建套接字句柄，并设置侦听客户端的连接请求状态。若初始化成功，设置 m_bServer 为 TRUE，表明程序是以服务器端运行的，可以接收客户端的连接请求，同时禁用"建立服务器"、"连接服务器"按钮。

```
void CChatRoomDlg::OnSetServer()
{
    UpdateData(TRUE);

    if(m_ListenSocket.Init(m_nPort,this))
    {
        m_bServer = TRUE;
        m_UserName = "Server";
        GetDlgItem(IDB_SETSERVER) -> EnableWindow(FALSE);
        GetDlgItem(IDB_CONNECTSERVER) -> EnableWindow(FALSE);
        GetDlgItem(IDE_USERNAME) -> EnableWindow(FALSE);
        GetDlgItem(IDB_SEND_MSG) -> EnableWindow(TRUE);

        m_sShowMsg += "聊天室服务器已经建立\r\n";
        UpdateData(FALSE);
    }
}
```

6. 连接服务器

若程序以客户端运行,需要通过"连接服务器"按钮来连接服务器。连接服务器时,通过用于客户端收发的工作套接字类的对象 m_WorkSocket 来实现。先调用 Create 函数创建套接字句柄,这里未指定端口号,使用的是缺省参数值 0,意味着系统自动选择端口号;然后调用 Connect 函数来连接服务器,参数值是指服务器端的 IP 和端口;最后调用 Init 函数对 m_WorkSocket 对象进行初始化,将当前窗口设置为消息接收窗口,若初始化成功,设置 m_bClient 为 TRUE,表明程序是以客户端运行的,可以与服务器端收发消息,同时禁用"建立服务器"、"连接服务器"按钮。

```
void CChatRoomDlg::OnConnectServer()
{
    UpdateData(TRUE);

    BYTE f0,f1,f2,f3;
    CString ip;
    m_IPAddressCtrl.GetAddress(f0,f1,f2,f3);
    ip.Format("%d.%d.%d.%d",f0,f1,f2,f3);

    m_WorkSocket.Create();
    BOOL bRet;

    if(bRet = m_WorkSocket.Connect(ip,m_nPort))
    {
        m_WorkSocket.Init(this);
```

```
    m_bClient = TRUE;
    GetDlgItem( IDB_SETSERVER ) -> EnableWindow( FALSE );
    GetDlgItem( IDB_CONNECTSERVER ) -> EnableWindow( FALSE );
    GetDlgItem( IDB_SEND_MSG ) -> EnableWindow( TRUE );

    m_sShowMsg += "已经连接到聊天室服务器\r\n";
    UpdateData( FALSE );
  }
  else
  {
    m_sShowMsg += "无法连接聊天室服务器\r\n";
    UpdateData( FALSE );
  }
}
```

7. 处理客户端连接请求

服务器端侦听套接字重载了函数 OnAccept,当侦听到客户端的连接请求时,发送一条自定义的消息到指定的窗口中,由该窗口进行处理。这里指定的窗口是 CChatRoomDlg,并通过自定义消息映射函数映射到 OnListenSocketProc( ) 函数(见 5.5.2 节创建项目框架的相关内容),其中 lParam 为发送消息的 ClistenSocket 对象的指针。

在函数中首先将 lParam 强制类型转换为 CListenSocket 的指针,然后动态创建一个指向的 pClientSocket 工作套接字对象,再调用侦听套接字中 Accept 函数建立与请求连接的客户端 Socket 的连接,以便与该客户端通信,连接建立成功后对该工作套接字进行初始化,最后将 pClientSocket 加入 m_AcceptedSocketList 中,后者是 MFC 中定义的指针列表,用来保存服务器端与客户端连接的 SOCKET 列表。

```
//处理 ListenSocket 接收到的 Accept 信息
LRESULT CChatRoomDlg::OnListenSocketProc( WPARAM wParam, LPARAM lParam )
{
  CListenSocket * pListenSocket = ( CListenSocket * )lParam;

  CWorkSocket * pClientSocket = new CWorkSocket( );
  if ( pListenSocket -> Accept( * pClientSocket ) )
  {
    pClientSocket -> Init( this );
    m_AcceptedSocketList. AddTail( pClientSocket );
  }
  else
    delete pClientSocket;

  return 0;
}
```

8. 发送消息

消息的发送是通过构建 CMessage 对象实现的。根据用户名和输入的要求发送的信息创建一个 CMessage 对象,然后作为参数调用 m_WorkSocket 的 SendMsg( )函数来发送。

需要注意的是,由于这里采用的是会话通信模型,SCOKET 之间只能一对一进行通信。当多个客户端连接到服务器时,服务器端需要遍历 m_AcceptedSocketList,依次调用其中的每个工作套接字的 SendMsg( )函数,从而实现服务器端到每个客户端的群发。

```
void CChatRoomDlg::OnSendMsg( )
{
  UpdateData(TRUE);

  if (m_sInputMsg. GetLength( ) ==0)
  {
    m_sShowMsg +="请输人聊天内容\r\n";
    UpdateData(FALSE);
    return ;
  }

  CMessage msg(m_UserName,m_sInputMsg);

  if (m_bClient) //若是客户端,发送到服务器
    m_WorkSocket. SendMsg(&msg);

  if (m_bServer) //若是服务器端,发送到已加入的客户端
  {
    for(POSITION pos = m_AcceptedSocketList. GetHeadPosition( );pos!= NULL;)
    {
    CWorkSocket ∗ pSocket = (CWorkSocket ∗ )m_AcceptedSocketList. GetNext(pos);
    pSocket -> SendMsg(&msg);
    }
  }

  m_sShowMsg += m_UserName;
  m_sShowMsg +=" : ";
  m_sShowMsg += m_sInputMsg;
  m_sShowMsg +=" \r\n";

  UpdateData(FALSE);
}
```

9. 接收消息

由于在工作套接字 CWorkSocket 中对消息接收进行了封装处理,只有串行化接收到一条完整的 CMessage 时,才发送一条自定义消息到指定的 CChatRoomDlg 窗口,因此接收

消息的处理比较简单,只需解析 CMessage 的内容并进行处理即可。若是服务器端接收消息,则通过遍历 m_AcceptedSocketList 将消息进行转发。

```
LRESULT CChatRoomDlg::OnWorkSocketProc( WPARAM wParam, LPARAM lParam)
{
  CWorkSocket * pCSocket = ( CWorkSocket * )wParam;
  CMessage * pMsg = ( CMessage * )lParam;

  m_sShowMsg += pMsg -> m_strUser;
  m_sShowMsg += " : ";
  m_sShowMsg += pMsg -> m_strText;
  m_sShowMsg += " \r\n";
  UpdateData( FALSE);

  if ( m_bServer) //若是服务器端,将收到的消息发送到已加入的客户端
  {
    for( POSITION pos = m_AcceptedSocketList. GetHeadPosition( ); pos != NULL; )
    {
      CWorkSocket * pSocket = ( CWorkSocket * )m_AcceptedSocketList. GetNext( pos);

      if ( pSocket != pCSocket)
        pSocket -> SendMsg( pMsg);
    }
  }
  return 0;
}
```

小 结

随着计算机网络技术的快速发展,各种网络应用大量涌现出来。网络编程就是利用网络编程接口编写网络应用程序,实现网络应用间的信息交互功能。通过网络编程,才能在更深的层次去理解网络通信协议的工作原理,并在此基础上进行各种网络应用程序的开发。

开放系统互连参考模型(OSI)是一个多层的通信协议,既定义了相邻层之间的接口关系,又定义了不同网络实体在相同层之间的网络通信协议关系。TCP/IP 模型是一个工业标准的协议套件,对应一个四层概念模型:应用层、传输层、网际层和网络接口层,每层对应 OSI 模型中的一层或几层。

无论是 OSI 模型还是 TCP/IP 模型,理论上,在体系结构中的任何一层上都能提供应用程序的编程接口,但在完整的计算机网络系统中,仅提供了基于网络操作系统之上的编程接口。常用的网络编程接口包括基于 NetBIOS 的网络编程、基于 Winsock 的网络编程、直接网络编程和基于物理设备的网络编程。

网络应用程序的体系结构与网络的拓扑结构相关,现有的主要网络应用系统的结构包括客户机/服务器结构、P2P 结构以及这两种结构的混合结构。

Winsock 是 Windows 环境下网络编程的标准接口,也是协议无关的接口,它允许两个或多个网络应用程序在相同机器上或者不同机器上通过网络进行信息交互。因为 Winsock 要兼容多个协议,所以使用了通用的寻址方式。

Winsock 分别提供了套接字模式和套接字 I/O 模型对套接字上的 I/O 操作进行管理。其中套接字模式决定了 Winsock 函数进行套接字调用时的行为,套接字 I/O 模型描述了如何对套接字上的 I/O 进行管理及操作。Winsock 提供了两种套接字模式:阻塞模式和非阻塞模式。默认的情况下为阻塞模式,在 I/O 操作完成前执行操作的 Winsock 函数会一直等待下去。这就意味着任一个线程在某一时刻只能执行一个 I/O 操作,而且应用程序很难同时通过多个建好连接的套接字进行通信。为此经常要使用多线程的编程方法,以使程序的运行界面对用户的动作进行响应,从而增大开销。在非阻塞模式下,Winsock 函数调用会立即返回并交出程序的控制权,但大多数情况下这些调用会失败,并返回一个错误代码表示请求的操作在调用期间没有时间完成,为此程序需要通过不断地调用并检查函数返回代码,以判断一个套接字何时可以读写。

Winsock 提供了几种不同的套接字 I/O 模型解决上述问题,有助于网络应用程序通过异步方式一次对一个或多个套接字加以管理。这些模型包括选择模型、异步选择模型、事件选择模型、重叠 I/O 模型以及完成端口模型等。所有 Windows 平台都支持两种套接字模式,然而并非每种平台都支持各种 I/O 模型。

Visual C++ 提供了多种多样的网络编程技术。既支持 Winsock 1.1 API,也支持 Winsock 2.2 API。同时 MFC 提供了两个类:CAsyncSocket 和 CSocket,进行了面向对象的封装,以简化编程过程。作为实例,我们使用 CSocket 类来实现一个网络聊天室程序,阐述了 CSocket 编程模型,并给出了详细编程步骤和网络编程的关键操作。程序可作为服务器端也可作为客户端,可以在一台或多台机器上同时启动多个客户端来连接服务器端,实现多个人在线聊天。

思 考 题

(1)网络编程接口的作用是什么? 它与网络通信协议之间存在何种关系?

(2)简述面向连接的通信和无连接通信的特点及其各自适用的场合。

(3)套接字的阻塞模式和非阻塞模式各是什么含义。

(4)套接字包含哪几种 I/O 模型? 分别说明其优缺点。

(5)编写一个程序,获取本机的 IP 地址和主机名。

(6)编写一个程序,侦听局域网内运行的 SQL Server 实例。

(7)CSocket 类和 CAsynSocket 类有什么区别,使用有何不同?

(8)简述 CSocket、CArchive、CSocketFile 类之间的关系。

(9)改写基于 CSocket 的网络聊天室的编程实例,实现客户端之间的悄悄话功能。

第6章 基于构件的软件开发技术

软件开发技术的迅速发展使得传统的每隔一段时间将系统进行升级的做法越来越不能适应业务需求的发展。解决这一问题的方法就是将不同的业务模块封装成不同的构件,然后在运行时将这些构件组装起来以形成满足用户需要的业务系统。每一个构件都可以在不影响其他构件的情况下被升级,从而使得业务系统可以随时发展演化。构件独立于开发语言,面向应用程序,只规定构件的外在表现形式,而不关心其内部实现方法。

COM 是 Microsoft 提供的编写构件的一套标准规范,遵循 COM 规范的构件可以被组装以形成业务系统。至于这些构件是谁编写的、是如何实现的都无关紧要。每一个 COM 构件都可以和其他构件一起使用。实现这种构件的关键问题是信息的封装。COM 的封装是通过构件和客户之间的接口来实现的。

本章介绍了基于构件的软件开发方法,从而引出 COM 的基本概念、特点与 COM 规范,并详细阐述了 COM 对象的创建过程。在此基础上给出了使用 Visual C++ 创建 COM 构件的示例,以及使用自动化技术来操作 Word 构件的使用示例。

6.1 基于构件的软件开发方法

基于构件的软件开发方法(Component Based Development, CBD) 被认为是面向对象的软件工程(Object-Oriented Software Engineering, OOSE) 之后软件开发的标准方法体系。基于构件的软件开发方法的基本思想就是“分治”,强调将系统分解成松散耦合的构件并独立开发,然后通过接口及脚本语言将它们连接起来。

在实际的软件开发过程中,并不是所有的构件都是由系统开发人员自己实现的。开发者可以充分依赖大量已有的通用商业构件作为新系统开发的基础。这方面的研究重点是对商业构件的识别、评估、选择、修改和集成,从而达到缩短开发周期、降低开发费用的目的。

一般情况下,基于构件的软件开发方法可以将一个软件系统的开发分为三个阶段:应用系统的分析与设计、构件的开发、构件的装配。

(1)系统分析和设计是一个领域工程,由领域问题专家根据系统需求建立系统模型,再由系统分析及设计人员对该模型进一步完善,画出系统的总体结构,按照构件开发规则定义系统所需的所有构件、构件的接口说明和构件之间的交互协议。

(2)构件开发也叫构件生产,可以重新设计构件,可以将现有的软件封装成构件,也可以从外界直接获得,通过这些方式得到的构件均装入构件库中统一管理。

(3)构件的装配就是按照应用系统设计中提供的结构,从构件库中选取合适的构件,按照构件接口约定,用组装工具完成应用系统的连接与合成,最后对系统进行各种测试(如集成测试和系统测试等)。

这种开发过程如图6-1所示:

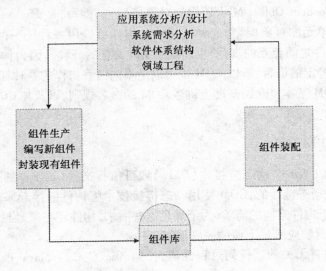

图6-1 基于构件的软件开发过程

基于构件的软件开发技术从根本上改变了软件的生产方式,与传统开发方法相比,它具有很明显的优势:

(1)提高了软件的复用率,保护了已有的投资。开发者可以运用构件技术将原有软件封装起来,通过标准的构件接口将旧的程序代码进行包装制作成可以复用的构件,从而保护软件的投资。

(2)降低了对系统开发者的要求,使他们更好地关注业务系统,可以用业务术语而不是计算机术语来规划、设计和建造应用系统。

(3)使开发的系统更加灵活、更加便于维护和升级。构件的模块化程度越高,模块耦合度越低,开发者在对软件进行改进时,往往只需增加新的接口即可。

(4)易于学习和使用。构件的开发一般由构件设计、生产和组装等过程组成,不同岗位的开发者分工明确、术业有专攻,从而保证大量的开发人员可以快速投入基于构件的开发过程中。

为了支撑基于构件的软件开发方法,必须要有相应的构件模型。构件模型通常由基于各种语言的开发工具、构件嵌入机制和相关服务(事务、安全、认证、负载均衡等)组成。可以利用各种脚本语言将各构件集成为一个应用系统。因此,构件技术引起了计算机领域众多公司的关注,也提出了多种标准和模型,其中比较成熟的构件模型有 OMG 的 CORBA、Oracle(SUN)的 EJB 和 Microsoft 的 COM/DCOM/COM++。

考虑到 Windows 平台的广泛运用,下面将着重讲述 COM 构件的原理及开发方法。

6.2　COM 基础

　　COM 是 Component Object Model(构件对象模型)的缩写,是 Microsoft 公司提出的一种以构件为发布单元的对象模型,这种模型使各构件可以用一种统一的方式进行交互。COM 既提供了构件之间相互的规范,也提供了实现交互的环境。因为构件之间交互的规范不依赖于任何特定的语言,所以 COM 也可以是不同语言协作的一种标准。

　　本节将在 COM 基本概念的基础上讲述 COM 的命名规则,以及与 COM 规范最重要的接口的相关知识。

6.2.1　COM 和 DCOM

　　COM 构件是以 Win32 动态链接库(DLLs)或可执行文件(EXEs)的形式发布的。使用时 COM 构件是动态链接的,COM 使用动态链接技术将构件链接起来。但动态链接本身并不能满足对于构件架构的需求,为了满足这些需求,构件还必须是封装的。

　　COM 构件的封装应满足下面的一些限制条件:

　　(1)完全与语言无关的。任何过程性语言,如 Ada、C、C++ 、Java、Pascal 等语言均可用来开发构件。

　　(2)可以以二进制的形式发布。

　　(3)可以在不妨碍老客户的情况下被升级。

　　(4)可以透明地在网络上被重新分配位置。对远程机器上的构件与本地机器上的构件的处理方式没有什么差别。

　　COM 并不是一种计算机语言。将 COM 同某种计算机语言相提并论是没有意义的。例如比较C++ 和 COM 谁优谁劣就没有什么意义,因为 COM 和C++ 各自有着不同的用途。COM 说明的是如何编写构件,但具体选用什么语言来编写则是完全自由的。

　　将 COM 同 DLL 相比或相提并论也是不合适的。COM 是一种规范,按照 COM 规范实现的 DLL 就是 COM 构件。实际上 COM 是使用了 DLL 来为构件提供动态链接的能力,利用 DLL 动态链接能力最佳的方法是 COM。

　　COM 还提供了一组被称作是 COM 库(COM Library)的 API,它提供的是对所有客户及构件都非常有用的构件管理服务。COM 库可以保证对所有构件大多数重要的操作可以按相同的方式完成,同时,COM 库也可以节省开发人员花在他们自己构件及客户实现上的时间。COM 库中的大多数代码均可以支持分布式或网络化的构件,Windows 系统上分布式 COM(DCOM)的实现中提供了一些同网络上其他构件通信所需的代码。这不但可以节省开发人员花在网络编程上的时间,而且可以使得他们无需了解如何进行网络编程。

　　COM 构件是由构件对象类(component object class,coclass)和构件对象类所实现的接口组成的,如图 6－2 所示。一个 COM 构件中可以有多个构件对象类,每个构件对象类可以提供多个接口,而每个接口包含了一组实现特定功能的函数。构件对象类的实例化对象称为 COM 对象。构件模块为 COM 对象提供了活动的空间,COM 对象以接口的方式提供服务,客户程序只能通过接口和 COM 对象打交道,不直接和 COM 对象产生联系。

COM 采取类似于客户/服务器模型(C/S 模型)的方式为用户提供服务。调用 COM 构件的构件或普通程序是客户程序,COM 构件相当于服务器。当客户程序要调用 COM 构件功能时,它首先通过 COM 接口实例化一个 COM 对象或者通过其他途径获得 COM 对象,然后通过该对象所实现的 COM 接口调用它提供的服务。当所有服务结束后,如果客户程序不再需要该 COM 对象,那么它应该释放 COM 对象所占有的资源。

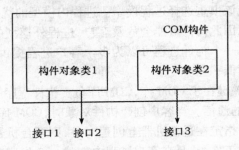

图 6 - 2　COM 的结构

COM 具有以下特性:

1. 语言无关性

COM 规范的定义不依赖于特定的语言。因此,编写构件所使用的语言与编写客户程序使用的语言可以不同,只要它们都能够生成符合 COM 规范的可执行代码即可。

COM 标准与面向对象的编程语言不同,它所采用的是一种二进制代码级的标准,而不是源代码级的标准。在面向对象编程语言中定义的对象只能在同样的语言中被重复使用,这就大大限制了对象的复用。当然,面向对象编程语言可以被用于创建 COM 构件,因此这两种技术实际上是互相补充的。COM 对象把面向对象语言中的对象封装起来,并提供一致的接口,使得它可以被各种不同的语言所使用。例如,用 C++ 实现的 COM 构件中的对象可以很容易地在如 Java 等其他语言中被使用。因此,COM 的语言无关性实际上为我们跨语言合作开发提供了统一标准。

2. 进程透明性

在客户/服务器模型的软件结构中,运行在客户端的代码和运行在服务器端的代码,既可以运行在同一个进程中,也可以运行在不同的进程中。如果它们运行在同一个进程中,则由于构件和客户共享了进程的资源,因而无论对于编程还是运行效率都是很有益的。但实际情况往往并不这样简单,因为服务程序并不总是作为 DLL 被转入到客户进程中,它也经常是一个 EXE 可执行程序。因此,跨进程操作是很必要的。

COM 所提供的服务构件对象在实现时有两种进程模型:进程内对象和进程外对象。如果是进程内对象,则它在客户进程空间中运行;如果是进程外对象,则它运行在同一机器上的另一个进程空间或者在远程机器的进程空间中。

我们通常按下面的方式对构件对象服务程序进行区分:

进程内服务程序:服务程序被加载到客户的进程空间。在 Windows 环境下,服务程序的代码通常以动态连接库(DLL)的形式实现。

本地服务程序:服务程序与客户程序运行在同一台机器上,服务程序是一个独立的应用程序,通常,它是一个 EXE 文件。

远程服务程序:服务程序运行在与客户不同的机器上,它既可以是一个 DLL 模块,也可以是一个 EXE 文件。

虽然 COM 对象有不同的进程模型,但这种区别对于客户程序来说是透明的,因此客户程序在使用构件对象时可以不管这种区别的存在,只要按照 COM 规范即可。然而,在实现 COM 对象时还是应该慎重选择进程模型。进程内模型的优点是效率高,但构件不稳定会引起客户进程崩溃,因此构件可能会危及客户;进程外模型的优点是稳定性好,构件进程不会危及客户程序,一个构件进程可以为多个客户进程提供服务。但进程外构件开销大,而且调用效率相对低一些。

实现进程透明性的关键在于 COM 库,COM 库负责构件程序的定位,管理构件对象的创建和对象与客户之间的通信。当客户创建构件对象时,COM 库负责装入构件模块或者启动构件进程,如果客户指定在远程机器上创建对象,则两台机器上的 COM 库会协作完成远程 COM 对象的创建工作,并且在客户进程中创建一个代理对象,客户程序直接与代理对象进行交互。因此,客户程序可以不管构件对象的进程模型,即使构件的进程模型发生了变化,客户程序也不需要重新编译。

3. 可复用性

可复用性是任何对象模型的实现目标,尤其是大型的软件系统,可复用性非常重要。而且,由于 COM 标准是建立在二进制代码级的,因此 COM 对象的可复用性与一般的面向对象语言如C++ 中对象的复用过程不同。对象复用是 COM 规范很重要的一个方面,它保证 COM 可用于构造大型的软件系统。而且,它使复杂的系统简化为一些简单的对象模块,体现了面向对象的思想。

对于 COM 对象的客户程序来说,它只是通过接口使用对象提供的服务,而并不知道对象内部的实现过程,因此,构件对象的复用性建立在构件对象的行为方式上,而不是具体的实现上,这是复用的关键。

前面介绍 COM 特性时,提到了 COM 的进程透明特性,这种透明特性表现为,构件对象和客户程序既可以拥有各自的进程空间,也可以共享同一个进程空间。COM 负责把客户的调用正确地传到构件对象中,并保证参数传递的正确性。构件对象和客户代码不必考虑调用传递的细节,只要按照一般的函数调用的方式实现即可。下面进一步拓展进程透明特性,考虑构件对象与客户程序运行在不同计算机上的情形,把进程透明性拓展为位置透明性,形成分布式构件对象模型,简称为 DCOM。

DCOM 是 COM 的扩展,它可以支持不同计算机上构件对象与客户程序之间或者构件对象之间的相互通信,这些计算机可以在局域网内,也可以在广域网上,甚至通过 Internet 进行连接。对于客户程序而言,构件程序所处的位置是透明的,我们不必编写任何处理远程调用的代码,因此,DCOM 也是 COM 的无缝扩展。DCOM 已经为我们处理了底层网络协议的所有细节,所以可以把重点放在应用的业务逻辑上,而不必再为底层处理费时费力。

DCOM 可以作为分布式应用系统的基本架构,客户程序与 DCOM 构件对象之间形成客户/服务器关系,进一步可构成多层软件模型。典型的分布式应用系统是,在各个服务器上运行一些 DCOM 构件对象,客户程序调用这些构件对象,由它们完成实际的功能操作,比如访问数据库或进行一些复杂的数据处理,客户程序只负责接受用户的输入并把服务器的响应结果反馈给用户。这种结构不仅可减轻客户程序的负担,还可以提高系统的整体性能。因为服务器的性能通常比较高,而且服务器往往与数据库离得比较近,甚至在同一台机器上,从而节约了网络资源,使得硬件和软件系统更好地协调工作。

　　在这种分布式软件结构中,DCOM 构件是应用的关键,它体现了基本的应用逻辑。因为 DCOM 构件同时也是一个 COM 构件,所以 DCOM 构件也具有 COM 构件的一些基本特性,包括可复用性、语言无关性等,我们在前面曾作过介绍。DCOM 构件的位置透明性是 DCOM 的一个基本特性,它使 DCOM 在分布式环境下应用非常灵活,也缩小了 COM 构件和 DCOM 构件之间的差别。下面从分布式应用系统的角度来看 DCOM 构件的一些特性:

　　(1)可伸缩性。

　　随着用户数目的增加、数据量的不断增多,分布式应用系统的适应能力反映了此系统的优劣。使用 DCOM 建立起来的应用系统能很好地适应这种规模的变化,当用户数比较少、数据量不大时,系统显得小巧而快速;当应用规模增大时,系统也能够正常运行,并且在保证性能的情况下不影响可靠性。

　　(2)可配置性。

　　安装和管理是分布式软件系统的两个重要环节,如果用户不能很方便地进行安装和管理,那么再好的软件也不实用。使用 DCOM 模型建立的分布式软件系统可以很方便地对系统进行重新配置,包括服务器的变化、客户程序的自动安装等特性。

　　(3)安全性。

　　从 COM 转到 DCOM 时,由于运行环境发生了变化,安全性变得尤为重要。DCOM 使用了 Windows NT 提供的可扩展安全性框架,在非 NT 平台上实现的 DCOM 也包括了一个与 NT 兼容的安全提供器。

　　(4)协议无关性。

　　因为 DCOM 并不要求专门的网络协议,所以使用 DCOM 建立的分布式应用系统对网络有很强的适应能力。用户可以在不改变现有网络结构的情况下使用分布式应用软件,或者直接利用 Internet 网络,对于开发者来说,他们可以完全利用 DCOM 提供的底层网络通信能力,认为应用系统是协议无关的。

　　(5)平台独立性。

　　跨越操作系统平台常常是建立分布式系统的难点,采用虚拟机的做法牺牲了各个操作系统的专有特性,也降低了构件的运行效率。DCOM 把平台相关的二进制标准和平台无关的标准隔离开来,所以 DCOM 能很好地适应不同的系统平台。

　　以上简单介绍了 DCOM 的一些特性,这些特性提供了分布式环境所需的各种支持,它把与环境有关的要素与构件代码隔离开来,所以,我们在开发分布式构件软件时,可以把注意力集中在与应用有关的代码逻辑上,无论是编码还是调试都可以按通常的 COM 构件一样进行。因此,也可以说,DCOM 为我们建立了分布式应用系统的基础结构。

6.2.2　COM 构件的唯一标识符

前面已经说过,COM 构件的位置对客户来说是透明的,客户并不直接去访问 COM 构件,而是通过一个全局标识符来查找并调用 COM 构件。根据前面的概念,一个 COM 构件可以包含若干构件对象类,每个构件对象类都可以包含若干接口。根据 COM 规范,每个构件对象类和每个接口都需要一个唯一的标识符。下面考虑如何来定义这个唯一的标识符。

假设我们有一个应用程序在运行时需要使用 ADO 构件进行数据库连接,ADO 的 COM 构件文件是 msado15. DLL,这个文件一般保存在"X: Program Files \ Common Files \ system \ ado"文件夹下,如果张三将 Program Files 放在 C 盘,而"李四"则将 Program Files 保存在 D 盘,那么计算机就不能准确地找到这个 DLL 文件,也就不能进行加载。

于是,微软提出了一个解决方案,即不使用直接的路径表示方法,而使用一个编码间接地描述这些构件程序的路径,并把这个编码和构件程序的路径一起记录在注册表中。我们调用这个构件的时候提供它的编码,Windows 去注册表里面找到这个构件程序的路径,然后提供给客户程序使用。

但是,如果两个构件的编码重复了,计算机在调用时则只能找到在注册表中位置靠前的那个 COM 构件,这样依然会导致无法加载正确的 COM 构件。于是,微软发明了一种算法,每次都能产生一个全球唯一的 COM 构件标识符。

这个算法产生的编码叫做 GUID(Globally unique identifier,全球唯一标识)。GUID 是一个 128 位的二进制随机数,其重复的可能性非常小。从理论上讲,如果一台机器每秒产生 1 千万个 GUID,则可以保证(概率意义上)3240 年不重复。

GUID 的结构定义如下:

```
typedef struct _GUID
{
    DWORD Data1;//随机数
    WORD Data2;//和时间相关
    WORD Data3;//和时间相关
    BYTE Data4[8];//和网卡 MAC 相关
}GUID;
```

通常,GUID 还可以表示为 32 个 16 进制数字组成的字符串,并用大括号括起来,如: {EF0E20D8 - C559 - 4C91 - 8913 - F0A50705492D}。

有了 GUID,就可以用来唯一地标识构件对象类了,这个标识叫做 CLSID。同时,构件对象类的接口也使用了 GUID 来标识,不过名字叫做 IID。虽然名字不同,但是 CLSID 和 IID 都是 GUID。注意,同一个 COM 构件中的不同构件对象类有各自的 CLSID。

那么如何产生一个 CLSID、IID 或者 GUID 呢?

(1)如果使用开发环境编写构件程序,则 IDE 会自动产生 CLSID;

(2)程序中,可以用 COM 库中的函数 CoCreateGuid( )产生 CLSID;

(3)使用工具产生 GUID,比如 VC6 中提供了"GuidGen. exe"工具来生成一个 GUID。

在 Windows 系统中,除了用 CLSID 可以唯一标识一个构件对象类外,也可以用字符串对构件对象命名,利用名字化的字符串来查找对象,这样的名字信息称为 ProgID(Program Identifier 程序标识符)。如果客户程序不知道晦涩的 128 位整数值,则可以根据可读的字符串 ProgID 来获取其 CLSID;反过来,在构件对象的 CLSID 子键下也包含了其 ProgID 的信息。例如前面提到的 ADO 构件中,其 ProgID 为 ADODB. Connection。

如表 6 - 1 所示,COM 库提供了 CLSID 和 ProgID 之间的转换方法和相关的函数。

表 6 - 1　CLSID 和 ProgID 之间的转换方法

函　数	功能说明
CLSIDFromProgID( )	由 ProgID 得到 CLSID
ProgIDFromCLSID( )	由 CLSID 得到 ProgID

6.2.3　COM 接口

在 COM 中接口就是一切。客户端并不直接与 COM 构件打交道,而是通过 COM 接口调用 COM 构件的相关功能。

1. 接口的概念和特点

对于客户来说,一个构件就是一个接口集,接口集中的每个接口包含了一组功能函数的声明,这些功能函数在构件对象类中实现。客户只能通过接口才能与 COM 构件打交道。客户对于一个构件是知之甚少的,在某些情况下,客户甚至不必知道一个构件所提供的所有接口。

接口具有以下特点:

(1)二进制特性

接口规范并不建立在任何编程语言的基础上,而是规定了二进制一级的标准。任何语言只要有足够的表达能力,就可以对接口进行描述,使之可以用于与构件程序有关的应用开发。

(2)接口不变性

接口是构件客户程序和构件对象之间的桥梁,接口如果经常发生变化,则客户程序和构件程序也随之发生变化,这对于应用系统的开发非常不利,也不符合构件化程序设计的思想。因此,接口应该保持不变,只要客户程序和构件程序都按照既定的接口设计进行开发,则可以保证在两者独立开发结束后,它们的协作运行能力能够达到预期的效果。当然,接口不变性要求我们在定义构件对象的接口时,应充分考虑构件对象所提供功能的一般性特征,从而使接口描述更为通用。

(3)继承性(扩展性)

COM 接口具有不变性。但不变性并不意味着接口不再发展,随着应用系统和构件程序的发展,接口也需要发展。类似于C++中类的继承性,接口也可以继承发展,但接口继承与类继承不同。首先,类继承不仅是说明继承,也是实现继承,即派生类可以继承基类的函数实现,而接口继承只是说明继承,即派生的接口只继承了基接口的成员函数说明,并没有继承基接口的实现,因为接口定义不包括函数实现部分。其次,类继承允许多重继承,一个派生类可以有多个基类,但接口继承只允许单继承,不允许多重继承。

(4)多态性

多态性是面向对象系统的重要特性,COM 对象也具有多态性,其多态性通过 COM 接口体现。多态性使得客户程序可以用统一的方法处理不同的对象甚至是不同类型的对象,只要它们实现了同样的接口。如果几个不同的 COM 对象实现了同一个接口,则客户程序可以用同样的代码调用这些 COM 对象。

因为 COM 规范允许一个对象实现多个接口,因此,COM 对象的多态性可以在每个接口上得到体现。正是由于 COM 的多态性,我们才可以用 COM 规范建立插件系统,应用程序可以用统一的方法处理每一个插件,这种插件系统已经有了很多应用,例如,InternetExplorer 用统一的方法处理 HTML 页面中的 ActiveX 控制等。

2. 接口的定义

每个标准的 COM 构件都需要一个接口定义文件,文件的扩展名为 IDL。这是因为 COM 规范在采用 OSF 的 DCE 规范描述远程调用接口 IDL(Inteface Description Language,接口描述语言)的基础上,扩展形成了 COM 接口的描述语言。接口描述语言提供了一种不依赖于任何语言的接口描述方法,因此,它可以成为构件程序和客户程序之间的共同语言。

COM 规范使用的 IDL 接口描述语言不仅可用于定义 COM 接口,同时还定义了一些常用的数据类型,也可以描述自定义的数据结构。对于接口成员函数,我们可以指定每个参数的类型、输入输出特性,甚至支持可变长度的数组的描述。IDL 支持指针类型,与 C/C++ 很类似。其一般形式为:

```
[ attribute1 , attribute2 , … ]
interface IThisInterface : IBaseInterface
{
    typedef1 ;
    typedef2 ;
    .
    .
    method1 ;
    method2 ;
    .
}
```

Microfost Visual C++ 提供了 MIDL 工具,可以把 IDL 接口描述文件编译成 C/C++ 兼容的接口描述头文件(.h)。如果我们编写了一个接口定义的 IDL 文件 IMath. idl,则利用 MIDL 编译工具可以生成对应的 IMath. h,它可以被构件程序和客户程序所使用。

假定我们要实现一个应用程序,它经常需要进行四则运算等简单运算和阶乘、斐波那齐数列等复杂计算。按照构件化程序设计的方法,我们将该功能放到一个 COM 构件中实现。如果以后现有算法修改了或新增了其他计算,只要应用程序与构件程序之间的接口不变,则新的构件程序仍然可以被客户端程序使用。

　　设计中,这个构件需要两个接口,ISimpleMath 实现加、减、乘、除四则运算,IAdvancedMath 实现阶乘、斐波那齐数列的运算。下面给出了这两个接口的 IDL 定义。

```
import "unknwn. idl";
//接口 ISimpleMath
[
        object,
        uuid(7C8027EA - A4ED - 467c - B17E - 1B51CE74AF57)
]
interface ISimpleMath: IUnknown
{
    HRESULT Add([in]int nOp1,[in]int nOp2,[out]int * result);
    HRESULT Subtract([in]int nOp1,[in]int nOp2,[out]int * result);
    HRESULT Multiply([in]int nOp1,[in]int nOp2,[out]int * result);
    HRESULT Divide([in]int nOp1,[in]int nOp2,[out]int * result);

};
//接口 IAdvancedMath
[
        object,
        uuid(CA3B37EA - E44A - 49b8 - 9729 - 6E9222CAE84F)
]
interface IAdvancedMath: IUnknown
{
    HRESULT Factorial([in]int nOp1,[out]int * result);
    HRESULT Fabonacci([in]int nOp1,[out]int * result);
};
```

其中:每个接口的 object 属性是必须的,这说明该接口是一个 COM 接口。UUID 是该接口的唯一标识。

　　interface ISimpleMath: IUnknown 表示接口的名字为 ISimpleMath,且继承了 IUnknown 接口。[in]表示是方法的输入参数,[out]表示是方法的输出参数。按照 COM 规范,所有方法的返回值均为 HRESULT,方法的输出参数均为指针类型。

　　下面给出该接口的C++定义代码。

```
//{7C8027EA - A4ED - 467c - B17E - 1B51CE74AF57}
static const GUID IID_ISimpleMath =
{ 0x7c8027ea, 0xa4ed, 0x467c, { 0xb1, 0x7e, 0x1b, 0x51, 0xce, 0x74, 0xaf, 0x57 } };
class ISimpleMath : public IUnknown
{
```

```
public:
    virtual HRESULT __stdcallAdd( int nOp1, int nOp2, int * result) = 0;
    virtual HRESULT __stdcallSubtract( int nOp1, int nOp2, int * result) = 0;
    virtual HRESULT __stdcallMultiply( int nOp1, int nOp2, int * result) = 0;
    virtual HRESULT __stdcallDivide( int nOp1, int nOp2, int * result) = 0;
};

// {CA3B37EA – E44A – 49b8 – 9729 – 6E9222CAE84F}
static const GUID IID_IAdvancedMath =
{ 0xca3b37ea, 0xe44a, 0x49b8, { 0x97, 0x29, 0x6e, 0x92, 0x22, 0xca, 0xe8, 0x4f } };
class IAdvancedMath : public IUnknown
{
public:
    virtual HRESULT __stdcallFactorial( int nOp1, int * result) = 0;
    virtual HRESULT __stdcallFabonacci( int nOp1, int * result) = 0;
};
```

在上述实现中,ISimpleMath 和 IAdvancedMath 是用于实现接口的纯抽象基类。纯抽象基类指的是仅包含纯虚函数的基类。纯虚函数是指用"virtual"关键字和"=0"标记的虚函数。在定义纯虚函数的类中是不实现这些纯虚函数的。例如在上面的代码中,函数 Add、Subtract 等都没有函数体。纯虚函数将在派生类中实现。

在下面的代码中,构件 CMath 继承了纯抽象基类 ISimpleMath 和 IAdvancedMath,并实现了它所定义的纯虚函数。

```
class CMath : public ISimpleMath, public IAdvancedMath
{
public:
//ISimpleMath Method
    HRESULT Add( int nOp1, int nOp2, int * result) {······}
    HRESULT Subtract( int nOp1, int nOp2, int * result) {······}
    HRESULT Multiply( int nOp1, int nOp2, int * result) {······}
    HRESULT Divide( int nOp1, int nOp2, int * result) {······}

//IAdvancedMath Method
    HRESULT Factorial( int nOp1, int * result) {······}
    HRESULT Fabonacci( int nOp1, int * result) {······}
};
```

可以将一个抽象基类看作是一个模板,派生类所做的就是填充模板中的空白。抽象基类指定了其派生类应提供哪些函数,没有提供任何可继承的实现细节,而派生类则具体实现这些函数。对纯虚函数的继承被称作接口继承,这主要是因为派生类所继承的只是基类对函数的描述。

我们可以看到,上面所列出的接口 ISimpleMath 和 IAdvancedMath 都继承一个名为 IUnknown 的接口,而且接口声明的函数的返回值都是 HRESULT 类型,这些是 COM 规范所要求的,下面我们将对这些内容进行详细讲述。

3. HRESULT

在上一节中接口的定义中我们可以看到,函数的返回值都是 HRESULT 类型。事实上,COM 规范要求,除了继承自 IUnknown 接口的 AddRef( ) 和 Release( ) 两个函数外,其他所有的函数都应以 HRESULT 作为返回值。使用统一的返回值类型允许 COM 的远程结构,可以重载方法的错误值,也可以指示调用过程中的通信错误,只要为 RPC 错误保留一段返回值即可。HRESULT 是 32 位整数,它向调用者的运行环境提供关于"发生了什么类型的错误"的信息,比如网络错误、服务器失败等。对于许多 COM 兼容的实现语言(比如 Visual Basic、Java)而言,这些 HRESULT 被运行时库或者虚拟机截取,然后被映射为语言中特定的异常。

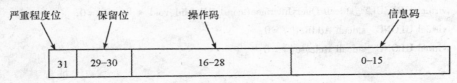

图 6 - 3 HRESULT

如图 6 - 3 所示,HRESULT 被分为三个部分:严重程度位(severity code)、操作码(facility code)、信息码(information code)。严重程度位指示了操作成功还是失败,操作码指示了 HRESULT 对应于什么技术,信息码是在给定的严重程度和相应的技术情况下精确的结果值。SDK 头文件定义了两个宏,可以简化 HRESULT 有关的代码:

```
#define SUCCEEDED(hr) (long(hr) > =0)
#define FAILED(hr) (long(hr) <0)
```

在程序中如果需要判断返回值,那么可以使用这两个宏来判断,例如,我们要判断 Fabonacci 是否被成功执行了,可以使用如下代码:

```
HRESULThr = Fabonacci (10,&bResult);
if(SUCCEEDED(hr)){…}//如果成功
……
if(FAILED(hr)){…}//如果失败
……
```

4. IUnknown 接口

前面已经提过,COM 定义的每一个接口都必须从 IUnknown 继承过来,其原因是 IUnknown 接口提供了两个非常重要的特性:生命周期控制和接口查询。

一方面,客户程序只能通过接口与 COM 对象进行通信,虽然客户程序可以不管对象内部的实现细节,但它要控制对象的存在与否。如果客户还要继续对对象进行操作,则它必须保证对象能一直存在于内存中。如果客户对对象的操作已经完成,以后也不再需要该对象了,则它必须及时地释放对象,以提高资源的利用率。IUnknown 引入了"引用计数"(referencecounting)方法,可以有效地控制对象的生命周期。

另一方面,如果一个 COM 对象实现了多个接口。在初始时刻,客户程序不太可能得到该对象所有的接口指针,那么它只会拥有一个接口指针。如果客户程序需要其他的指针,它如何通过这个接口指针获得另一个接口指针呢? IUnknown 使用了"接口查询"(QueryInterface)的方法来完成接口之间的跳转。

首先我们来看一下 IUnknown 接口的定义

```
Class IUnknown
{
public:
    virtual HRESULT _stdcall QueryInterface( const IID &iid, void ＊＊ppv) = 0;
    virtual ULONG _stdcall AddRef( ) = 0;
    virtual ULONG _stdcall Release( ) = 0;
}
```

IUnknown 包含了三个成员函数:QueryInterface、AddRef 和 Release。函数 QueryInterface 用于查询 COM 对象的其他接口指针;函数 AddRef 和 Release 用于对引用计数进行操作。下面对这两类情况三个函数分别进行讨论。

(1)生命周期控制

通常情况下,我们在使用一个对象的时候,通常会自行对其进行 new 和 delete 操作以控制其生命周期。但对于一个 COM 构件,我们通常是通过 IUnknown 接口中的两个函数 AddRef( )和 Release( )来进行生命周期控制。

首先,来看一下客户为什么不应直接控制构件的生命周期。假定我们的应用程序正在使用一个 ADO 数据库构件,在客户的代码中可能会有若干个指向此构件接口的指针。例如客户的某一部分可能会通过一个 IConnectInterface 来连接数据库,而另外一部分则使用接口 IGetDataInterface 来获取数据,在使用完 IConnectInterface 之后可能还希望继续使用 IGetDataInterface。这种情况下,当使用完一个接口而仍要使用另外一个接口时,是不能将构件释放掉的。由于很难知道两个接口指针是否指向同一构件,因此决定何时可以安全地释放一个构件将是极为复杂的。得知两个接口指针是否是指向同一对象的唯一方法是查询这两个接口的 IUnknown,然后对结果进行比较。当程序越来越复杂时,决定何时可以释放一个构件将是极为复杂的。解决这个问题最为简单的方法是在整个程序的运行期内一直装载相应的构件,但这种方法的效率不高。

COM 采用了"引用计数"技术来解决内存管理的问题,COM 对象通过引用计数来决定是否继续生存下去。每一个 COM 对象都记录了一个称为"引用计数"的数值,该数值的含义为有多少个有效指针在引用该 COM 对象。当客户得到了一个指向该对象的接口指针时,引用计数值增 1;当客户用完了该接口指针后,引用计数减 1。当引用计数减到 0

时,COM 对象就应该把自己从内存中清除掉。当客户程序对一个接口指针进行了复制(可能是赋值)时,则引用计数也应该增加。

如果一个 COM 对象实现了多个接口,则可以采用同样的计数技术,只要引用计数不为 0,就表明该 COM 对象的客户仍然在使用它(前提是客户程序正确地操作了引用计数),它就继续生存下去;反之,如果引用计数减到 0,则表明客户不再使用该对象了,于是它就可以被清除。

有了引用计数,COM 对象的客户程序可以通过接口指针很好地控制对象的生存期。为正确地使用引用计数,需遵循三条简单的规则:

• 封装 AddRef 函数。对于那些返回接口指针的函数,在返回之前应用相应的指针调用 AddRef。这些函数包括 QueryInterface 及 Createlnstance 等。因此当客户从这种函数得到一个接口后,它将无需调用 AddRef,即将调用 AddRef 的工作封装到这些函数里,而不是由客户完成,以减少漏掉调用 AddRef 函数的可能性;

• 使用完接口之后调用 Release。在使用完某个接口之后应调用此接口的 Release 函数;

• 在赋值之后调用 AddRef。在将一个接口指针赋给另外一个接口指针时,应调用 AddRef。换句话说,在建立接口的另外一个引用之后,应增加相应构件的引用计数。

实现引用计数并不难,但在什么层次上进行引用计数呢? 按照 COM 规范,一个 COM 构件可以有多个构件对象类,并且每个构件对象类又可以包含多个接口,这种层次结构为实现引用计数提供了多种选择方案。我们可以选择在 COM 构件一级实现引用计数,也可以选择在构件对象类一级实现引用计数,甚至可以为对象类的每个接口设置一个引用计数。

如果在构件一级实现引用计数,自然可以选择全局变量;如果在构件对象类一级实现引用计数,我们可以使用C++类的成员变量;如果在接口一级实现引用计数,我们可以为对象实现的每一个接口设置一个类成员变量作为引用计数变量。考虑到效率等因素,从折中的角度出发,比较合理的方案是采用构件对象类一级的引用计数,以便控制对象和构件的生存周期。

下面我们用前面的例子来看一下引用计数的具体实现办法。

因为引入了 IUnknown 接口,所以我们重新定义构件对象类 CMath:

```
//构件对象类 CMath
class CMath:public ISimpleMath, public IAdvancedMath
{
public:
    CMath( )
    ~ CMath( )
public:
    //IUnknown Method
    HRESULT QueryInterface( const IID &iid,void * * ppv);
    ULONG AddRef( );
```

```
    ULONG Release():

    //ISimpleMath Method
    HRESULT Add(int nOp1, int nOp2,int * result) {}
    HRESULT Subtract(int nOp1, int nOp2,int * result) {}
    HRESULT Multiply(int nOp1, int nOp2,int * result) {}
    HRESULT Divide(int nOp1, int nOp2,int * result) {}

    //IAdvancedMath Method
    HRESULT Factorial(int nOp1,int * result) {}
    HRESULT Fabonacci(int nOp1,int * result) {}

private:
    int m_Ref;
};
```

我们只考虑类 CMath 的构造函数以及成员函数 AddRef 和 Release:

```
CMath::CMath()
{
    m_Ref = 1;
    //…initialize
}
Ulong CMath::AddRef()
{
    m_Ref ++;
    return (ULONG) m_Ref;
}
Ulong CMath::Release()
{
    m_Ref -- ;
    if (m_Ref == 0)
    {
        delete this;
        return 0;
    }
    return (ULONG) m_Ref;
}
```

(2)接口查询

　　按照 COM 规范,一个 COM 构件对象类可以实现多个接口,客户程序可以在运行时刻对 COM 对象的接口进行询问,如果对象实现了该接口,则对象可以提供这样的接口服务,否则,对象就可以拒绝提供这样的服务。对象的多个接口之间是如何联系起来的呢? 这

就是 IUnknown 的另一个成员函数所要解决的问题。首先我们来看一下 QueryIntefrace 函数的说明

HRESULT QueryInterface([in] REFIID iid, [out] void＊＊ppv)

函数的输入参数 iid 为接口标识符 IID,输出参数 ppv 为查询得到的结果接口指针,如果对象没有实现 iid 所标识的接口,则输出参数 ppv 指向空(Null)。

函数的返回值为 HRESULT 类型,反映了查询的结果,其含义有三种情况:

S_OK,查到了指定的接口,接口指针存放在 ppv 输出参数中;

E_NOINTERFACE,对象不支持所指定的接口,＊ppv 为 NULL;

E_UNEXPECTED,发生了意外错误,＊ppv 为 NULL。

当客户创建了 COM 对象之后,创建函数总会为我们返回一个接口指针,因为所有的接口都继承于 IUnknown,所以所有的接口都有 QueryInterface 成员函数,于是,当我们得到了初始的接口指针之后,这个初始的接口指针通常就是 IUnknown 接口,我们可以通过它的 QueryInterface 函数获得该对象所支持的任何一个接口指针。

比如,我们在 Math 构件中除了实现 ISimpleMath 接口,还实现了 IAdvancedMath 接口,当然它也必须实现 IUknown 接口。所以 Math 构件共实现三个接口:IUnknown、ISimpleMath 和 IAdvancedMath。客户程序只要得到了其中一个接口指针,就可以得到另外任一个接口指针。

下面的代码显示了客户程序调用 QueryInterface 的用法,它实现了从 IUnknown 接口查询 IAdvancedMath 接口,并调用了 IAdvancedMath 接口的 Fabonacci 函数。

```
void TestInterface(IUnknown ＊pI)
{
    //定义一个指向 IAdvancedMath 接口的指针
    pIAdvancedMath ＊ pIAdvancedMath = NULL ;
    //查询 IAdvancedMath 指针
    HRESULT hr = pI -> QueryInterface( IID_IAdvancedMath, (void＊＊)& pIAdvancedMath) ;
    // 判断函数是否执行成功
    if (SUCCEEDED(hr))
    {
        //调用函数
        bool    bResult;
        pIAdvancedMath -> Fabonacci(10,&bResult);
        ………
    }
}
```

如果一个 COM 对象支持多个接口,则客户通过调用 QueryInterface 函数可以非常灵活地在接口指针之间来回跳转,而且不同的客户跳转的顺序也不一定一样。所以必须制定一些规则以避免引起矛盾。COM 规范给出了以下一些规则:

● 对于同一个对象的不同接口指针,查询得到的 IUnknown 接口必须完全相同,也就是说,每个对象的 IUnknown 接口指针是唯一的。因此,对于两个接口指针,我们可以通过判断其查询到的 IUnknown 接口是否相等来判断它们是否指向同一个对象。反之,如果查询的不是 IUnknown 接口,而是其他的接口,则通过不同的途径得到的接口指针允许不一样。这就允许有的对象可以在必要的时候才动态生成接口指针,当不用的时候可以把接口指针释放掉。

● 接口对称性。对一个接口查询其自身总是应该成功的,比如:

&pIAdvancedMath -> QueryInterface(IID_IAdvancedMath)

应该返回 S_OK。

● 接口自反性。如果从一个接口指针查询到另一个接口指针,则从第二个接口指针再回到第一个接口指针必定成功。比如语句:

pIUnknown -> QueryInterface(IID_IAdvancedMath, (void **) &pIAdvancedMath) ;

如果查找成功,则再从 pIAdvancedMath 查询回到 IID_Unknown 接口肯定成功。

● 接口传递性。如果从第一个接口指针查询到第二个接口指针,从第二个接口指针可以查询到第三个接口指针,则从第三个接口指针一定可以查询到第一个接口指针。

● 接口查询时间无关性。如果在某一个时刻可以查询到某一个接口指针,则以后任何时候再查询同样的接口指针一定可以查询成功。

根据以上这些规则,我们可以推想出,不管我们从哪个接口出发,我们总可以到达任何一个接口,而且我们也总可以回到最初的那个接口。因此,客户可以非常灵活地使用 QueryInterface,从而实现对 COM 构件的灵活调用。

6.3　COM 库和类厂

前面提到过,COM 本身除了规范之外也有实现的部分,即 COM 库(COM Library),其中包括一些核心的系统级代码,正是这部分核心代码,使得对象和客户之间可通过接口在二进制代码级间进行交互,也就是说 COM 库支持了 COM 功能的实现。

在 Microsoft Windows 操作系统环境下,这些库以 . DLL 文件的形式存在,其中包括以下内容:

(1)提供了少量的 API 函数实现客户和服务器端 COM 应用的创建过程。在客户端,主要是一些创建函数;而在服务器端,提供一些对对象的访问支持。

(2)COM 通过注册表查找本地 COM 构件以及程序名与 CLSID 的转换等。

(3)提供了一种标准的内存控制方法,使应用控制进程中内存的分配。

COM 库一般不在应用程序层实现,而在操作系统层次上实现,因此一个操作系统只有一个 COM 库实现,例如,Microsoft 为 Windows 2000、Windows XP 和 Apple MacOS 等分别实现了 COM。而且,COM 库的实现必须依赖于具体的系统平台,尤其是系统底层的一些标准。

COM 库可以保证所有的构件按照统一的方式进行交互操作,而且它使我们在编写

COM 应用时,可以不用编写为进行 COM 通信而需要的大量基础代码,而是直接利用 COM 库提供的 API 进行编程,从而大大加快了开发的速度。COM 库另一个好处是,它往往实现了更多的特性,我们可以充分享受这些特性,比如,现在 COM 库的版本都支持远程构件,即分布式 COM,我们不用编写任何网络或者 RPC(Remote Procedure Call,远程过程调用)的代码,就可以实现在网络上进行程序之间的通信。

　　COM 库涉及 COM 客户程序和构件程序所有实现方面的细节。从对象的标识和对象的创建以及内存管理,一直到构件程序的卸载,COM 库均提供了一组辅助函数以及标准接口,用于帮助应用程序完成有关的功能,其中常用函数如表 6-2 所示。

表 6-2　COM 库常用函数

类别	函数	功能
初始化函数	CoBuildVersion	获取 COM 库的版本号
	CoInitialize	COM 库的初始化
	CoUnInitialize	COM 库功能服务终止
	CoFreeUnusedLibraries	释放进程中所有不再使用的构件程序
GUID 相关函数	IsEqualGUID	判断两个 GUID 是否相等
	IsEqualIID	判断两个 lid 是否相等
	IsEqualCLSID	判断两个 CLSID 是否相等
	CLSIDFromProgID	把字符串形式的对象标识转化为 CLSID 结构形式
	ProgIDFromCLSID	把 CLSID 结构形式转化为字符串形式
	IIDFromString	把字符串形式的 IID 转化为 IID 结构形式
	StringFromIID	把 IID 结构形式转化为字符串形式
	StringFromGUID2	把 GUID 结构形式转化为字符串形式
对象创建函数	CoGetClassObject	获取对象的类厂
	CoCreateInstance	创建 COM 对象
	CoCreateInstanceEX	创建 COM 对象,可指定多个接口或远程对象
	CoRegisterClassObject	登记一个对象,以便其他应用可以连接到该对象
	CoRevokeClassObject	取消对象的登记操作
	CoDisconnectObject	断开其他应用与对象的连接
内存管理函数	CoTaskMemAlloc	内存分配函数
	CoTaskMemRealloc	内存重新分配函数
	CoTaskMemFree	内存释放函数
	CoGetMalloc	获取 COM 库的内存管理器接口

6.3.1　COM 库的初始化

如果一个应用程序要用到 COM 的特性,那么它就不可避免地要调用 COM 库中的某些函数。为了使函数调用有效,在进行函数调用之前,必须调用 COM 库的初始化函数。

首先我们来看一下 COM 库本身是如何初始化的。在使用 COM 库中的函数(除 CoBuildVerslon 外,此函数将返回 COM 库的版本号)之前,进程必须先调用 CoInitialize 来初始化 COM 库函数。当进程不再需要使用 COM 库函数时,必须调用 CoUninitialize。这些函数的原型定义如下:

```
HRESULT CoInitialize ( void * reserved);//Argument must be NULL
void CoUninitialize ( );
```

对每一个进程,COM 库函数只需初始化一次。这并不是说不能多次调用 CoInitialize 函数,但需要保证每一个 CoInitialize 都有一个相应的 CoUninitialize 调用。当进程已经调用过 CoInitialize 后,再次调用此函数所得到的返回值将是 S_FALSE 而不再是 S_OK,如果返回 E_UNEXPECTED,则表明在初始化过程中发生了错误,应用程序不能使用 COM 库。

6.3.2　COM 对象的创建

创建一个 COM 对象也需要 COM 库的支持,即 CoCreateInstance 的函数。此函数需要一个 CLSID 参数,在此基础上创建相应构件的一个实例,并返回此构件实例的某个接口。本节将讨论如何使用 CoCreateInstance。下面先来看一下 CoCreateInstance 的定义。

CoCreateInstance 的声明如下:

```
HRESULT _stdcall CoCreateInstance (
    const CLSID& clsid,
    IUnknown * pIUnknownOuter,//Outer Component
    DWORD dwClsContext, //Server context
    const IID& iid,
    void * * ppw
    );
```

可以看到,CoCreateInstance 有四个输入参数和一个输出参数。第一个参数是待创建构件的 CLSID;第二个参数是用于聚合构件的;第三个参数 dwClsContext 可以控制所创建的构件是在与客户相同的进程中运行,还是在不同的进程中运行,或者是在另外一台机器上运行。此参数的值可以是如表 6 – 3 所列各值的组合。

第四个参数 iid 为构件上待使用的接口的 IID。CoCreateInstance 将在最后一个参数中返回此接口的指针。通过将一个 IID 传给 CoCreateInstance,客户将无需在创建构件之后去调用其 QueryInterface 函数。

表 6 – 3　dwClsContext 参数

取　值	含　义
CLSCTX_INPROC_SERVER	客户希望创建在同一进程中运行的构件。为能够同客户在同一进程中运行,构件必须是在 DLL 中实现的。
CLSCTX_INPROC_HANDLER	客户希望创建进程中处理器。一个进程中处理器实际上是一个只实现了某个构件一部分的进程中构件。该构件的其他部分将由本地或远程服务器上的某个进程外构件实现。
CLSCTX_LOCAL_SERVER	客户希望创建一个在同一机器上的另外一个进程中运行的构件。本地服务器是由 EXE 实现的。
CLSCTX_REMOTE_SERVER	客户希望创建一个在远程机器上运行的构件。此标志需要分布式 COM 正常工作。

CoCreateInstance 的使用同 QueryInterface 的使用是一样简单的:

```
//创建 COM 对象
IAdvancedMath * pIAdvancedMath = NULL;
HRESULT hr = : : CoCreateInstance( CLSID_CMath, NULL,CLSCTX_INPROC_SERVER,
            IID_IAdvancedMath, ( void * * ) &pIAdvancedMath);
if( SUCCEEDED( hr) )
{
  bool bResult;
  pIAdvancedMath -> Fabonacci( 10,&bResult);
  pIAdvancedMath -> Release( );
}
```

　　虽然看上去创建一个 COM 对象的过程很简单,但实际上在创建的过程中还涉及一系列复杂的机制,只是这些复杂的机制对用户来说是透明的。下面两节我们将介绍类厂,并了解一个 COM 对象创建的完整流程。

6.3.3　类厂

　　上一节我们看到 CoCreateInstance 创建构件的过程是:传给它一个 CLSID,然后它创建相应的构件,并返回指向所请求的接口的指针。但 CoCreateInstance 实际上并没有直接创建 COM 构件,而是创建了一个被称作是类厂的构件,类厂实际创建了相应的 COM 构件。

　　类厂就是构件对象类的工厂,类厂是将构件对象类实例化为 COM 对象的生产基地,COM 库通过类厂创建 COM 对象。更精确地讲,某个特定的类厂将只创建某个特定的 CLSID 对应的构件。客户可以通过类厂所支持的接口来对类厂创建构件的过程加以控制。

　　COM 规范中规定,每一个 COM 对象类应该有一个相应的类厂对象,如图 6 – 4 (a)所示。如果一个构件程序实现了多个 COM 对象类,则相应地有多个类厂,如图 6 – 4 (b)显示了一个构件中有两个对象类的情形,类厂 1 负责对象 1 的创建,类厂 2 负责对象 2 的创建。当然,因为类厂的代码并不复杂,只包含一些基本的接口代码以及创建对象的代码,不同类厂的代码很相似,所以在多个类厂存在的情况下,应该考虑类厂代码的复用。我们可以编写一个通用的类厂代码,把不同构件对象类的信息放在一个数据结构中,当客户程序请求创建某个 CLSID 的类厂时,可以选择对应的信息结构,然后返回类厂接口指针,以后就使用该信息结构来完成实际对象的创建工作。

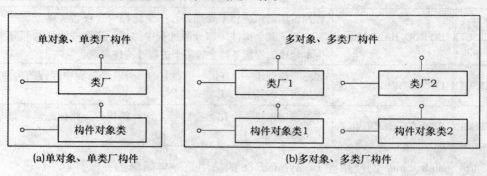

图 6-4　类厂的结构

类厂也是一个 COM 对象。创建构件的标准接口是 IClassFactory。用 CoCreateInstance 创建的构件实际上是通过 IClassFactory 创建的。IClassFactory 的定义如下:

```
class IClassFactory:public IUnknown
{
    virtual HRESULT _stdcall CreateInstance(IUnknown * pUnknownOuter,const IID& iid, void * * ppv) =0;
    virtual HRESULT _stdcall LockServer(BOOL block) =0;
}
```

接口 IClassFactory 有一个重要的成员函数 CreateInstance,用于创建对应的 COM 对象。因为每个类厂只针对特定的构件对象类,所以 CreateInstance 成员函数知道该创建什么样的 COM 对象。在 CreateInstance 成员函数的参数中,第一个参数 pUnknownOuter 用于对象类被聚合的情形。在这里,我们一般把 pUnknownOuter 设成 NULL;第二个参数为对象创建完成后客户应该得到的初始接口 IID;第三个参数 ppv 存放返回的接口指针。IClassFaetory 的另一个成员函数 LoekServer 用于控制构件的生命周期,这里就不再详细介绍了。

接下来我们再看看类厂是如何被使用的。因为类厂本身也是个 COM 对象,它被用于其他 COM 对象的创建,那么类厂对象又由谁来创建呢? 答案是 DLLGetClassObject 导出函数,DLLGetClassObject 函数并不是 COM 库的函数,而是由构件程序实现的导出函数。DLLGetClassObject 函数的原型如下:

HRESULT DLLGetClassObject (const CLSID&clsid, const IID& iid, (void * *)ppv)

DLLGetClassObject 函数的第一个参数为待创建对象的 CLSID,因为一个构件可能实现了多个 COM 对象类,所以在 DLLGetClassObject 函数的参数中有必要指定 CLSID,以便创建正确的类厂。另两个参数 iid 和 ppv 分别用于指定接口 IID 和存放类厂接口指针。

COM 库在接到对象创建的指令后,它要调用进程内构件的 DLLGetClassObject 函数,由该函数创建类厂对象,并返回类厂对象的接口指针,COM 库或者客户一旦有了类厂的接口指针,它们就可以通过类厂接口 IClassFactory 的成员函数 CreateInstance 创建相应的 COM 对象。

6.3.4　COM 对象创建流程

根据前面所学知识,下面给出一个完整的 COM 对象的创建流程,涉及客户程序、COM 库和类厂三者的交互。

CoCreateInstance 是一个被包装过的辅助函数,下面给出了函数的内部实现。可以看到在它的内部实际上也调用了 CoGetClassObiect 函数,CoCreateInstance 的参数 clsid、dwClsContext、iid 和 ppv 的含义与 CoGetClassObiect 相应的参数一致,参数 pUnknownOuter 与类厂接口的 CreateInstance 中对应的参数一致,主要用于对象被聚合的情形。CoCreateInstance 函数把通过类厂创建对象的过程封装起来了,客户程序只要指定对象类的 CLSID 和待输出的接口指针及接口 ID,函数返回后,客户就可以得到对象的接口指针,客户程序可以不与类厂打交道。

```
HRESULT CoCreatelnstance( const CLSID& clsid, IUnknown * pUnknownOuter, DWORD dwClsContext,
const IID& iid, void * ppv)
  {
    IClassFactory * pCF;
    HRESULThr;
    hr = CoGetClassObject( clsid, dwClsContext, NULL, lID_IClassFactory, ( void * ) pCF);
    if ( FAILED( hr) )
       return hr;
    hr = pCF -> CreateInstance( pUnkOuter, iid, ( void * )ppv) ;
    pCF -> Release( );
    return hr;
  }
```

CoCreateInstance 函数首先利用 CoGetClassObject 函数创建类厂对象,然后用得到的类厂对象的接口指针创建真正的 COM 对象,最后把类厂对象释放掉并返回。过程并不复杂,但却很好地把类厂屏蔽起来了,使用户用起来更为简单。实现过程如图 6-5 所示。

各步骤的描述如下:

(1) CoCreateInstance 调用 CoGetClassObject 函数;

(2) COM 库找到 DLL 程序并装入进程;

(3) 调用 DLLGetClassObject 函数;

(4) DLLGetClassObject 创建类厂;

(5) DLLGetClassObject 函数将类厂接口指针返回给 CoGetClassObject 函数;

(6) CoGetClassObject 函数将类厂接口指针返回给 CoCreateInstance 函数;

(7) CoCreateInstance 获得类厂的接口指针后,调用类厂的对象创建函数;

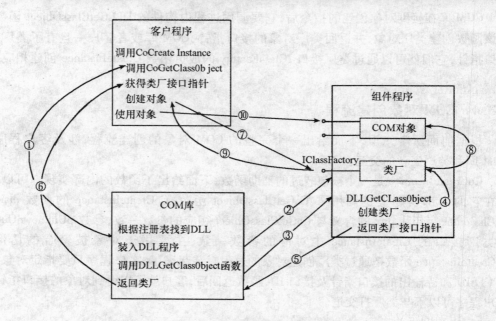

图 6-5 COM 对象的创建流程

（8）类厂创建 COM 对象；

（9）类厂把 COM 对象返回给 CoCreateInstance 函数，CoCreateInstance 函数返回给客户；

（10）客户调用 COM 对象。

6.4 Visual C++ COM 编程技术

MFC 提供了全面的 COM 支持。这一节将重点介绍 MFC 在基本 COM 接口和对象方面所提供的各项支持，包括 MFC 实现 COM 接口的机制、CCmdTarget 实现、IUnknown 以及 MFC COM 程序中类厂的实现原理。

MFC 提供了若干组宏，以对 COM 编程进行支持，我们从四个方面进行讨论：

1. CCmdTarget 类

MFC 提供了 CmdTarget 类，提供了对 IUnknown 的实现，采用复合的方式提供对 COM 的支持。为了支持聚合，它实现了两个 IUnknown。

```
long m_dwRef; //引用计数
LPUNKNOWN m_pOuterUnknown; //指向外部对象
DWORD_PTR m_xInnerUnknown; //指向实现非委托的 IUnknown 的子对象

DWORD InternalQueryInterface( const void * , LPVOID * ppvObj);
DWORD InternalAddRef( );
DWORD InternalRelease( ); //以上三个为非委托的
DWORD ExternalQueryInterface( const void * , LPVOID * ppvObj);
DWORD ExternalAddRef( );
```

```
DWORD ExternalRelease( ); //以上为委托的
LPUNKNOWN GetInterface( const void * );
```

m_ dwRef 数据成员是对象的引用计数,内部 IUnknown 的两个成员函数 InternalAddRef 和 InternalRelease 负责维护此引用计数。当对象没有被聚合时,外部 IUnknown 的成员函数 External XXX 调用内部 IUnknown 的成员函数 InternalXXX;当对象 被聚合时,外部 IUnknown 的成员函数 ExternalXXX 调用外部控制 IUnknown,即 m_ pOuterUnknown 的相应成员函数。

COM 对象类从 CCmdTarget 类派生,以实现 IUnknown。

2. 用嵌套类实现 COM 接口

6.2.4 节给出了接口的C++定义。为了简化 MFC,提供了三个宏进行封装。

```
BEGIN_INTERFACE_PART( localClass, baseClass)
INIT_INTERFACE_PART( theClass, localClass)
END_INTERFACE_PART( localClass)
```

这一组宏的定义如下:

```
// BEGIN_INTERFACE_PART( localClass, baseClass)
#define BEGIN_INTERFACE_PART( localClass, baseClass)
class X##localClass:public baseClass
{
public:
  STDMETHOD_( ULONG, AddRef)( );
  STDMETHOD_( ULONG, Release)( );
  STDMETHOD( QueryInterface)( REFIID iid, LPVOID * ppvObj);
  // INIT_INTERFACE_PART( theClass, localClass)
#define INIT_INTERFACE_PART( theClass, localClass)
  size_t m_nOffset;
  X##localClass( )
  { m_nOffset = offsetof( theClass, m_x##localClass); }
  // END_INTERFACE_PART( localClass)
#define END_INTERFACE_PART( localClass)
} m_x##localClass;
friend class X##localClass; \
```

其中##是连接符,可以将##前后的字符串拼接成一个字符串。如 X##SimpleMath 即为 XSimpleMath。

从定义中可以看出,嵌套类的类名为 XlocalClass,嵌套类的实例成员名为 m_ xlocalClass。BEGIN_INTERFACE_PART 还定义了接口的前三个成员函数:QueryInterface、AddRef 和 Release。在宏 INIT_INTERFACE_PART 中定义了记录偏移量的数据成员 m_ nOffset,并在嵌套类的构造函数中对 m_nOffset 进行了初始赋值。

使用这一组宏,CMath 类的接口定义可以简化为:

```
BEGIN_INTERFACE_PART(SimpleMath, ISimpleMath)
  INIT_INTERFACE_PART(CMath, SimpleMath)
  STDMETHOD_(HRESULT, Add)(int,int,int * );
  STDMETHOD_(HRESULT, Subtract)(int,int,int * );
  STDMETHOD_(HRESULT, Multiply)(int,int,int * );
  STDMETHOD_(HRESULT, Divide)(int,int,int * );
END_INTERFACE_PART_STATIC(SimpleMath)
  //IAdvancedMath
BEGIN_INTERFACE_PART(AdvancedMath, IAdvancedMath)
  INIT_INTERFACE_PART(CMath, AdvancedMath)
  STDMETHOD_(HRESULT, Factorial)(int,int * );
  STDMETHOD_(HRESULT, Fabonacci)(int,int * );
END_INTERFACE_PART_STATIC(AdvancedMath)
```

3. 接口映射表

前面曾经提到过 MFC 对 COM 的支持。从 CCmdTarget 类开始,CCmdTarget 使用了一种与消息映射表非常类似的机制来实现 COM 接口,我们把这种机制称为接口映射表。接口映射表的基本思路就是前面介绍的嵌套类,但它通过一组宏把这些细节隐藏起来了。

实现 COM 接口的关键是引用计数和 QueryInterface 函数的实现。MFC 的引用计数实现方法很简单,在 CCmdTarget 中使用 m_dwRef 数据成员作为计数器,然后按照 COM 规范维护计数器的增 1 和减 1 操作,所有的接口共享同一个引用计数器。QueryInterface 函数的实现则通过接口映射表中记录的 CCmdTarget 类中每一个嵌套类的接口以及接口 vtable 与父类 this 指针之间的偏移量实现接口查询。MFC 使用的接口映射表隐藏了这些细节,使程序编写更加简洁。比如在例子中可以使用下面一组宏来实现接口映射表:

```
DECLARE_INTERFACE_MAP( )
BEGIN_INTERFACE_MAP( CMath, CCmdTarget)
  INTERFACE_PART(CMath,IID_ISimpleMath,SimpleMath)
  INTERFACE_PART(CMath,IID_IAdvancedMath,AdvancedMath)
END_INTERFACE_MAP( )
```

限于篇幅原因,这些宏的定义就不展开了。

4. 导出函数和类厂

前面介绍的内容基本上都发生在 COM 对象的内部,只局限在对象和接口的定义和实现上,现在我们从整个构件的角度出发来讨论构件程序的标准,导出函数的实现以及 COM 类厂的实现原理。

假定我们生成了一个支持 COM(在 AppWizard 中选中"Automation"检查框)的正规

DLL,则 Visual C++ 自动为我们生成了标准的导出函数,代码如下:

```
STDAPI DllGetClassObject( REFCLSID &clsid, REFIID &iid, LPVOID * ppv)
{
    AFX_MANAGE_STATE( AfxGetStaticModuleState( ) );
    return AfxDllGetClassObject( &clsid, &iid, ppv);
}

STDAPI DllCanUnloadNow( void)
{
    AFX_MANAGE_STATE( AfxGetStaticModuleState( ) );
    return AfxDllCanUnloadNow( );
}

// by exporting DllRegisterServer, you can use regsvr. exe
STDAPI DllRegisterServer( void)
{
    AFX_MANAGE_STATE( AfxGetStaticModuleState( ) );
    COleObjectFactory::UpdateRegistryAll( );
    return S_OK;
}
```

我们在 COM 对象的类定义中使用宏 DECLARE_OLECREATE( ) 来加入嵌套类的类厂成员,从而使得对象可以被客户程序调用 CoCreateInstance 函数创建。

在类的定义中加上:

```
DECLARE_OLECREATE( CMath)
```

宏定义了一个静态的嵌套类类厂成员和一个 GUID。然后在类的实现中使用 IMPLEMENT_OLECREATE 宏来对类厂成员进行初始化,并给 GUID 赋值。

```
IMPLEMENT_OLECREATE( CMath, "Math. Object",
    0x54bf6567, 0x1007, 0x11d1, 0xb0, 0xaa, 0x44, 0x45, 0x53, 0x54, 0x00, 0x00)
```

6.5　Visual C++ 中 COM 编程实例

作为实例,我们使用 Visual C++6.0 开发工具,设计开发一个实现四则运算的 com 构件。在此基础上再学习利用自动化技术扩充第四章中和学生课程管理系统,使之能够将学生成绩导出到 Word 文档中。

6.5.1　COM 构件编程实例

MFC 为我们开发 COM 构件程序提供了强大的支持,使我们的开发工作变得更加简单。

下面,我们将完整地编写一个 COM 构件程序的例子实现前面所讲述的四则运算及其他高级运算的功能。通过这个例子,我们能够更好地理解前面所讲述的 COM 构件的相关概念。

1. 创建项目框架

新建一个 MFC(DLL)应用程序,如图 6 - 6 所示。在 Step1 中勾选 Automation 选项,如图 6 - 7 所示。

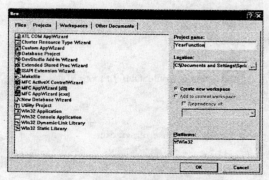

图 6 - 6　新建 MFC 应用程序

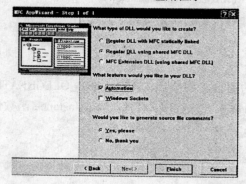

图 6 - 7　勾选 Automation 选项

2. 创建 COM 接口

在工程中点击 File –> New 菜单,新建一个接口描述文件"imath. idl",如图 6 - 8 所示。

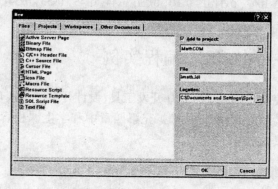

图 6 - 8　新增接口文件

文件其内容如下：

```
import "unknwn. idl";
//接口 ISimpleMath
[
    object,
    uuid( 7C8027EA - A4ED - 467c - B17E - 1B51CE74AF57)
]
interface ISimpleMath：IUnknown
{
    HRESULT Add([in]int nOp1,[in]int nOp2,[out]int * result);
    HRESULT Subtract([in]int nOp1,[in]int nOp2,[out]int * result);
    HRESULT Multiply([in]int nOp1,[in]int nOp2,[out]int * result);
    HRESULT Divide([in]int nOp1,[in]int nOp2,[out]int * result);
};
//接口 IAdvancedMath
[
    object,
    uuid( CA3B37EA - E44A - 49b8 - 9729 - 6E9222CAE84F)
]
interface IAdvancedMath：IUnknown
{
    HRESULT Factorial([in]int nOp1,[out]int * result);
    HRESULT Fabonacci([in]int nOp1,[out]int * result);
};
```

打开 Project -> Settings 菜单，在左侧文件树中选择 imath. idl 文件，在右侧窗口中选择 MIDL 选项卡，并按图 6 - 9 配置。

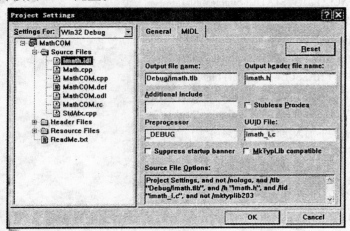

图 6 - 9　配置 MIDL 选项卡

3. 创建 COM 对象

使用 New Class 功能新增一个类 CMath，选择基类为 CCmdTarget，如图 6 - 10 所示。

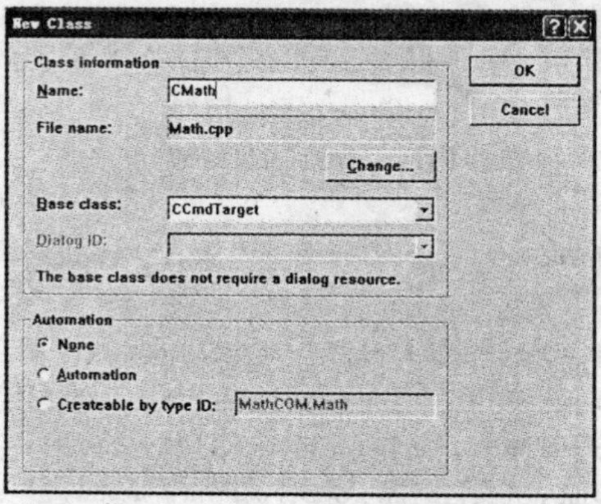

图 6 - 10　新增 CMath 类

在类 math. h 文件中添加引用：

#include "imath. h"

#include "imath_i. c"

并在 CMath 的定义中，Public：下加入嵌套类：

//ISimpleMath

BEGIN_INTERFACE_PART(SimpleMath,ISimpleMath)

　INIT_INTERFACE_PART(CMath,SimpleMath)

　STDMETHOD_(HRESULT,Add)(int,int,int＊);

　STDMETHOD_(HRESULT,Subtract)(int,int,int＊);

　STDMETHOD_(HRESULT,Multiply)(int,int,int＊);

　STDMETHOD_(HRESULT,Divide)(int,int,int＊);

END_INTERFACE_PART_STATIC(SimpleMath)

//IAdvancedMath

BEGIN_INTERFACE_PART(AdvancedMath,IAdvancedMath)

　INIT_INTERFACE_PART(CMath,AdvancedMath)

　STDMETHOD_(HRESULT,Factorial)(int,int＊);

　STDMETHOD_(HRESULT,Fabonacci)(int,int＊);

END_INTERFACE_PART_STATIC(AdvancedMath)

然后在 Protected：下加入接口映射表声明

DECLARE_INTERFACE_MAP()

并定义类厂对象：

DECLARE_OLECREATE(CMath)

最后，在 Private：下加入两个函数

```
int static calcFactorial( int nOp) ;
int static calcFabonacci( int nOp) ;
```

用于递归计算阶乘和斐波那契数列。

在类 CMath 的实现文件中添加接口 ID 和接口映射表的定义：

```
BEGIN_INTERFACE_MAP( CMath, CCmdTarget)
  INTERFACE_PART( CMath, IID_ISimpleMath, SimpleMath)
  INTERFACE_PART( CMath, IID_IAdvancedMath, AdvancedMath)
END_INTERFACE_MAP( )
```

以及类厂对象的定义：

```
IMPLEMENT_OLECREATE( CMath, "Math. Object",
0x54bf6567, 0x1007, 0x11d1, 0xb0, 0xaa, 0x44, 0x45, 0x53, 0x54, 0x00, 0x00)
```

并添加函数实现：

```
/////////////////////////////////////////////////////////
// CMath: : XSimpleMath
STDMETHODIMP_( ULONG) CMath: : XSimpleMath: : AddRef( )
{
  METHOD_PROLOGUE_EX_( CMath, SimpleMath)
  return ( ULONG) pThis –> ExternalAddRef( ) ;
}

STDMETHODIMP_( ULONG) CMath: : XSimpleMath: : Release( )
{
  METHOD_PROLOGUE_EX_( CMath, SimpleMath)
  return( ULONG) pThis –> ExternalRelease( ) ;
}

STDMETHODIMP CMath: : XSimpleMath: : QueryInterface(
  REFIID iid, LPVOID * ppvObj)
{
  METHOD_PROLOGUE_EX_( CMath, SimpleMath)
  return( HRESULT) pThis –> ExternalQueryInterface( &iid, ppvObj) ;
}
STDMETHODIMP CMath: : XSimpleMath: : Add( int nOp1, int nOp2, int * result)
{
  * result = nOp1 + nOp2 ;
  return S_OK;
}
```

```
STDMETHODIMP CMath∷XSimpleMath∷Subtract( int nOp1 , int nOp2 , int * result)
{

    * result = nOp1 − nOp2;
    return S_OK;

}

STDMETHODIMP CMath∷XSimpleMath∷Multiply( int nOp1 , int nOp2 , int * result)
{

    * result = nOp1 * nOp2;
    return S_OK;

}

STDMETHODIMP CMath∷XSimpleMath∷Divide( int nOp1 , int nOp2 , int * result)
{
  if( nOp2 == 0)
      * result = 0;
  else
      * result = nOp1/nOp2;
  return S_OK;

}
//////////////////////////////////////////////////////////////
// CMath∷XAdvanceMath
STDMETHODIMP_( ULONG) CMath∷XAdvancedMath∷AddRef( )
{

   METHOD_PROLOGUE_EX_( CMath , AdvancedMath)
   return( ULONG) pThis −> ExternalAddRef( );

}

STDMETHODIMP_( ULONG) CMath∷XAdvancedMath∷Release( )
{

   METHOD_PROLOGUE_EX_( CMath , AdvancedMath)
   return( ULONG) pThis −> ExternalRelease( );

}

STDMETHODIMP CMath∷XAdvancedMath∷QueryInterface(
   REFIID iid , LPVOID * ppvObj)
{

   METHOD_PROLOGUE_EX_( CMath , AdvancedMath)
   return( HRESULT) pThis −> ExternalQueryInterface( &iid , ppvObj);

}
STDMETHODIMPC Math∷XAdvancedMath∷Fabonacci( int nOp1 , int * result)
{

    * result = calcFabonacci( nOp1);
    return S_OK;
```

```
}
STDMETHODIMP CMath::XAdvancedMath::Factorial(int nOp1,int * result)
{
  * result = calcFactorial(nOp1);
  return S_OK;
}
int CMath::calcFactorial(int nOp)
{
  if(nOp < =1)
    return 1;
  return nOp * calcFactorial(nOp-1);
}
int CMath::calcFabonacci(int nOp)
{
  if(nOp ==1)
    return 1;
  else if(nOp ==0)
    return 0;
  else
    return calcFabonacci(nOp-1) + calcFabonacci(nOp-2);
}
```

都完成后,编译可生成 MathCOM. DLL。

4. 注册 COM 构件

前面讲到了 COM 构件被安装后会在 Windows 注册表中注册自身的信息,然后客户程序才能根据注册表中的信息对构件程序进行操作。根据构件程序的能力不同,我们把构件程序分为自注册构件程序(self-registering)或者非自注册构件程序,如果构件程序提供了自动注册的能力,则称为自注册构件程序,否则称为非自注册构件程序。对于非自注册构件程序,其注册过程与构件程序没有直接关系,必须单独进行注册信息的配置。下面简单介绍一下自注册构件。

首先,进程内构件和进程外构件的自注册过程有所不同,对于进程内构件来说,因为它只是一个动态连接库,本身不能直接运行,所以必须被某个进程调用才能获得控制;而对于进程外构件来说,因为它本身是一个可执行的程序,所以它可以直接执行,在执行过程中完成自身的注册操作。

Windows 系统提供了一个用于注册进程内构件的实用工具 RegSvr32. exe(通常位于 WINDOWS\system32 目录下),只要进程内构件提供了相应的入口函数,RegSvr32 就可以完成注册或注销工作。构件程序的两个用于注册和注销的入口函数为 DLLRegisterServer 和 DLLUnRegisterServer。

RegSvr32 程序本身并不进行注册工作,当我们用下面的命令行方式运行 RegSvr32 时:

RegSvr32 C:\MathCOM\MathCOM. DLL

RegSvr32 调用构件程序 MathCOM. DLL 中的 DLLRegisterServer 函数完成构件程序的注册工作,将相关信息写入注册表。

当我们用下面的命令行方式运行 RegSvr32 程序时:

RegSvr32 /u C:\MathCOM\MathCOM. DLL

RegSvr32 调用构件程序 MathCOM. DLL 中的 DLLUnRegisterServer 函数完成构件程序的注销工作,从注册表中将相关信息删除。

5. 测试 COM 构件

接下来我们编写一个客户端程序来测试我们编写的 COM 构件。

(1)新建一个控制台应用程序,名字叫 COMTEST,如图 6 - 11 所示。选择"A simple application",如图 6 - 12 所示。

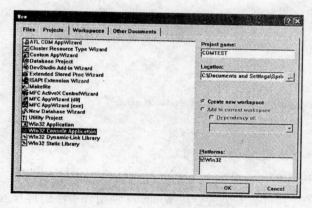

图 6 - 11　新建 COMTEST 工程

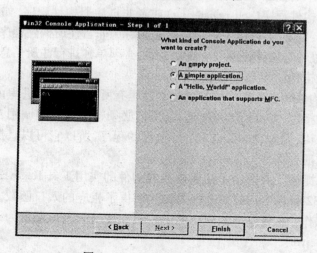

图 6 - 12　选择应用程序类型

(2)将 COM 构件文件夹下面的 imath. h 和 imath_i. c 文件复制到 COMTEST 工程文件夹下。

(3)在 COMTEST. cpp 文件中添加引用:

```
#include "imath. h"
#include "imath_i. c"
#include <stdio. h>
```

(4)在 main 函数中添加以下内容

```
IUnknown *pUnknown;
ISimpleMath *pISimpleMath;
int iResult;
HRESULT hResult;
GUID mathCLSID;
//通过 ProgID 得到构件的 CLSID
hResult = ::CLSIDFromProgID( L"Math. Object", &mathCLSID);
//初始化 COM 库
hResult = CoInitialize( NULL);
if (!SUCCEEDED(hResult))
{
  printf("Initialize COM library failed!\n");
  return -1;
}
//创建 COM 对象,获得 IUnknown 接口
hResult = CoCreateInstance( mathCLSID, NULL, CLSCTX_INPROC_SERVER,
  IID_IUnknown, (void **)&pUnknown);
if (!SUCCEEDED(hResult))
{
  printf("Create object failed!\n");
  return -2;
}
//通过 QueryInterface 从 IUnknown 找到 IID_ISimpleMath
hResult = pUnknown -> QueryInterface( IID_ISimpleMath, (void **)&pISimpleMath);
if (!SUCCEEDED(hResult))
{
  pUnknown -> Release();
  printf("QueryInterface ISimpleMath failed!\n");
  return -3;
}
//通过调用 Add 函数来计算 10 + 10
hResult = pISimpleMath -> Add(10,10,&iResult);
```

```
    if (SUCCEEDED(hResult)) {
        printf("10 + 10 = %d. \n", iResult);
    }
    //通过调用 Subtract 函数来计算 10 - 10
    hResult = pISimpleMath -> Subtract(10,10,&iResult);
    if (SUCCEEDED(hResult)) {
        printf("10 - 10 = %d. \n", iResult);
    }
    //通过调用 Multiply 函数来计算 10 × 10
    hResult = pISimpleMath -> Multiply(10,10,&iResult);
    if (SUCCEEDED(hResult)) {
        printf("10 × 10 = %d. \n", iResult);
    }
    //通过调用 Divide 函数来计算 10/10
    hResult = pISimpleMath -> Divide(10,10,&iResult);
    if (SUCCEEDED(hResult)) {
        printf("10 / 10 = %d. \n", iResult);
    }
    IAdvancedMath * pIAdvancedMath;
    //从 pISimpleMath 接口找到 pIAdvancedMath 接口指针
    hResult = pISimpleMath -> QueryInterface(IID_IAdvancedMath,
    (void * * ) &pIAdvancedMath);
    if (!SUCCEEDED(hResult)) {
        pUnknown -> Release();
        printf("QueryInterface IAdvancedMath failed!\n");
        return -3;
    }
    //通过调用 Factorial 函数来计算 10 的阶乘
    hResult = pIAdvancedMath -> Factorial(10,&iResult);
    if (SUCCEEDED(hResult)) {
        printf("10^ = %d. \n", iResult);
    }
    //通过调用 Fabonacci 函数来计算斐波那契数列
    hResult = pIAdvancedMath -> Fabonacci(10,&iResult);
    if (SUCCEEDED(hResult)) {
        printf("Fabonacci(10) = %d. \n", iResult);
    }
    //卸载 COM 库
    CoUninitialize();
    return 0;
```

（5）运行结果如图 6 – 13 所示：

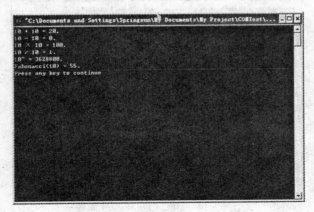

图 6 – 13   运行结果

6.5.2   自动化技术编程实例

在前面的章节里，我们已经讲述了 COM 的基本原理，并实现了一个例子。这些内容对于我们理解 COM 以及深入研究 COM 很有用。在实际应用开发中，开发者可能并不一定直接开发一个 COM 构件，而是通过自动化技术调用一些商业的 COM 构件。本节通过 COM 操作 Word 的例子来让大家理解自动化技术。

自动化技术（以前也被称作"OLE 自动化"）建立在 COM 基础上，但自动化比 COM 应用更加广泛。一方面，自动化继承了 COM 的很多优点，比如语言无关、进程透明等特性；另一方面，自动化简化了 COM 的一些底层细节，比如属性和方法的处理，提供了一组专用于自动化的数据类型等。自动化也是 OLE 的基础，所以可以把自动化看作 COM 和 OLE 中间的一项技术。但假如我们不从 OLE 的角度而仅仅从 COM 应用的角度来看待自动化技术，则可能更为合适，也符合现在应用的发展趋势。

自动化技术实际上是 COM 的一个特例。我们知道，COM 对象实现了标准的接口 IUnknown，正如接口名字所指示的，COM 对象可以容纳任何接口。客户通过这个"什么都不知道"的接口可以了解到所有对象的其他接口信息，所以，也可以说，IUnknown 接口其实是一个"什么都知道"的接口。但是自动化对象没有这么灵活，它的特性完全表现在 IDispatch 接口上（当然它也实现了 IUnknown 接口）。只要一个 COM 对象实现了 IDispatch 接口，那么它就是一个自动化对象，反之亦然。

这里并不详细讲解自动化技术，仅通过一个操作 Word 的实例让大家对自动化技术有一个初步了解。如果想了解自动化技术的详情，请参阅相关教材。

回想学习数据库连接时编写的选课的例子，现在我们考虑在里面新增加一个功能：将课程成绩的查询结果生成一个 Word 文档。

打开第四章中的 TeachingDB 工程。通过 MFC ClassWizard 导入 Word 的库函数，如图 6 – 14 所示。点击 Add Class，选择 From a type library，如图 6 – 15 所示在对话框中选择 MSWORD. OLB 文件，该文件通常在"X：\Program Files\Microsoft Office\OFFICE11"文件夹下。

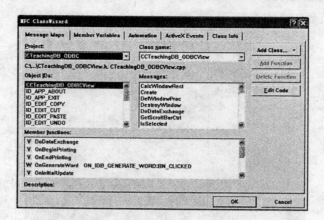

图 6 - 14　MFC ClassWizard 向导

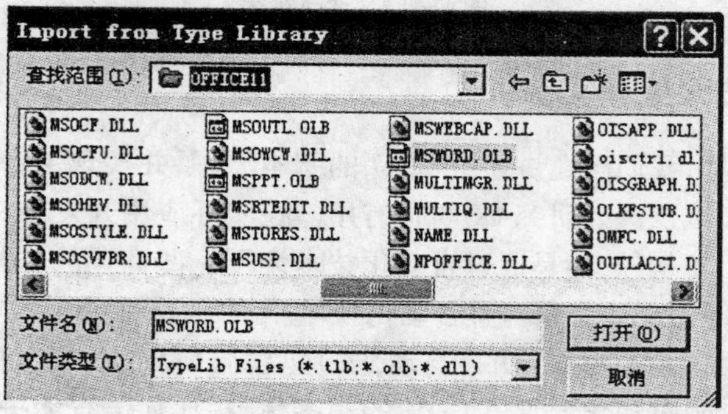

图 6 - 15　导入 MSWORD. OLB 文件

　　如图 6 - 16 所示,选择该类库中的_Application、Documents、_Document、Tables、Table、Rows、Row、Columns、Column、Cells、Cell、Selection 类,并点击 OK 确定,这时,工程内会新增"msword. cpp"和"msword. h"两个文件。

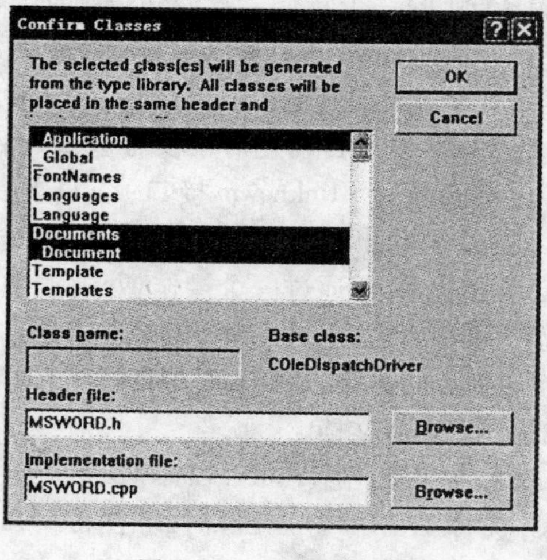

图 6 - 16　选择所需类

如图 6 - 17 所示,在 IDD_CTEACHINGDB_ODBC_FORM 中新增一个按钮"生成 Word 表格"。

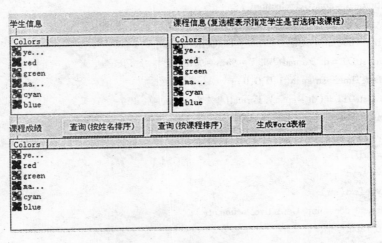

图 6 - 17 新增按钮

在 CTeachingDB_ODBCVIew. cpp 中新增两个引用:

```
#include " msword. h"
#include " atlbase. h"
```

编写按钮"生成 Word 表格"的点击事件。

```
void CCTeachingDB_ODBCView: :OnGenerateWord( )
{
    //获取 GradeListCtrl 的行数,若无数据,则不生成 Word
    int rowcount = m_GradeListCtrl. GetItemCount( ) + 1;
    if ( rowcount > 1 )
    {
        //初始化 COM 库
        AfxOleInit( );
        //实例化一个 Word 对象
        _Application app;
        COleVariant vTrue( ( short) TRUE) ,vFalse( ( short) FALSE) ;
        COleVariant vOptional( ( long) DISP_E_PARAMNOTFOUND, VT_ERROR) ;
        //两种方法
        app. CreateDispatch( _T( " {000209FF - 0000 - 0000 - C000 - 000000000046} " ) ) ;
        //app. CreateDispatch( _T( " Word. Application" ) ) ;
        app. SetVisible( FALSE) ;
        //Create New Doc
        Documents docs = app. GetDocuments( ) ;
        CComVariant tpl( _T( " " ) ) , Visble, DocType( 0) , NewTemplate( false) ;
```

· 191 ·

```
docs. Add( &tpl,&NewTemplate,&DocType,&Visble);
//Add Content:Text
Selection sel = app. GetSelection();
sel. TypeText(_T(" \t\t\t\t\t\t 选课情况 \r\n"));
COleDateTime dt = COleDateTime::GetCurrentTime();
CString strDT = dt. Format("%Y-%m-%d");
COleDateTimeSpan span(1,0,0,0);
CString strDT1 = (dt-span). Format("%Y-%m-%d");
CString strDate[ ] = {strDT1,strDT};
CString str(" \t\t\t\t\t\t\t\t\t\t\t\t\t\t");
str += strDT;
str += " \r\n";
sel. TypeText(str);
_Document doc = app. GetActiveDocument();
//Add Table
//获取 List Control 中的行数并加1(表头行)

Tables tables = doc. GetTables();
CComVariant defaultBehavior(2),AutoFitBehavior(1);
tables. Add( sel. GetRange(),rowcount,3,&defaultBehavior,&AutoFitBehavior);
//获取该表格
Table table = tables. Item(1);
//设置列宽
Columns cs = table. GetColumns();
Column cc = cs. Item(1);
cc. SetWidth(150. 0,0);
cc = cs. Item(2);
cc. SetWidth(200. 0,0);
cc = cs. Item(3);
cc. SetWidth(100. 0,0);
sel. TypeText(_T("姓名"));
sel. MoveRight(COleVariant((short)1),COleVariant(short(1)),
              COleVariant(short(0)));
sel. TypeText(_T("课程名"));
sel. MoveRight(COleVariant((short)1),COleVariant(short(1)),
              COleVariant(short(0)));
sel. TypeText(_T("成绩"));

int i,j;
Cell c;
for(i=2;i<=rowcount;i++)
{
```

```
    for(j = 1;j < = 3;j ++)
    {
        c = table. Cell(i,j);
        c. Select();
        Cells cs = sel. GetCells();
        sel. TypeText(m_GradeListCtrl. GetItemText(i - 2,j - 1));
        cs. ReleaseDispatch();
        c. ReleaseDispatch();
    }
}
app. SetVisible(TRUE);
int iresult = AfxMessageBox(_T("是否保存到 c:\\class. doc"),1,0);
if (iresult == IDOK)
{
    CComVariant FileName(_T("c:\\class. doc")); //文件名
    //若为 Office2007 以上版本则应为 doc. SaveAs2,并在函数的参数中最后新增 1 个参数
    //vOptional
    doc. SaveAs(&FileName,vOptional,vOptional,vOptional,vOptional,
            vOptional, vOptional, vOptional, vOptional, vOptional, vOptional, vOptional,
            vOptional,vOptional,vOptional);
}
c. ReleaseDispatch();
table. ReleaseDispatch();
tables. ReleaseDispatch();
sel. ReleaseDispatch();
doc. ReleaseDispatch();
docs. ReleaseDispatch();
app. ReleaseDispatch();
}
else
{
AfxMessageBox(_T("无数据,请检查!"));
}
AfxOleTerm();
}
```

运行该程序,在查询成绩后点击生成 Word 按钮,可将成绩表导出至 C:\class. doc 文件。

限于篇幅,这里不再详细介绍代码的含义,仅简单介绍一下程序中使用到的类:

Application:代表 Microsoft Word 应用程序。Application 对象包含可返回最高级对象的属性和方法。例如,ActiveDocument 属性可返回当前活动的 Document 对象。

Documents:是由 Word 当前打开的所有 Document（文档）对象所组成的集合。Documents 集合包含 Word 当前打开的所有 Document 对象。

Document:代表一篇文档。Document 对象是 Documents 集合中的一个元素。

Selection:该对象代表窗口或窗格中的当前所选内容。所选内容代表文档中被选定（或突出显示的）的区域,若文档中没有所选内容,则代表插入点。每个文档窗格只能有一个活动的 Selection 对象,并且整个应用程序中只能有一个活动的 Selection 对象。

Tables:代表当前 Document 文档中所有 Table(表格)对象所组成的集合。

Table:代表一个表格。Table 对象是 Tables 集合中的一个元素。

Cells:代表当前 Table 中所有 Cell(单元格)对象所组成的集合。

Cell:代表一个单元格。Cell 对象是 Cells 集合中的一个元素。

小　结

在本章中,我们从基于构件的软件开发方法开始,一步步讲述了 COM 的基本概念、结构和特点,并结合注册表和 GUID 讲解了 COM 如何实现了位置的透明性。

从接口的一般概念入手讲解了如何使用 IDL 和 C++ 定义接口,以及 COM 是如何使用 IUnknown 接口来实现生命周期管理和接口查询的。接口可以通过封装其内部实现细节而使一个由构件构成的系统免受变化的影响。只要接口不发生变化,那么应用程序或构件可以在不影响整个系统正常运行的情况下自由地变化,从而使得我们可以使用新构件来替换旧构件。

介绍了 COM 库和类厂的概念,并详细描述了客户程序是如何生成并调用一个 COM 对象的全过程。

Microsoft 是 COM 规范的提出者,MFC 对 COM 的开发提供了全面的支持,这主要是通过 CCmdTarget 类来实现的。我们使用 Visual C++ 6.0 开发工具,详细阐述了编写一个 COM 构件的步骤。在此基础上,初步使用自动化技术,对第四章数据库中的例子进行了进一步扩展,实现了将查询结果通过 Microsoft Office Word 的 COM 构件导出到 Word 中。

思 考 题

（1）简述 COM 的概念及其结构和特点。

（2）COM 是如何实现位置透明性的?

（3）用一个例子说明 C++ 是如何实现 COM 接口的。

（4）简述引用计数的三种层次,并比较优缺点。

（5）简述一个 COM 对象完整的创建过程。

（6）改写 CMath 构件,实现正玄、余玄计算的功能。

第三专题

软件开发新技术

第7章 Web 服务与 SOA

Web 服务(Web Service)使得运行在不同平台上的不同应用无需借助附加的、专门的第三方软件或硬件,就可以相互交换数据或集成。按照 Web 服务规范实施的应用系统之间,无论所使用的语言、平台或内部协议是什么,都可以相互交换数据、相互访问、相互集成。

Web 服务是目前实现面向服务体系结构(SOA)的最合适的一项技术,它满足了 SOA 的主要需求,并推动了 SOA 的发展。第一代 Web 服务协议 SOAP、WSDL 和 UDDI 奠定了一个非常好的发展基础,随着新的标准、规范和扩展,如定义业务流程的 WS – BPEL、解决安全性的 WS – Security、描述事务的 WS – Transaction 等的大量涌现,Web 服务将更好地适应 SOA 的发展。

本章介绍了 Web 服务的基本概念、特点以及与 SOA 之间的关系,阐述了 Web 服务中的三个重要技术 SOAP、WSDL 和 UDDI。

7.1 Web 服务基础

Web 服务是一个平台独立的、松耦合的、自包含的、基于可编程的 Web 应用程序,使用开放的 XML 标准描述、发布、发现、协调和配置这些应用程序,可开发分布式的互操作的应用程序。Web 服务能够提供某些服务,从而完成一个具体的任务,处理相关的业务或解决一个复杂的问题。此外,Web 服务使用标准化的 Internet 语言和标准化的协议在 Internet 和 Intranet 上展示它们的可编程功能部件,并通过自描述接口实现 Web 服务。这些自描述接口也基于开放的 Internet 标准。

下面针对定义中的一些概念做进一步的解释。

1. Web 服务是松耦合的软件模块

Web 服务之所以不同于以前的分布式计算体系结构,关键的一点是 Web 服务的协议、接口和注册服务可以使用松耦合的方式协同工作,为了做到这一点,服务接口的定义必须中立,独立于任何底层平台、操作系统及实现服务所使用的编程语言。因此,服务可以在一些不同的系统上实现,并以一致的形式和通用的方式交互。中立的接口定义将不会受到特定实现的影响,从而在服务间做到松耦合。

2. Web 服务语义封装各个独立的功能

Web 服务是一个完成单个任务的自包含的软件模块。该模块描述了自身的接口特征,例如可操作性、参数、数据类型和访问协议。基于这些信息,其他的软件模块将能确定该模块能完成什么功能,确定如何调用这些功能及确定可能的返回结果。Web 服务既可以是一个构件(细粒度),必须和其他构件结合才能进行完整的业务处理,也可以是一个应用程序或复杂的业务流程(粗粒度)。

3. 编程式访问 Web 服务

Web 服务提供了编程式访问,可将 Web 服务嵌入到远程应用系统中,从而提高了效率、响应性和精确性,这将给 Web 服务带来最大的附加值。与 Web 网站不同,Web 服务并不是主要面向人,而是在代码级上进行操作的。其他的软件模块和应用程序可以调用 Web 服务,并与 Web 服务交换数据。

4. 可动态发现 Web 服务并将其添加到应用中

与目前已有的接口机制不同,Web 服务可以进行动态装配,从而实现某个特定功能,解决某个具体问题,或向客户提供一个特定的解决方案。

5. 可使用标准的描述语言来描述 Web 服务

Web 服务描述语言既能描述功能性服务特性(Web 服务整体表现的操作特性),也能描述非功能性服务特性(Web 服务所在环境的特性)。

6. 可在整个 Internet 上分发 Web 服务

Web 服务使用通用的 Internet 协议,如 HTTP 等,所以可以利用已有的网络基础架构。不管 Web 服务是使用哪种编程语言实现的,都可以从不同的平台和操作系统进行访问,从而大大提高了不同应用程序共享数据和应用的能力。由于提供了标准化的方法来调用远程应用程序,Web 服务减少了基础架构所需的代码量。

7.1.1 Web 服务体系结构

Web 服务是一种部署在 Web 上的对象或构件,Web 服务是基于 Web 服务提供者、Web 服务请求者、Web 服务中介者,即服务注册中心三个角色和发布、发现、绑定三个动作构建的,如图7-1所示。

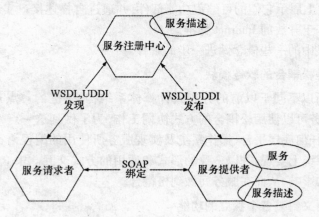

图 7-1　Web 服务体系结构

SOA 结构中共有三种角色:

（1）服务提供者（Service Provider），可以发布自己的服务，并且对使用自身服务的请求进行响应；

（2）服务注册中心（Service Registry），也经常被称为服务代理（Service Broker），用于注册已经发布的 Service Provider，对其进行分类，并提供搜索服务；

（3）服务请求者（Service Requester），利用服务注册中心查找所需的服务，然后使用该服务。

SOA 体系结构中的构件必须具有上述一种或多种角色。这些角色之间存在三种操作：

（1）发布（publish）操作，使服务提供者可以向服务注册中心注册自己的功能及访问接口；

（2）查找（Find）操作，使服务请求者可以通过服务注册中心查找特定种类的服务；

（3）绑定（Bind）操作，使服务请求者能够真正使用服务提供者提供的服务。

为了支持上述三种操作，需要对服务进行规范化描述，这种服务描述（Service Description）应具有下面几个重要特点。首先，服务描述应描述服务提供者的语义特征。服务注册中心使用语义特征对服务提供者进行分类，服务请求者根据语义特征来匹配那些满足要求的服务提供者。其次，服务描述应声明服务的功能性服务特性，公开服务的消息格式。最后，服务描述还应声明各种非功能性特性，如安全要求、事务要求、使用服务提供者的费用等。功能性服务特性和非功能性特性也可以用来帮助服务请求者查找服务提供者。

服务描述和服务实现是分离的，这使得服务请求者无需关心服务提供者的具体实现技术和物理位置。可以方便地切换服务提供者的不同的实现而不影响服务请求者的调用逻辑。服务请求者可以在服务提供者的具体实现正处于开发阶段、部署阶段或运行阶段时，对其具体实现进行绑定。

7.1.2　Web 服务技术架构

图 7-2 提供了由 IBM、Microsoft 和其他公司发布的 Web 服务的技术架构，其中并没有表示严格的分层，只是直观地展示了各个功能区之间的关系。

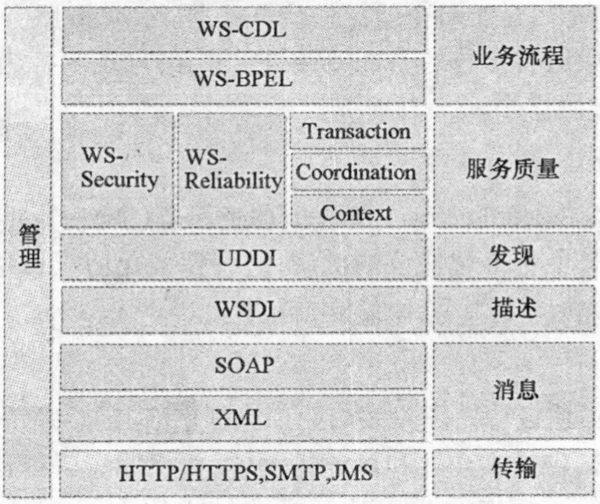

管理	WS-CDL			业务流程
	WS-BPEL			
	WS-Security	WS-Reliability	Transaction	服务质量
			Coordination	
			Context	
	UDDI			发现
	WSDL			描述
	SOAP			消息
	XML			
	HTTP/HTTPS,SMTP,JMS			传输

图 7-2　Web 服务技术架构

Web 服务的技术架构大致分为使能技术标准、核心服务标准、服务的组合与协作标准、协调/事务标准、其他标准等,下面对其一一进行介绍。

1. 使能技术标准

虽然 Web 服务并没有限定采用任一特定的传输协议,然而 Web 服务使用互联网连接和基础架构进行构建,从而确保几乎无障碍的连接,并能得到广泛的支持。例如,Web 服务在传输层利用了 HTTP 协议,也即 Web 服务器和浏览器所使用的连接协议。Web 服务的另一个使能技术是可扩展标记语言(XML)。XML 是一个被广泛采用的格式,用于交换数据及相应的语义。对于 Web 服务技术架构中的任何其他层,Web 服务基本都是 XML 作为基础的。

2. 核心服务标准

简单对象访问协议(SOAP):SOAP 是一个基于 XML 的简单的消息协议,Web 服务依靠该协议进行相互间的信息交换。SOAP 协议也使用 HTTP 这类常规的 Internet 传输协议进行数据的传输。我们将在 7.2 SOAP 节详细进行讨论。

服务描述(WSDL):WSDL 定义了 XML 语法,将服务描述为能够交换消息的通信端点的集合。成为客户端了解 Web 服务的功能、接口等的标准方法。我们将在 7.3 WSDL 节详细进行讨论。

服务发布(UDDI):使用 UDDI 可以进行 Web 服务的发布。UDDI 是一个公开目录,可提供在线服务的发布,并有助于 Web 服务的最终发现。公司可以发布它们所提供的服务的 WSDL 规范,其他公司可根据这个 WSDL 描述来访问那些服务。我们将在 7.4UDDI 节详细进行讨论。

3. 服务的组合与协作标准

服务组合(WS – BPEL):对于基于 Web 服务的应用程序,使用业务流程执行语言(WS – BPEL)定义它们的控制流以及相关规则,即可描述 Web 服务应用程序的执行逻辑。这样,企业可以描述横跨多个组织的业务流程,诸如订单流程、投诉处理等。

服务协作(WS – CDL):对于跨企业的一些 Web 服务,Web 服务编排描述语言(WS – CDL)可指定业务协作中所有参与的 Web 服务的共同的可观测行为,因此通过 Web 服务编排语言即可实现服务协作。

4. 协调/事务标准

Web 服务协调(WS – Coordination)和 Web 服务事务(WS – Transaction)对 BPEL 进行了补充,提供了定义具体的标准化协议的机制,这些标准化协议可用于事务流程系统、工作流系统或者其他需要协调多个 Web 服务的应用。

5. 其他标准

在 Web 服务能真正地自动处理关键的业务流程之前,仍然必须实现支持复合业务交互的一些其他服务标准,包括安全性和认证机制、授权机制、信任机制、隐私机制、安全会话机制、合同管理机制等。相应的 Web 服务标准包括 Web 服务安全性(WS – Security)、Web 服务策略(WS – Policy)、Web 服务管理(WS – Management)等。

7.1.3 Web 服务的应用领域

Web 服务基本上覆盖了传统分布计算技术的应用领域。Web 服务中吸收和采纳了许多新的技术,使得它比传统分布技术应用更加广泛。在应用系统集成、B2B 集成、跨越防火墙的通信、软件复用等应用领域,Web 服务获得了较为成功的应用。

1. 应用程序集成

企业级的应用程序开发者都知道,企业里经常要把用不同语言写的、在不同平台上运行的各种程序集成起来,而这种集成将花费很大的开发力量。通过 Web 服务,应用程序可以用标准的方法把功能和数据发布出来,供其他应用程序使用。

例如,一个订单登记程序,用于登记从客户来的新订单,包括客户信息、发货地址、数量、价格和付款方式等信息。同时,还有一个订单执行程序,用于实际货物发送的管理。这两个程序来自不同的软件厂商。一份新订单进来之后,订单登记程序需要通知订单执行程序发送货物。通过在订单执行程序上面增加一层 Web 服务,订单执行程序可以把"AddOrder"函数发布出来。这样,每当有新订单到来时,订单登记程序就可以调用这个函数来发送货物了。

2. B2B 集成

用 Web 服务集成应用程序,可以使公司内部的商务处理更加自动化。但当交易跨越了的供应商和客户、突破了公司的界线时又会怎么样呢 跨公司的商务交易集成通常叫做 B2B 集成。

Web 服务是 B2B 集成的关键。通过 Web 服务,你的公司可以把关键的商务应用发布给指定的供应商和客户。例如,把电子下单系统和电子发票系统发布出来,客户就可以以电子的方式向发送购货订单,而供应商则可以以电子的方式把原料采购的发票发送回。

用 Web 服务来实现 B2B 集成的最大好处在于可以轻易实现互操作性。只要把商务逻辑发布出来,成为 Web 服务,就可以让任何指定的合作伙伴轻松地调用自己商务逻辑,而不管他们的系统在什么平台上运行,使用的是什么开发语言。这样就大大减少了花在 B2B 集成的上的时间和成本。这样的低成本让许多原本无法承受投资成本的中小企业也能实现 B2B 集成。

3. 跨越防火墙的通信

如果应用系统有成千上万的用户,而且分布在不同地域,由于客户端和服务器之间通常会有防火墙或者代理服务器,那么客户端和服务器之间的通信将是一个棘手的问题。在这种情况下,想使用 DCOM 就需要将客户端程序发布到数量庞大的用户手中。

如果使用 Web 服务,完全可以从用户界面直接调用中间层构件,从而省掉建立网页的步骤。要调用 Web 服务,可以直接使用 Microsoft SOAP Toolkit 或 . NET 这样的 SOAP 客户端,然后把它和应用程序连接起来。这样做不仅可以缩短开发周期,还可以减少代码的复杂度,并增强整个应用程序的可维护性。

4. 软件复用

软件复用是一个很大的主题,它有很多的形式。最基本的形式是源代码模块或者类一级的复用;另一种形式是二进制形式的构件复用。但这类软件的复用都有一个很严重的限制:复用仅限于代码,而数据不能被复用。原因在于用户可以很轻易地发布构件甚至源代码,但要发布数据就没那么容易了,除非那些数据都是不会经常变化的静态数据。

而 Web 服务允许用户在复用代码的同时复用代码后面的数据。使用 Web 服务,不再像以前那样,要先从第三方购买、安装软件构件,再从应用程序中调用这些构件。只需要直接调用远端的 Web 服务就可以了。举个例子,想在自己的应用程序中确认用户输入的邮件地址。那么只需把这个地址直接发送给相应的 Web 服务,这个 Web 服务就会帮助查阅街道地址、城市、省区和邮政编码等信息,确认这个地址的确在相应的邮政编码区域。Web 服务的提供商可以按时间或使用次数来对这项服务进行收费。这样的服务通过构件复用来实现是不现实的,因为那样的话必须下载并安装好包含街道地址、城市、省区和邮政编码等信息的数据库,而且这个数据库还是不能实时更新的。

另一种软件复用的情况是把好几个应用程序的功能集成起来。例如,想要建立一个局域网上的门户站点应用,让用户既可以查询他们的联邦快递包裹,查看股市行情,又可以管理他们的日程安排,还可以在线购买电影票。现在 Web 上有很多应用程序供应商,都在其应用中实现了上面的这些功能。一旦他们把这些功能都通过 Web 服务发布出来,就可以非常轻易地把所有这些功能都集成到自己的门户站点中,为用户提供一个统一的、友好的界面。

当应用程序由多个模块组成或者运行过程中需要和网络上其他应用程序交互信息时,使用 Web 服务可以带来前所未有的好处。但对于有些应用程序来说,使用 Web 服务不会带来多少好处,有时候还会带来开发、运行的负面效果。下面介绍的就是这样两种情况。

(1)单机应用程序

目前,还有很多商业或个人应用软件是基于桌面的单机应用程序。虽然这些应用程序的运行需要本地计算机上的系统或其他软件提供支持,但这种情况下使用本地 API 或 COM 绝对比使用 Web 服务好。因为在这种环境中,使用本地 API 或 COM 不但快捷,而且不需要过多的系统负载。

(2)局域网内的同系应用程序

所谓同系应用程序,是指应用程序的开发工具和使用的技术相同,比如都是运行在 Windows 平台上,都是使用 Visual Basic、Visual C++ 或 COM 开发的。在局域网内如果这些应用程序之间需要通信,最好也不要使用 Web 服务,因为使用 DCOM 比使用 SOAP/HTTP 效率更高。

7.1.4 Web 服务与 SOA

提到 Web 服务,不得不提到一个概念 SOA。在很多参考资料上这两者是同时出现的,从而造成读者对这两个概念的混淆。下面,先简单介绍 SOA 的定义和基本特征,再帮助读者理清 Web 服务与 SOA 之间的关系。

1. SOA 的定义和基本特征

SOA 是英文词语"Service Oriented Architecture"的缩写,中文有多种翻译,如"面向服务的体系结构"、"以服务为中心的体系结构"和"面向服务的架构",其中"面向服务的体系结构"比较常见。SOA 有很多定义,但基本上可以分为两类:一类认为 SOA 主要是一种架构风格;另一类认为 SOA 是包含运行环境、编程模型、架构风格和相关方法论等在内的一整套新的分布式软件系统构造方法和环境,涵盖服务的整个生命周期,即:建模—开发—整合—部署—运行—管理。后者概括的范围更大,着眼于未来的发展。我们更倾向于后者,认为 SOA 是分布式软件系统构造方法和环境的新发展阶段。

从演变的历程来看,SOA 在很多年前就被提出来了,现在,SOA 开始再现和流行是若干因素的结合。一方面是多年的软件工程发展和实践所积累的经验、方法和各种设计/架构模式,包括 OO/CBD/MDD/MDA、EAI 和中间件;另一方面是互联网的多年发展带来前所未有的分布式系统的交互能力和标准化。与此同时,企业越来越重视业务模型本身的构件化,以支持高度灵活的业务战略。但是现有的企业软件架构不够灵活,难以适应日益复杂的企业整合,不能满足随需应变的商务需要,因此与业务对齐、以业务的敏捷应变能力为首要目标、松散耦合、支持复用的 SOA 架构方法得到青睐。

在 SOA 架构风格中,服务是最核心的抽象手段,业务被划分(构件化)为一系列粗粒度的业务服务和业务流程。业务服务具有相对独立、自包含、可复用的特性,由一个或者多个分布的系统所实现,而业务流程由服务组装而来。一个"服务"定义了一个与业务功能或业务数据相关的接口以及约束这个接口的契约,如服务质量要求、业务规则、安全性要求、法律法规的遵循、关键业绩指标(Key Performance Indicator)等。接口和契约采用中立、基于标准的方式进行定义,它独立于实现服务的硬件平台、操作系统和编程语言。这使得构建在不同系统中的服务可以以一种统一的方式进行交互、相互理解。除了这种不依赖于特定技术的中立特性,通过服务注册库(Service Registry)加上企业服务总线(Enterprise ServiceBus)来支持动态查询、定位、路由和中介的能力,使得服务之间的交互是动态的,位置是透明的。技术和位置的透明性,使得服务的请求者和提供者之间高度解耦。这种松耦合系统的好处有两点:一点是它适应变化的灵活性;另一点是当某个服务的内部结构和实现逐渐发生改变时,不影响其他服务。

SOA 架构要求业务驱动 IT,即 IT 和业务更加紧密地对齐。以粗粒度的业务服务为基础来对业务建模,会产生更加简洁的业务和系统视图;以服务为基础实现的 IT 系统将更灵活、更易于复用、更好(或更快)地应对变化;以服务为基础,通过显式地定义、描述、实现和管理业务层次的粗粒度服务(包括业务流程),提供了业务模型和相关 IT 实现之间更好的"可追溯性",减小了它们之间的差距,使得业务的变化更容易传递到 IT。

SOA 的实施具有几个鲜明的基本特征:

(1)以业务为中心

SOA 更多关注于用户业务,业务人员参与 SOA 系统的规划、设计和管理,使得 IT 系统能在对业务深刻理解的基础上进行构建,实现 IT 系统与用户业务的密切结合。在具体实施中,通过把完成实际业务流程中的一项任务所需的 IT 资源组织为服务进行封装,从而达到以业务为核心,通过业务选择技术,避免技术制约业务的问题。

(2)灵活适应变化

IT 系统围绕用户业务构建,用户业务在实现层通过表现为一系列松散耦合的"服务"来实现,这些服务可以根据用户的需求进行组合,使得 IT 系统对于业务的适应能力明显提高。

（3）复用 IT 资源，提升开发效率

SOA 强调对"服务"的复用，对原有 IT 资源的复用度提升是 SOA 带来的关键效果之一，大量具有高复用的服务资源为快速构建新的业务功能和业务系统奠定了基础，使得 IT 系统的开发和软件生产效率得到提升。同时，复用过程有利于保护用户前期的信息化投资和 IT 资产积累，节省 IT 系统开发成本，实现用户信息化的可持续性建设与发展。

（4）更强调标准

SOA 的实现强调基于统一的标准，SOA 系统建立在大量的开放标准和协议之上，以实现系统及信息的互联互通和互操作。因此，SOA 系统从规划到实施，标准都是至关重要的。

2. Web 服务与 SOA 的关系

在理解 SOA 和 Web 服务的关系上，经常发生混淆。人们将 SOA 误认为是与 Web 服务相同的概念。而且这种误解非常普遍，深深影响了设计师、开发商、咨询师以及供应商的工作。那么，为什么我们会一直对此困惑不解呢？让我们看一看这两个相互联系但又相互分离的两个概念，以帮助我们理解二者的不同之处。

早在 1996 年，Gartner 就前瞻性地提出了面向服务架构的思想（SOA），但直到 2000 年以后，W3C 才成立了相关的委员会，开始讨论 Web 服务的相关标准。各大厂商一边积极参与标准制定，一边推出了一系列实实在在的产品。新的技术和新的产品的出现，使 SOA 找到了可以依托的基础。随着 Web 服务技术的推出和应用，SOA 的思想被一个个效益显著的信息系统建设项目不断引用，逐渐成为现今的热门话题。

因为 Web 服务技术恰好满足了 SOA 的很多需求，所以现在几乎所有的 SOA 应用都是和 Web 服务绑定的，造成这两个概念有时候被混用。不可否认，Web 服务是现在最适合实现 SOA 的技术，SOA 的走红在很大程度上归功于 Web 服务标准的成熟和应用普及。然而，就 SOA 思想本身而言，并不一定要局限于 Web 服务方式的实现。应该看到，SOA 本身强调的是实现业务逻辑的敏捷性要求，是从业务应用角度对信息系统实现和应用的抽象。随着人们认识的提高，还会有新 R 技术不断发明出来，以更好地满足这个要求。

Gartner 公司的高级架构师 Yefim V. Natis 就这个问题是这样解释的："Web 服务是技术规范，而 SOA 是设计原则。这是 Web 服务和 SOA 的根本联系。"从本质上来说，SOA 是一种架构模式，而 Web 服务是利用一组标准实现的服务。Web 服务是实现 SOA 的方式之一。用 Web 服务来实现 SOA 的好处是可以实现一个中立平台，从而获得服务，而且随着更多的软件商支持越来越多的 Web 服务规范，会取得更好的通用性。"SOA 不是 Web 服务，但 Web 服务是目前最适合实现 SOA 的技术。"

7.2　SOAP

SOAP 是 Web 服务交换 XML 消息的标准协议。一般意义上的 SOAP 是一种用 XML 封装信息的机制，因此它可以用来实现消息系统。对于 Web 服务来说，SOAP 主要用来通过 XML 文档传递方法参数，进行 Web 调用。

建立 SOAP 的根本目的是在运行时刻传递远程方法的参数值，并把这些值放到 XML

文档中。然后这个 XML 文档会通过 HTTP 协议或其他协议发送到远程方法服务器。SOAP 和远程过程调用(RPC)协议具有相同的目的,即把本地计算机上的信息发送到远程计算机上,远程计算机执行远程方法,然后返回结果,对于本地用户来说,就好像在调用本地方法一样。本节将简单介绍 SOAP 协议,包括 SOAP 的结构、SOAP 元素等内容。

7.2.1　SOAP 的基本概念

为了更好地理解 SOAP,让我们先看一下相对于传统的网络应用,SOAP 能够给我们带来哪些新的东西。

从 1994 年开始,Internet 有了迅猛的发展,Internet 使用 TCP/IP 协议把成万上亿台不同的计算机连接了起来,但如果不能够依靠这种底层连接实现计算机之间的通信,Internet 就不能发挥它真正的价值。事实上,为了实现这个目的,已经诞生了很多类型的网络应用,比如 Web、Ftp 和 Email 等。但在建立这些网络应用时,通常是基于 TCP 为它建立一种专门的应用级协议,比如 HTTP 就是专门用于 Web 浏览器和 Web 服务器之间通信的应用级协议。

虽然 HTTP 在 Internet 应用领域已经取得了绝对的领导地位,但它只能使用相当简单的命令(比如 GET、POST 和 PUT)请求和发送数据,因此,现在虽然有数量庞大的计算机连成了 Internet,但它们主要还是使用 Web 浏览数据,而不能在应用程序间自由地交换数据,实现信息和软件模块的共享。

Internet 应用领域的这种情况推动了 SOAP 的诞生。SOAP 是一个简单的协议,使用它可以在不同的应用程序之间方便地交换数据。图 7 - 3 (a)展示了 SOAP 是如何基于当前的 Internet 结构通过 TCP/IP 实现应用程序之间的通信的,实际上 SOAP 可以基于任何传输协议实现应用程序到应用程序的通信,包括 TCP。

SOAP 和 HTTP 一样是一种应用级的协议,因此它可以直接建立在传输协议之上,比如 TCP。可是,当今的 Internet 结构中还有代理和防火墙等介入,而它们只允许 HTTP 通过。为了让所有连接到 Internet 的应用程序实现通信,SOAP 必须能够通过防火墙和代理。为了达到这个目的,SOAP 一般建立在 HTTP 协议之上,如图 7 - 3 (b)所示。

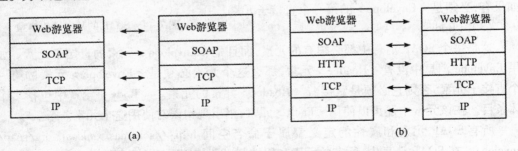

(a)   (b)

图 7 - 3　SOAP 可以基于任何传输协议实现应用程序之间的通信

SOAP 建立在 HTTP 之上,意味着 SOAP 消息可以作为 HTTP 请求或响应的一部分传递,任何允许 HTTP 通信的网络都可以通过 SOAP 消息。而 HTTP 就像 Web 浏览器一样,已经遍及各种计算机平台和设备,所以,建立在 HTTP 上的 SOAP 也可以在各种计算机平台和设备上运行。

由于 SOAP 的最终目的是在应用程序之间实现通信,而 Internet 上运行的系统、开发应用程序的语言千差万别。所以为了使用 SOAP 在不同的系统和平台间交换数据,必须使用各种系统和平台都能够理解的数据格式,如 XML。XML 和 HTTP 一样,几乎所有的计算机平台都能处理,即使不能,也可以方便地建立 XML 解析器支持它。因此 XML 自然成了 SOAP 消息格式的选择。

早在 1998 年就诞生了 SOAP,但那时候还没有 XML 大纲语言和 XSD 类型系统,所以 SOAP 的应用还不是很广泛。出现了 XML 大纲语言后,情况发生了变化。借助于 XSD 类型系统,SOAP 可以顺利地在不同平台之间交换数据。

使用 HTTP 和 XML,SOAP 可以基于现有的 Internet 基本结构,让运行在不同平台上的应用程序实现程序级的通信。SOAP 为在一个松散的、分布的环境中使用 XML 对等地交换结构化和类型化的信息提供了一个简单且轻量级的机制。

7.2.2　SOAP 消息的结构

SOAP XML 文档的实例被称为 SOAP 消息。图 7-4 说明了 SOAP 消息的基本结构模型。

SOAP 首先是 XML,是由 XSD 大纲定义的 XML,所以它一定包含 XML 元素,这些元素在一定程度上可以看做是对象,每个对象有各自不同的目的。图 7-4 中列出了 SOAP 消息中的主要 XML 元素以及它们的关系。总体上看,SOAP 消息包括以下三个主要元素:

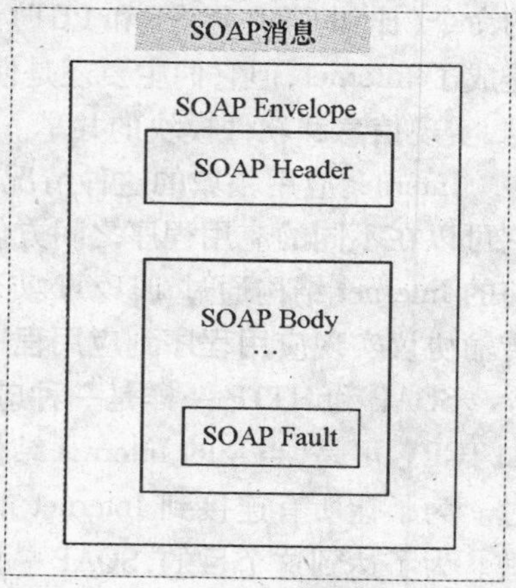

（1）< Envelope >

它是整个 SOAP 消息的根元素,也是每个 SOAP 消息中必须有的元素。其他两个元素都在这个元素内部。

（2）< Header >

< Header > 元素是 SOAP 消息中的可选元素,即不是每个 SOAP 消息中都必须有 < Header > 元素。但如果有,必须是 < Envelope > 的第一个直接子元素。

（3）< Body >

图 7-4　SOAP 的基本结构模型

这是每个 SOAP 消息中都必须有的元素,而且是 < Envelope > 元素的直接子元素。如果 Envelope 消息中没有 < Header > 元素,那么这个元素必须是 < Envelope > 元素的第一个直接子元素,否则它必须是紧接着 < Header > 元素的元素。< Body > 元素中包括多个体条目。在该元素中还可以使用 < Fault > 元素,当出现错误时使用这个元素。

所有 SOAP 元素和属性的定义都属于命名空间 http://schemas. xmlsoap. org/soap/envelope。在 SOAP 消息中,所有的元素和属性都必须使用限定全称,即包含命名空间(或前缀)和元素或属性的本地名称。下面看一个简单的 SOAP 消息:

< soapenv:Envelope　xmlns:soapenv = "http://schemas. xmlsoap. org/soap/envelope/" >

< soapenv:Body >

```
< SubmitInvoice    xmlns = "http://schemas. mywebservices. comlnwind. net/invoice" )
< invoiceDoc > … < /invoiceDoc >
< /SuhmitInvoice >
< /soapenv:Body >
< soapenv:Envelope >
```

这个 SOAP 消息中使用了两个 SOAP 元素 < Envelope > 和 < Body > 。< Envelope > 元素是整个消息文档的根元素,它的第一件事情是指定它所在的命名空间,这里使用命名空间前缀 soapenv 来表示命名空间 http://schemas. xmlsoap. org/soap/envelope。此外,也可以在 < Envelope > 元素中指定整个文档中其他元素属于的命名空间前缀。

< Envelope > 中的 < Body > 元素包含实际要传递的数据,它通常由多个体条目组成。这个例子的 < Body > 元素中包括一个体条目 SubmitInvoice,它属于命名空间 http://schemas. mywebservices. com/nwind. net/invoice。

前面已经经说过,< Header > 元素是 SOAP 消息中的可选元秦,但如果出现,必须是 < Envelope > 的第一个直接子元素。下面再看一个包含 < Header > 元素的 SOAP 消息:

```
< soapenv:Envelope xmlns:soapenv = "http://schemas. xmlsoap. org/soap/envelope" >
    < soapenv:Header >
        < authHeader    xmlns = "http://schemas. mywebservices. com/nwind. net/invoice" >
        < authToken >
            4fthlE3G1 ) Y2cnrSvylSzYtV3HjL80vFHm91P
        < /authToken >
        < /authHeader >
    < /soapenv:Header >
    < soapenv:Body >
        < SubmitInvoice    xmlns = "http://schemas. mywebservices. com/nwind. net/invoice" >
            < invoiceDoc > … < /invoiceDoc >
        < /SubmitInvoice >
    < /soapenv:Body >
< /soapenv:Envelope >
```

这个例于使用 < Header > 元素来发送应用程序身份验证信息,使用的头条目元素为 < authHeader > 。

最后一个需要举例介绍的 SOAP 元素是 < Fault > ,这个元素用来报告错误信息。当使用这个元素时,它应该出现在 < Body > 中,并且包含几个子元素,如 < faultcode > 、< faultstring > 和 < detail > 等。下面的消息是一条错误报告消息。

```
< soapenv:Envelope xmlns:soapenv = "http://schemas. xmlsoap. org/soap/envelope/" >
< soapenv:Body >
    < soapenv:Fault >
        < faultcode > Server. DivideByZero < /faultcode >
        < faultstring > DivideByZeroError < /faultstring >
```

```
< detail >
    < m : Error xmlns = "http://tempuri. org" >
        < message > DividebyZeroError, assemblymyassembly. dll,
            [ic::ccc] method TryMe( ) </message >
        < errorcode > RPC_S_FP_DIV_ZERO(1769) </errorcode >
    </m : Error >
</detail >
</soapenv : Fault >
</soapenv : Body >
</soapenv : Envelope >
```

在这个例子中,<Body>元素只有一个子元素<Fault>,因为这个 SOAP 消息的作用是报告服务器端的一个错误,这里的错误是"除 0"。其中使用了 faultcode、faultstring 和 detail 三个子元素。

7.3 WSDL

Web 服务相对于其他分布应用计算技术来说,最重要的特点之一就是松散耦合。使用 Web 服务的客户在开发时无需关心 Web 服务使用的编程技术、它所处的平台和它在 Internet 上的位置等信息,而 Web 服务也不需要知道调用它的客户使用什么系统或平台,以及位于 Internet 上什么地方等信息。但无论如何松散,客户和 Web 服务之间必须达成某种一致,从最低限度上来说,客户应该知道某个 Web 服务包含哪些操作、通过什么网络协议调用这些操作、这些操作需要哪些参数、返回哪些结果等信息。而 Web 服务应该通过某种方式主动向外界公布这些信息,而且由于 Web 服务的潜在客户千差万别,它必须以所有客户都能够理解的方式公布这些信息。也就是说,Web 服务的松散耦合必须依靠客户和服务之间的某种公开协定,只有双方都遵守这种协定设计和开发,使用 Web 服务的过程才能顺利进行。

Web 服务和客户之间的协定必须是程序级(或代码级)的,即它的主要功能是让不同的程序(而不是人)能够理解,这就需要这个协定遵守规范的格式,使用规范的术语。这就是 WSDL(Web Services Description Language)的主要功能。WSDL 是一种用于描述 Web 服务的规范,使用这种规范描述某个 Web 服务的文本将是这个 Web 服务的服务说明。程序可以读懂这个 WSDL 文件,并解析出其中的信息。XML 是让各种平台都能够理解的语言,所以 WSDL 也将使用 XML 作为语法基础。

7.3.1 为什么需要 WSDL

当开发者在编写客户端程序调用 Web 服务时,需要对 Web 服务所在的 URI、Web 服务的方法及其参数以及调用方法的网络传输协议都有很清楚的了解。那么开发者是如何获取这些信息的呢? 最直接的方法是让 Web 服务的开发者公布一份 Web 服务使用说明书,其他开发者如果要使用这个 Web 服务,首先需要获取这份说明书。

假设有一个名为 WeatherRetriever 的 Web 服务,其中有一个名为 GetTemperature 的方法:

Public float Get Temperature(string ZipCode)

开发者发布的 Web 服务说明文件可以是一个 HTML 页面,其中包括以下信息:

(1)方法的名称,这里是 GetTemperature

(2)方法所带的参数,这里是一个字符串类型的邮政编码

(3)方法的返回值,这里是浮点数类型

(4)调用 Web 服务使用的协议,比如通过 SOAP 协议

(5)Web 服务要求的 SOAP 消息是 RPC 样式还是文档样式

(6)Web 服务要求的 SOAP 消息使用 SOAP 编码格式还是其他消息格式

(7)Web 服务的位置,例如 http://www.mywebservices.com/WeatherRetriever.asmx。

开发者为了使用这个 Web 服务,首先需要获取这份 HTML 格式的说明文档,然后才能编写调用这个 Web 服务的代码。但使用这种不规范的方法发布这样的信息存在以下问题:

(1)用于描述 Web 服务的 HTML 并没有达成标准,不同的开发者编写的 HTML 说明文件可能会千差万别,即使是同一个 Web 服务,不同的开发者编写的说明文件也可能差别很大。客户的开发者必须仔细地阅读说明文件,并准确地理解作者的意图。

(2)如果开发者在编写客户程序时,把本来是 xsd:float 类型的返回值赋给了 xsd:int 类型的变量,则这种错误只能在调用 Web 服务的运行时刻才能被发现,而不会出现在程序的编译时刻。因此需要使用开发工具阅读 Web 服务说明,并把获取的信息自动应用到客户的开发中。但是 HTML 只能提供格式化的文本信息,要让开发工具从中解析出前面列出的信息还是有困难的。

为了解决说明 WEB 服务的问题,必须设计一种能够让开发工具理解的格式。开发工具能够从中解析出方法名称、参数类型和参数顺序等信息,在更理想的情况下,开发工具还能够从这些信息生成 Web 服务代理类供开发者直接使用。

WSDL 就是一种描述 Web 服务的规范。它使用 XML 语法定义了用于描述 Web 服务各个方面的元素,这些方面包括 Web 服务所在的位置、它支持的传输协议、其中包含的接口、接口中的方法以及方法的参数类型等。到目前为至,WSDL 的最新版本是 2.0,但大部分领域依然在使用 WSDL 1.1,它由 IBM 研究院和微软公司共同制定。虽然 WSDL 不是 W3C 标准,也不是开发和调用 Web 服务过程中所必需的,但使用它能更加鲜明地体现出 Web 服务的优势,也能简化开发过程。

7.3.2 WSDL 文档

如果单独提及 WSDL 这个名词,它常常表示用于描述 Web 服务的语法规范,比如最新版本的 WSDL 1.1 规范。但如果同时提到某个 Web 服务,它则表示该 Web 服务的说明文档,该文档使用了 WSDL 语法规则,这时通常称其为该 Web 服务的 WSDL 文档。这里所要讲述的是第二种理解,即 WSDL 文档。

WSDL 文档是对一个 Web 服务位置、协议和接口而做的详细且明确的说明。它由

Web 服务的开发者提供,现在已经有这样的工具可以自动根据代码生成 WSDL 文档了,如果在浏览器中输入带有"wsdl"的 Web 服务 URI 请求时,服务器就会返回 Web 服务的 WSDL 文档,这是由 Web 服务的运行环境自动生成的。当然,开发者也可以自己手工编写 WSDL 文件,因为它是普通的 XML 文件,编写时必须严格遵守 WSDL 规范的要求。

下面是一个 Web 服务的 WSDL 说明文档,它是由浏览器返回的 WSDL 文档经过简化后得到的,这里只留下了 SOAP 绑定部分。

```
< xml version = "1.0" encoding = "UTF - 8" >
< wsdl: definitions  xmlns: s = " http://www.w3.org/2001/XMLSchema"  xmlns: soap = " http://
schemas.xmlsoap.org/wsdl/soap/" xmlns:soapenc = " http://schemas.xmlsoap.org/soap/encoding/" xmlns:s0
= " http://tempuri.org/"  targetNamespace = " http://tempuri.org/"  xmlns = " http://schemas.xmlsoap.org/
wsdl/" >
    < wsdl:types >
        < s :schema attributeFormDefault = " qualified" elementFormDefault = " qualified" targetNamespace
            = " http://tempuri.org/" >
            < s:element name = " SayHello" >
                < s:complexType >
                    < s:sequence >
                        < s :element minOccurs = "1" maxOccurs = "1" name = "name" nillable = "
                            true" type = "s:string"/ >
                            < /s:sequence >
                < /s:complexType >'
    < /s:element >
                < s:element name = " SayHelloResponse" >
                    < s:complexType >
                        < s:sequence >
                            < s :element minOccurs = "1" maxOccurs = "l"
                                name = "SayHelloResult" nillable = "true" type = "s:String"/ >
                        < /s:sequence >
                    < /s:complexType >
            < /s:element >
        < /s:schema >
    < /types >
    < wsdl:message name = " SayHelloSoapIn" >
        < wsdl:part name = " parameters" element = "s0:SayHello"/ >
    < /wsdl:message >
    < wsdl:message name = " SayHelloSoapOut" >
        < wsdl:part name = " parameters" element = "s0:SayHelloReSponse"/ >
    < /wsdl:message >
    < wsdl:portType name = " HelloMessageSoap" >
        < wsdl:operation name = " SayHello" >
```

```
            < wsdl : input message = " s0 : SayHelloSoapIn" / >
            < wsdl : output message = " s0 : SayHelloSoapOut" / >
        </wsdl : operation >
    </wsdl : portType >
    < wsdl : binding name = " HelloMessageSoap" type = " s0 : HelloMessageSoap" >
        < soap : binding transport = " http : //schemas. xmlsoap. org/soap/http" style = " document" / >
        < wsdl : operation name = " SayHello" >
            < soap : operation soapAction = " http : //tempuri. org/SayHello" style = " document" / >
            < wsdl : input >
                < soap : body use = " 1iteral" / >
            </wsdl : input >
            < wsdl : output >
                < soap : body use = " literal" / >
            </wsdl : output >
        </wsdl : operation >
    </wsdl : binding >
    < wsdl : service name = " HelloMessage" >
        < wsdl : port name = " HelloMessageSoap" binding = " s0 : HelloMessageSoap" >
            < soap : address location = " http : //localhost/Helloservice. asmx" / >
        </wsdl : port >
    </wsdl : service >
</wsdl : definitions >
```

可以很清楚地发现,这是一个普通的 XML 文档,WSDL 文档完全采用 XML 语法。此外,这也是一个结构简单而清晰的 XML 文档,它的根元素为 < definitions >,其中包括五种直接的子元素,如 < types >、< message >、< portType >、< binding >、< service >。

可以看到,WSDL 文档的根元素为 < definitions >,其中包括多个子元素。这些子元素总体上可以分为两类,一类位于文档的前半部分,它们构成了 Web 服务的"抽象定义",另一类位于文档的后半部分,它们构成了 Web 服务的"具体说明"。抽象部分以独立于平台和程序语言的方式来描述 Web 服务,比如 Web 方法的参数类型;后一部分指定 Web 服务的具体内容,比如传输协议。

抽象定义部分包括以下三个元素:

Types,独立于机器和程序语言的类型定义。

Messages,包含方法参数(输入和输出)或消息文档说明。

PortTypes,使用 Messages 部分的消息定义来描述方法的签名(操作名称、输入参数和输出参数)。

WSDL 的具体说明部分包括两个元素:

Bindings,指定 PortTypes 部分中每个操作的绑定信息。

Services,指定每个绑定的 port 地址。

一个 WSDL 文档可以没有 Types 部分,但如果有,只能是一个。其他四个部分可以有一个或多个,也可以没有。例如,Messages 部分可以没有或有多个 < message > 元素。WSDL 大纲要求各部分必须按照规定的顺序出现,即 < import > 、< types > 、< messages > 、< portType > 、< binding > 和 < service > 。每个抽象部分可以分割成单独的文件,然后使用 < import > 加载到主 WSDL 文档中。

抽象定义和具体说明二者之间既具有一定的独立性,又具有很强的关联性。独立性表现在抽象定义不包含任何与机器、平台或程序语言相关的信息,它只是对 Web 服务最通用的描述,同一个抽象定义部分可以被不同的具体说明使用。关联性表现在具体说明部分必须使用抽象定义中的内容,在指定绑定和地址信息时,针对的操作都应该是抽象定义部分已经声明过的。

即使在抽象定义和具体说明的内部,元素之间也有紧密的关系。为了更好地说明两个部分及其元素之间的关系,可以用如图 7 – 5 所示的结构图来表示。

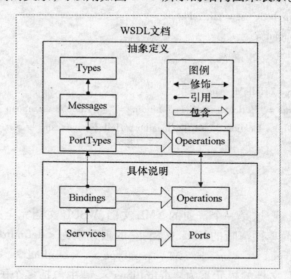

图 7 – 5 WSDL 文档的结构

如图 7 – 5 所示,WSDL 总体分为两个部分,上半部分是抽象定义中出现的元素,下半部分是具体说明中出现的元素。为了更好地说明元素之间的不同关系,图中使用了三种连接符号。带有圆点和箭头的连接符号代表"引用"或"使用"关系,双箭头连接符号代表"修饰"关系,宽箭头连接符号代表"包含"关系。图中,Messages 部分使用 Types 部分的定义,PortTypes 部分使用 Messages 部分的定义,Bindings 部分引用 PortTypes 部分,Services 部分引用 Bindings 部分,由此可见,这五个部分之间是简单的使用或引用关系。另外,PortTypes 和 Bindings 部分都包含 < operation > 元素,而 Services 部分包含 < port > 元素。Bindings 部分中的 < operation > 元素是对 PortTypes 部分 < operation > 元素的进一步描述。

7.3.3 WSDL 文档利用方式

Web 服务的使用者得到 WSDL 文档后,通常有两种利用方式,但这两种方式都是程序级的利用,开发者没有必要阅读或理解它。第一种利用方式发生在设计时,开发者根据 WSDL 文档生成调用 Web 服务的客户端代码,即 Web 服务代理类。在编写客户应用程序的过程中,开发者可以直接使用 Web 服务代理类,就像使用本地类一样来调用 Web 服务。而实际的 Web 服务调用发生在代理类与 Web 服务之间。图 7-6 显示了这种利用方式的过程。

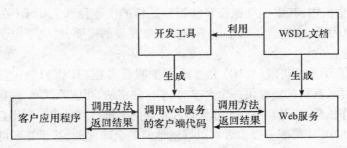

图 7-6 在设计时利用 WSDL 文档

另一种利用方式发生在程序的运行时刻。客户应用程序通过它所处的运行环境发出对 Web 服务的调用(比如使用 Microsoft SOAP Toolkit 中的客户端模块),运行环境根据 WSDL 文档生成正确的 Web 服务调用请求,并接受 Web 服务返回的结果,然后把结果传递给客户应用程序,这种利用方式的过程如图 7-7 所示。

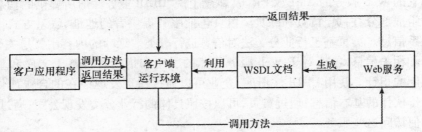

图 7-7 运行时利用 WSDL 文档

7.4 UDDI

为了充分发挥电子商务的作用,必须提供一种解决方案,这个解决方案能够使不同企业发现和利用彼此的业务、合作伙伴所能提供的功能,并能不断发现新的潜在的合作伙伴,了解这些潜在合作伙伴所提供的功能,以及将电子商务与这些潜在合作伙伴进行无缝对接。也就是说,这个解决方案还需要创建一个服务注册体系结构,使得企业可以采用一个全球的、平台独立的、开放的业务框架,从而使得这些企业能够做到:发现彼此的业务;定义这些业务如何通过互联网交互;共享全球注册资料库中的信息,从而加快电子商务在全球范围的推进。

针对这种需要,一个由技术领域和商业领域的领导者组成的开发小组开发了统一描述、发现与集成(Universal Description,Discovery and Integration,UDDI)标准。因为篇幅原因,本节仅简单介绍 UDDI 的基本概念。如需要详细地了解 UDDI 的相关内容,请阅读参考文献。

UDDI 计划最早由 Microsoft、IBM 和 Ariba 在 2000 年 9 月发起,此后不久,它们就发布了 UDDI 规范的第一个版本 V1.0,并成立了 UDDI Community(uddi.org),负责 UDDI 规范的推广和实现。到目前为止,已经有 250 多个公司和机构签署了将来会支持 UDDI 的协议,并加入了这个机构,其中包括像波音和福特这样的工业巨头。UDDI 在短期内得到如此迅速发展的原因是,它迎合了目前电子商务领域发展的需要,解决了电子商务进一步发展所面临的问题。

UDDI 利用了万维网联盟(W3C)和互联网工程任务组(IETF)的一些标准,如 XML、HTTP 和 DNS 协议,其目的是提供一个全球的、平台独立的、开放的框架,使得企业更容易开展业务、发现合作伙伴,以及与这些合作伙伴在互联网上进行互操作。利用自动化的服务注册和服务查询,UDDI 使得服务提供者可以描述他们的全球化的、基于互联网的开放环境中的服务和业务流程,从而扩展他们的业务领域;也可以使得服务客户端可以发现提供 Web 服务的企业的相关信息,并可以发现这些企业提供的 Web 服务的描述,以及发现 Web 服务接口和定义的信息,这些接口和定义的信息可帮助企业基于互联网进行交互。

UDDI 是一个包含轻量级数据的注册库。作为注册库,它的主要目的是提供它所描述的资源的网络地址。UDDI 规范的核心概念是 UDDI 业务注册库,这是一个用来描述业务实体和它的 Web 服务的 XML 文档。从概念上说,UDDI 业务注册所提供的信息包含三个相关的组成部分:白页、黄页和绿页。白页包括服务提供者的地址、联系方式以及其他的一些联系信息。黄页基于行业分类法对信息进行分类。绿叶的内容主要是关于服务的业务能力和相关信息,包括对于 Web 服务规范的引用和指向各种基于文件和基于 URL 的发现机制的指针。使用 UDDI 注册库,企业可以通过白页发现潜在的合作伙伴以及有关这些合作伙伴的基本信息;通过黄页,可以按照具体的行业分类发现公司;通过绿页,可以获取如何访问这些服务。

UDDI 用例模型设计标准化组织和发布可用服务描述的产业联盟。基本的 UDDI 用例模型如图 7-8 所示。一旦发布了可用服务的描述,服务提供者就必须按照这些类型定义来实现和部署 Web 服务。潜在客户可以通过不同的标准,如业务名、产品类别等方式,来查询 UDDI 注册库。然后,这些客户端可以从指定的位置了解服务类型定义的细节。最后,因为客户端已经获悉了服务端点,并了解如何与服务交换数据的方式,所以客户端可以调用所需服务。

目前 UDDI 规范有 V1.0 和 V2.0 两个版本,UDDI 组织计划在不长的时间里会推出规范的新标准。1.0 版的 UDDI 规范包括以下两个文档:

(1)UDDI 程序员 API 规范 V1.0(UDDI Programmer's API 1.0)

该规范描述了所有 UDDI 商业注册中心所能提供的程序员界面。当编写与 UDDI 操作入口站点(UDDI Operator Site)能直接交互的软件时,就需要参考这个规范。符合 UDDI 规范的系统的可编程界面采用 XML 和 SOAP 技术,该规范定义的所有操作都是基于 SOAP 消息机制的,因此使用的数据结构都由 XML 大纲定义。API 分为两个逻辑部分:查询 API 和发布 API。

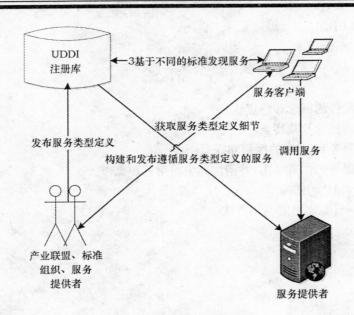

图 7 - 8　UDDI 用例模型

（2）UDDI 数据结构参考 V1.0（UDDI Data Structure Reference V1.0）

该规范描述了 UDDI 程序员 API 规范中所使用到的数据结构。它是对 UDDI XML 大纲的详细解释。

在 UDDI 规范的 V2.0 版本中除了包括以上这两个文档外，还增加了以下两个文档。

（1）UDDI 信息复制规范 V2.0（UDDI Version 2.0 Replication Specification）

这个规范描述了在 UDDI 操作入口之间进行数据复制的过程，以及实现完整数据复制所需要的编程接口。数据复制过程也同样采用 XML 和 SOAP 技术。在 UDDI 操作入口之间复制数据是为了使所有的 UDDI 注册中心实现数据同步。

（2）UDDI 操作入口规范 V2.0（UDDI Version 2.0 Operator's Specification）

该规范定义了所有 UDDI 操作入口节点所必需实现的行为和操作参数，比如管理目录信息和安全性措施等。

小　结

Web 服务是一个平台独立的、松耦合的、自包含的、基于可编程的 Web 应用程序，按照 Web 服务规范实施的应用系统之间，无论所使用的语言、平台或内部协议是什么，都可以相互交换数据、相互访问、相互集成。

SOA 是分布式软件构造方法和环境所发展到的一个新的阶段。SOA 包含运行环境、编程模型、架构风格和相关方法论等在内的一整套新的分布式软件系统构造方法和环境，涵盖了服务的建模、开发、整合、部署、运行、管理的整个生命周期。

本章首先介绍了 Web 服务的基本概念和特点，并分析了 Web 服务与 SOA 之间的异同点，区分了这两个容易混淆的概念。最后，详细阐述了 Web 服务中的三个重要技术

SOAP、WSDL 和 UDDI。

思 考 题

（1）简述 Web 服务的概念和特点。
（2）简述 SOA 的概念及其特点。
（3）简述 Web 服务和 SOA 的区别和联系。
（4）简述 Web 服务的体系结构，并阐述其中的角色和操作。
（5）画图描述 SOAP 的结构
（6）画图阐述 WSDL 文档的利用方式

第 8 章　中间件技术

随着网络技术的发展和计算机应用的普及,中间件作为分布式环境下系统软件和应用软件之间、应用软件和应用软件之间屏蔽异构、交互、安全、事务等复杂问题的中间层迅速发展,与操作系统、数据库共同构成了基础软件的三大支柱,正日益成为开发、部署、运行和管理分布式应用不可或缺的重要基础设施。

8.1　中间件基础

在分布式系统开发和集成过程中,IT 部门面临的问题越来越多,诸如不同硬件平台、不同网络环境、不同数据库之间的互操作,多种应用模式并存,数据加密,等等,这些问题与用户的业务没有直接关系,但又必须耗费时间和精力去解决。单纯依赖传统的系统软件或工具软件提供的功能已经不能满足要求,迫切需要一种基于标准的、独立于计算机硬件以及操作系统的开发和运行环境。这些问题使人们开始关注中间件技术,伴随着分布式应用的迅猛发展,中间件技术这一新兴的软件领域已悄然崛起。

中间件的概念最早始于 20 世纪 80 年代,当时是指网络中连接的管理软件。中间件位于操作系统内核之上、应用系统之下,其作用是软件粘合,使得各种网络通信协议、应用接口和系统平台相互之间共享资源,互相通信以及竞争合作,从而为上层应用提供一个统一的编程模型。中间件技术屏蔽了底层分布式环境的复杂性和异构性,简化了分布式应用系统的开发与部署,提高了分布式应用系统的健壮性、可扩展性、可用性。

8.1.1　中间件的概念

顾名思义,中间件可以理解成是处在应用软件和系统软件之间的一类软件。学术界和工业界对中间件的定义较多,分别从不同的角度阐述了中间件的功能特点和目标内涵。

CMU 软件工程研究所认为,中间件是一组支持软件连接的软件服务集合,允许在一个或多个主机上通过网络进行交互的方式运行多个进程。中间件一般面向大型应用,将大型机应用移植到客户机/服务器应用中,具有跨异构平台通信的基础机制,用于解决客户机/服务器体系的互操作问题。

IEEE 分布式系统专家组认为,中间件提供了简单一致的集成分布式编程开发环境,简化了分布式应用的设计编程和管理。中间件是一个分布式软件层或平台,抽象了底层的分布式环境(通信网络、硬件主机、操作系统、编程语言)的复杂性和异构性。

对象管理组织 OMG 认为,中间件是一种软件,用于解决网络环境下的互操作问题,提供了事务、目录、事件等基本服务,为上层应用提供基础支持。

IDC 认为,中间件是一种独立的系统软件或服务程序,分布式应用软件借助这种软件在不同的技术之间共享资源;中间件位于客户机/服务器的操作系统之上,管理计算资源和网络通信。

北京大学的梅宏教授从狭义和广义两个层面对中间件的概念进行了阐述。从狭义的角度,中间件意指 Middleware,它是表示网络环境下处于操作系统等系统软件和应用软件之间的一种起连接作用的分布式软件,通过 API 的形式提供一组软件服务,可使得网络环境下的若干进程、程序或应用可以方便地交流信息并有效地进行交互与协同,主要解决异构网络环境下分布式应用软件的通信、互操作和协同问题,它可屏蔽并发控制、事务管理和网络通信等各种实现细节,提高应用系统的易移植性、适应性和可靠性。从广义的角度,中间件在某种意义上可以理解为中间层软件,通常是指处于系统软件和应用软件之间的中间层次的软件,其主要目的是对应用软件的开发提供更为直接和有效的支撑。

这些从不同角度、采用不同字眼所描述的中间件具有相同的目标:解决分布应用开发中诸如互操作等共性问题以及相同的内涵——提供这些共性问题的具有普适性的支撑机制。

从定义可以看出,中间件是一类软件,而非一种软件;中间件不仅仅实现互连,还要实现应用之间的互操作;中间件是基于分布式处理的软件,定义中特别强调了其网络通讯功能。中间件的核心特征是屏蔽软件在开发和运行时的异质异构性,为上层应用提供一个统一的公共开发互通的基础设施。中间件的目标是解决分布应用开发中诸如互操作等共性问题。在具体实现上,中间件是一个用应用程序接口定义的分布式软件管理框架,具有强大的通信能力和良好的可扩展性。中间件与操作系统、应用程序之间的关系如图 8 – 1 所示,中间件与应用软件之间的横向关系如图 8 – 2 所示。

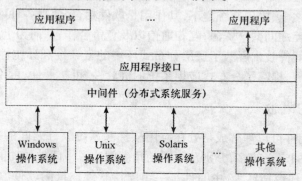

图 8 – 1　中间件与操作系统、应用程序的纵向关系

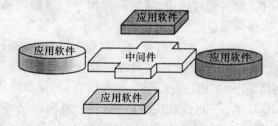

图 8 – 2　中间件与应用软件之间的横向关系

中间件的作用是建立分布式软件模块之间互操作的机制,屏蔽底层分布式环境的复杂性和异构性,为处于自己上层的应用软件提供运行与开发环境,帮助用户灵活、高效地开发和集成复杂的应用软件。应用系统的互连和互操作是中间件首先要解决的问题。一个好的中间件产品要能解决应用互连带来的各种问题,如:通讯上要支持各种通讯协议、各种通讯服务模式、传输各种数据内容、数据格式翻译、流量控制、数据加密和数据压缩等;核心上要解决名字服务、安全控制、并发控制、可靠性保证、效率保证等;开发上要能提供基于不同平台的丰富的开发接口、支持流行的开发工具、支持流行的异构互连接口标准(如 XA、IDL 等);管理上要解决对中间件本身的配置、监控、调谐,为系统的易用和易管理提供保证。

不同的应用领域对中间件有各种不同的要求。由于实际的应用环境千差万别,不能指望用一种包罗万象的中间件去解决所有的问题。

世界著名的咨询机构 The Standish Group 在一份研究报告中归纳了中间件的十大优越性:

(1)应用开发。The Standish Group 分析了 100 个关键应用系统中的业务逻辑程序、应用逻辑程序及基础程序所占的比例;业务逻辑程序和应用逻辑程序仅占总程序量的30%,而基础程序占了70%。使用传统意义上的中间件一项就可以节省25%~60%的应用开发费用。如果以新一代的中间件系列产品来组合应用,同时以可复用的对象构件进行配合,则应用开发费用可节省80%。

(2)系统运行。没有使用中间件的应用系统,其初期的资金及运行费用的投入要比同规模的使用中间件的应用系统多一倍。

(3)开发周期。基础软件的开发是一件耗时的工作,若使用标准商业中间件,则可缩短开发周期50%~75%。

(4)减少项目开发风险。研究表明,没有使用标准商业中间件的关键应用系统开发项目的失败率高于90%。企业自己开发内置的基础(中间件)软件是得不偿失的,项目总的开支至少要翻一倍,甚至会十几倍。

(5)合理运用资金。借助标准的商业中间件,企业可以很容易地在现有或遗留系统之上或之外增加新的功能模块,并将它们与原有的系统进行无缝集合。依靠标准的中间件,可以将老的系统改头换面成新潮的 Internet/Intranet 应用系统。

(6)应用集成。依靠标准的中间件可以将现有的应用、新的应用和购买的商务构件融合在一起进行应用集成。

(7)系统维护。基础(中间件)软件的自我开发是要付出很高代价的,此外,每年维护自我开发的基础(中间件)软件的开支则需要当初开发费用的15%~25%,每年应用程序的维护开支需要当初项目总费用的10%~20%左右。而在一般情况下,购买标准商业中间件每年只需付出产品价格的15%~20%的维护费,当然,中间件产品的具体价格要依据产品购买数量及厂商而定。

(8)质量。基于企业自我建造的基础(中间件)软件平台上的应用系统,每增加一个新的模块,就要相应地在基础(中间件)软件之上进行改动。而标准的中间件在接口方面都是清晰和规范的。标准中间件的规范化模块可以有效地保证应用系统质量,减少新旧系统维护的开支。

(9)技术革新。企业对自我建造的基础(中间件)软件平台的频繁革新是极不容易实现的(不实际的)。而购买标准的商业中间件,则不需要对技术的发展与变化担心,中间件厂商会责无旁贷地把握技术方向和进行技术革新。

(10)增加产品吸引力。不同的商业中间件提供不同的功能模型,合理使用,可以让应用更容易增添新的表现形式与新的服务项目。从另一个角度看,可靠的商业中间件也使得企业的应用系统更完善、更出众。

中间件带给应用系统的不只是开发的简单、开发周期的缩短,也减少了系统的维护、运行和管理的工作量,还减少了计算机总体费用的投入。调查报告显示,由于采用了中间件技术,应用系统的总建设费用可以减少50%左右。

8.1.2 中间件的体系结构

Schmidt DC 把中间件的体系结构分为以下四层,如图 8 – 3 所示。

(1)基础设施层

位于操作系统之上,提供系统级的 API 用来隐藏硬件、操作系统和网络协议的异构性。

(2)分布对象层

提供了高层的编程抽象,包括众多的远程对象。对远程对象的操作如同在本地操作。常见的 CORBA/CCM,COM/DCOM,EJB/RMI 都在该层。

(3)通用服务层

在分布式对象层之上提供多种核心的基础服务,包括命名服务、事务服务、通知服务、容错服务、安全服务和事务服务等通用服务。偏向于应用,为特定的或

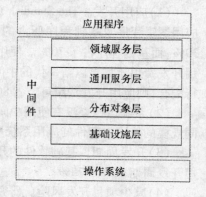

图 8 – 3　中间件体系结构

整个应用领域提供一些较好的工具,提高它的开发效率,降低成本,为整个应用打好基础。

(4)领域服务层

面向不同的应用领域,例如电信应用、金融应用、电力应用和天气预测等大型应用,视频应用、图像处理等小型应用,提供特定领域相关的服务。偏重一些特定的行业和领域,市场面比较窄,但它也是提高系统功能性、降低成本的一个很好的工具。

8.1.3 构件和中间件

构件技术是应用级别的集成技术,其基本思想是将应用软件分解成为一个个独立的单元,通过组装不同的软件构件单元来实现软件的集成。按照构件技术的开发模式,应用软件的开发变成了各种不同的集成过程。

基于构件的软件工程强调使用可复用的构件来建造软件系统,软件复用的目标是达到需求、分析、设计、编码以及测试的复用,也就是说从"实现"系统转向"集成"系统。它支持"购买"而非"开发"的思想。这种思想正在改变着软件的开发方法和人们的思维方式。构件可以在不同层次上提供复用,从代码级、对象级、架构级到系统级都可能实现。

构件是依赖于平台环境的。因此,在分布式异构环境中必须通过中间件来实现跨平台环境的构件应用。中间件是使应用系统独立于由异构操作环境组成的开发环境。中间件扩展了 C/S 结构,形成了一个包括客户、中间件和服务器在内的三层次结构及多层次结构,为开发可靠的、可扩展的、复杂的事务密集型应用提供了有力的支持。中间件作为应用软件系统集成的关键技术,保证了构件化思想的实施,为构件提供了真正的运行空间。

8.2　中间件的分类

美国的 Garter Group 将目前主流的中间件划分为五大类:数据库中间件、消息中间件、分布式事务中间件、面向对象中间件以及面向应用集成中间件。IDC 将目前主流的中间件划分为六类:数据库高谈阔论访问中间件、终端仿真/屏幕转换、远程过程调用中间件、消息中间件、交易中间件、对象中间件。

数据库中间件和数据访问中间件都是为了建立数据应用资源互操作的模式,而对异构环境下的数据库实现联接或文件系统实现联接的中间件。

终端仿真/屏幕转换用以实现客户机图形用户接口与已有的字符接口方式的服务器应用程序之间的互操作,随着操作系统和多媒体技术的发展,这类中间件的功能已经融入操作系统之中。IDC 分类在数据访问中间件和消息中间件之间引入了远程过程调用中间件。

面向应用集成中间件是针对特定的应用领域,在中间件中集成了为特定应用设计开发的服务。

新的应用需求、新的技术创新、新的应用领域促成了新的中间件产品的出现。例如,业务流程自动化的需求推动了工作流中间件的兴起;企业应用集成的需求引发了企业应用集成服务器(EAI 服务器)的出现;动态 B2B 集成的需要又推动了 Web 服务技术和产品的快速发展,Web 服务技术的发展推动了现有中间件技术的变化和新中间件种类的出现;中间件应用于通信环境,服务于移动电子商务,促进了移动中间件的出现;而对中间件在开放环境下的灵活性和自适应能力的需求导致了所谓自适应中间件、反射式中间件和基于 Agent 的中间件等新型中间件的研究。

下面对目前大量使用的数据库中间件、远程过程调用中间件、消息中间件、事务处理中间件、面向对象中间件分别进行介绍。

8.2.1　数据库中间件

数据库中间件(Database Middleware,DM)在所有的中间件中是应用最广泛、技术最成熟的一种。数据库中间件处于底层数据库和用户应用系统之间,主要用于屏蔽异构数据库的底层细节问题。数据库中间件是客户与后台的数据库之间进行通讯的桥梁。数据库中间件面向数据库系统,提供以下几种核心服务:

(1)目录服务

包括在分布式环境中的局部和全局目录服务,提供名字查询功能。典型的目录服务包括:轻量级目录访问协议 LDAP、DNS&GDS,SUN 公司提出的 JDAP,Novell 提出的 NDS,以及微软公司提出的 ADSI 等。

（2）元数据服务

在数据库中对关系和视图等采用统一的元数据进行描述。典型的元数据服务包括 OMG 的 UML、MOF 以及 MDC 的 XML 等。

（3）数据库访问服务

在对不同数据库进行连接的过程中提供通用访问服务。典型的数据库访问服务包括 ODBC、JDBC 以及 Database Gateways 等。

8.2.2   远程过程调用中间件

远程过程调用中间件（Remote Procedure Call,RPC）是另一种形式的中间件,它在客户/服务器计算方面比数据库中间件又迈进了一步。远程过程调用是 20 世纪 80 年代早期开发的,并被应用于 Sun 的 ONC 和 Apollo 的 NCS 计算平台。其后远程过程调用成为 Sun 公司操作系统的一部分,并成为 X/OPEN 协会的标准。现在远程过程调用在大多数 UNIX 系统中和 Microsoft Windows 系统中是可用的。

远程过程调用是一种广泛使用的分布式应用程序处理方法。一个应用程序使用 RPC 来"远程"执行一个位于不同地址空间里的过程,并且从效果上看和执行本地调用相同。远程过程调用中间件提供数据转换和通讯服务,从而屏蔽不同的操作系统和网络协议。

因为 RPC 一般用于应用程序之间的通信,而且采用的是同步通信方式,所以对于比较小型的简单应用来说还是比较适合的,但是对于一些大型的应用来说,这种方式就不是很适合了,因为此时程序员需要考虑网络或者系统故障,处理并发操作、缓冲、流量控制以及进程同步等一系列复杂问题。

过程调用中间件主要产品包括开放软件基金（Open Software Foundation,OSF）的 DCE 和微软的 RPC Facility 等。

8.2.3   消息中间件

消息中间件（Message Oriented Middleware,MOM）在远程过程调用中间件的基础上又进了一步,它基于消息传递和消息队列进行平台无关的数据交流,并基于数据通信来进行分布式系统的集成。通过提供消息传递和消息队列模型,可在分布环境下扩展进程间的通信,并支持多通讯协议、语言、应用程序、硬件和软件平台。消息中间件从 20 世纪 90 年代后期成为中间件的一支主要力量。

消息中间件的优点是既支持同步方式,又支持异步方式,实际上它是一种点到点的机制,并且在任何时刻都可以将消息进行传送或者存储转发。另外,消息中间件不会占用大量的网络带宽,可以跟踪事务,并且通过将事务存储到磁盘上实现网络出现故障时系统的恢复。但是,消息中间件目前没有制定统一的标准,不同的消息中间件系统之间不能正常地互相传递消息。

典型的消息中间件包括 IBM 公司的 MQ Series 和东方通科技的 TongLINK/Q。其中

MQ Series 由消息传递系统和应用程序接口组成,资源是消息和队列,TongLINK/Q 是面向分布式应用。另外,还有 J2EE 中的 JMS、微软公司的 Messaging Queuing 以及 SUN 微电子公司的 Java Message Queue 等产品。

8.2.4　事务处理中间件

事务处理中间件(Transaction Processing Middleware,TPM)也称为交易处理中间件、分布式事务中间件。分布式事务处理系统要处理大量事务,每笔事务经常要求多台服务器上的程序能顺序地协调完成,一旦中间发生了某种故障,不但要完成恢复工作,而且要自动切换系统,达到系统永不停机,实现高可靠性运行;同时大量事务在多台应用服务器上实时并发运行时,事务应当能够实现负载平衡调度。

事务处理中间件负责对事务进行管理和处理,为联机事务处理提供通信支持、并发访问控制、事务控制、资源管理和安全管理,完成事务管理与协调、负载平衡和失败恢复等功能。

典型的事务处理中间件包括 BEA 的 Tuxedo、国内东方通的 TongEASY 和中科院软件所的 OnceTX。

8.2.5　面向对象的中间件

面向对象中间件(Object Oriented Middleware,OOM)又称分布对象中间件(Distributed Object Middleware, DOM),简称对象中间件。分布对象模型是面向对象模型在分布异构环境下的自然拓广。分布对象中间件支持分布对象模型,使得软件开发者可在分布异构环境下使用面向对象方法和技术来开发应用。OMG 组织是分布对象技术标准化方面的国际组织,它制定出了 CORBA 标准等,DCOM 是微软推出的分布对象技术。

典型的面向对象的中间件包括微软公司的 COM/DCOM 体系、OMG 组织的 CORBA/CCM 体系以及 SUN 微电子公司的 EJB/RMI 体系。

8.3　主流中间件技术平台

当前,主流的分布计算技术平台主要有 OMG 的 CORBA、Sun 的 J2EE 和 Microsoft DNA 2000。它们都是支持服务器端中间件技术开发的平台,但有其各自的特点,本节将介绍和比较这三大主流中间件技术平台,使读者加深对中间件技术的理解。

8.3.1　OMG 的 CORBA

CORBA 分布计算技术是 OMG 组织在众多开放系统平台厂商提交的分布对象互操作内容的基础上制定的公共对象请求代理体系规范。

CORBA 分布计算技术,是由绝大多数分布计算平台厂商支持和遵循的系统规范技术,具有模型完整、先进,独立于系统平台和开发语言、被支持程度广泛等特点,已逐渐成为分布计算技术的标准。COBRA 标准主要分为三个层次:对象请求代理、公共对象服务和公共设施。最底层是对象请求代理 ORB,规定了分布对象的定义(接口)和语言映射,以及实现对象间的通讯和互操作,是分布对象系统中的"软总线";在 ORB 之上定义了很多公共服务,可以提供诸如并发服务、名字服务、事务(交易)服务、安全服务等各种各样的服务;最上层的公共设施则定义了组件框架,提供可直接为业务对象使用的服务,规定业务对象有效协作所需的协定规则。目前,CORBA 兼容的分布计算产品层出不穷,其中有中间件厂商的 ORB 产品,如 BEAM3,IBM Component Broker,有分布对象厂商推出的产品,如 IONAObix 和 OOCObacus 等。

近期 CORBA 规范,增加了面向 Internet 的特性、服务质量控制和 CORBA 构件模型(CORBA Component Model, CCM)。

Internet 集成特性包括了针对 IIOP 传输的防火墙(Firewall)和可内部操作的定义了 URL 命名格式的命名服务(Naming Service)。

服务质量控制包括能够具有质量控制的异步消息服务、一组针对嵌入系统的 CORBA 定义、一组关于实时 CORBA 与容错 CORBA 的请求方案。

CORBA 构件模型是在支持 POA 的 CORBA 规范(版本 2.3 以后)基础上,结合 EJB 当前规范发展起来的,是 OMG 组织制定的一个用于开发和配置分布式应用的服务器端中间件模型规范,它主要包括如下三项内容:

(1)抽象构件模型。用以描述服务器端构件结构及构件间互操作的结构;

(2)构件容器结构。用以提供通用的构件运行和管理环境,并支持对安全、事务、持久状态等系统服务的集成;

(3)构件的配置和打包规范。CCM 使用打包技术来管理构件的二进制、多语言版本的可执行代码和配置信息,并制定了构件包的具体内容和基于 XML 的文档内容标准。

总之,CORBA 的特点是大而全,互操作性和开放性非常好。CORBA 的缺点是庞大而复杂,并且技术和标准的更新相对较慢,COBRA 规范从 1.0 升级到 2.0 所花的时间非常短,更高性能、更新版本的发布就相对十分缓慢了。

8.3.2 Sun 的 J2EE

为了推动基于 Java 的服务器端应用开发,Sun 在 1999 年底推出了 Java2 技术及相关的 J2EE 规范。J2EE 的目标是:提供平台无关的、可移植的、支持并发访问的,以及安全的、完全基于 Java 的开发服务器端中间件的标准。

在 J2EE 中,Sun 给出了完整的基于 Java 语言开发面向企业分布应用的规范,其中,在分布式互操作协议上,J2EE 同时支持 RMI 和 IIOP,而在服务器端分布式应用的构造形式上,则包括了 Java Servlet、JSP(Java Server Page)、EJB 等多种形式,以支持不同的业务需求,而且 Java 应用程序具有"Write once,run anywhere"的特性,使得 J2EE 技术在发布计算领域得到了快速发展。

J2EE 简化了构建可伸缩的、基于服务器端应用的复杂度,虽然 DNA 2000 也一样,但最大的区别是 DNA 2000 是一个产品,J2EE 是一个规范,不同的厂家可以实现自己的符合 J2EE 规范的产品,J2EE 规范是众多厂家参与制定的,它不为 Sun 所独有,而且支持跨平台的开发,目前许多大的分布计算平台厂商都公开支持与 J2EE 的技术兼容。

EJB 是 Sun 推出的基于 Java 的服务器端规范 J2EE 的一部分,自从 J2EE 推出之后,得到了广泛的发展,已经成为应用服务器端的标准技术。它基于 Java 语言,提供了基于 Java 二进制字节代码的复用方式。EJB 给出了系统的服务器端分布构件规范,其中包括了构件、构件容器的接口规范以及构件打包、构件配置等的标准规范等内容。EJB 技术的推出,使得用 Java 基于构件方法开发服务器端分布式应用成为可能。从企业应用多层结构的角度来看,EJB 是业务逻辑层的中间件技术,与 JavaBeans 不同,它提供了事务处理的能力。自从三层结构提出以后,中间层,也就是业务逻辑层,成为处理事务的核心,从数据存储层分离出来取代了存储层的大部分地位。从分布式计算的角度看,EJB 像 CORBA 一样,提供了分布式技术的基础,提供了对象之间的通讯手段。从 Internet 技术应用的角度看,EJB 和 Servlet、JSP 一起成为新一代应用服务器的技术标准。

8.3.3　Microsoft DNA 2000

Microsoft DNA 2000(Distributed interNet Applications,DNA)是 Microsoft 在推出 Windows2000 系列操作系统平台基础上,扩展了分布计算模型,以及改造 Back Office 系列服务器端分布计算产品后发布的新的分布计算架构和规范。

在服务器端,DNA 2000 提供了 ASP、COM、Cluster 等应用支持。目前,DNA2000 在技术结构上有着巨大的优越性。一方面,由于 Microsoft 是操作系统平台厂商,因此 DNA 2000 技术得到了底层操作系统平台的强大支持;另一方面,由于 Microsoft 的操作系统平台应用广泛,支持该系统平台的应用开发厂商数目众多,因此,在实际应用中,DNA 2000 得到了众多应用开发商的采用和支持。

DNA 2000 融合了分布计算理论和思想,如事务处理、可伸缩性、异步消息队列、集群等内容,利用它可以开发基于 Microsoft 平台的服务器构件应用,其中数据库事务服务、异步通讯服务和安全服务等,都由底层的分布对象系统提供。

以 Microsoft 为首的 DCOM/COM/COM + 阵营,从 DDE、OLE 到 ActiveX 等,提供了中间件开发的基础,如 VC、VB、Delphi 等都支持 DCOM,包括 OLE DB 在内新的数据库存取技术,随着 Windows2000 的发布,Microsoft 的 DCOM/COM/COM + 技术在 DNA2000 分布计算结构基础上,展现了一个全新的分布构件应用模型。首先,DCOM/COM/COM + 的构件仍然采用普通的 COM(Component Object Model)模型。COM 最初作为 Microsoft 桌面系统的构件技术,主要为本地的 OLE 应用服务,但是随着 Microsoft 服务器操作系统 NT 和 DCOM 的发布,COM 通过底层的远程支持使得构件技术延伸到了分布应用领域。DCOM/COM/COM + 更将其扩充为面向服务器端分布应用的业务逻辑中间件。通过 COM + 的相关服务设施,如负载均衡、内存数据库、对象池、构件管理与配置等,DCOM/COM/COM + 将 COM、DCOM、MTS 的功能有机地统一在一起,形成了一个概念、功能强大的构件应用架构。而且,DNA2000 是单一厂家提供的分布对象构件模型,开发者使用的是同一厂家提供的系列开发工具,这比组合多家开发工具更具有吸引力。

但是它的不足是依赖于 Microsoft 的操作系统平台,因而在其他开发系统平台(如 Unix、Linux)上不能发挥作用。

8.4 中间件的发展趋势

随着分布式系统的应用范围逐渐扩展,应用需求日益复杂,中间件技术与具体领域应用的结合日趋紧密,中间件技术面临着问题域更加复杂、更加多变的挑战。为了应对这样的挑战,中间件技术呈现出三方面的发展趋势。

(1)中间件越来越多地向传统运行层(操作系统)渗透,提供更强的运行支撑。分布式操作系统的诸多功能逐步融入中间件中,如在 CORBA 和 RMI 中,中间件往往以类库的形式被上层应用主动地载入应用运行空间。基于服务质量的资源管理机制以及灵活的配置与重配置能力已成为目前中间件研究的热点。

(2)应用软件需要的支持机制越来越多地由中间件提供。中间件不再局限于提供适用于大多数应用的支持机制,那些适用于某个领域内大部分应用的支持机制也开始得到重视。如在最新的 CORBA 规范中,增加了对实时应用和嵌入式应用的支持。特定于无线应用的移动中间件、支持网格计算的中间件也是目前的研究热点。

(3)中间件也开始考虑对高层设计和应用部署等开发工作的支持。CORBA 和 RMI 提供了支持基于构件的软件开发的 CCM 和 EJB 构件模型,包括构件设计、开发、组装、部署和运行等阶段,使得中间件具有共性特征封装以及动态配置的能力。因此,很容易将 AOP(Aspect Oriented Programming)的思想融入中间件的设计开发中,从而增强了中间件的自适应能力。因此,集成了 AOP 的中间件也已成为目前的研究热点。

目前,关于中间件的研究热点包括中间件构件化、中间件服务化、中间件移动化、中间件反射化、中间件自治化和中间件网格化。

1. 中间件构件化

经过多年的研究与实践,基于构件的软件复用方法得到了广泛的认可。中间件技术更是在实现层次直接支持构件的部署和运行。构件中间件技术通过更高层次的抽象定义弥补了面向对象中间件技术的一些缺陷,因而在过去的几年中得以广泛流行。通过这种抽象技术,构件模型定义了构件的虚拟边界;定义了构件的发布方法以及构件与其他构件和客户端进行交互的方式。同时,构件中间件的定义也支持运行时环境、构件封装和构件发布的机制和标准。所有的这些机制和标准都使得软件构件的重用变得更加简单。

利用构件中间件,系统可以使用一种"零件式的装配"方式来搭建,而不是使用传统软件工程的方法。构件化是当前软件技术发展的必然趋势。中间件的构件化可以使得中间件本身能够获得细粒度的灵活控制。

2. 中间件服务化

面向服务计算是一种新兴的、将服务作为构造应用基本单元的计算模型。服务是自描述、与平台无关的计算单元,它支持分布式应用快速、低成本的组合式开发,服务之间基于消息机制,以协调、组合的方式进行面向服务应用的构造。面向服务体系架构(SOA)使得应用开发者能够通过组合内部的软件资源和外部网络上的服务形成复合应用解决方案,快速、动态地增长应用价值。相对于传统集成方式而言,大大提高了集成的效率和灵活性。

结构良好、基于标准的支持 SOA 的中间件平台能为业务领域提供灵活的架构和处理环境。支撑 SOA 架构的中间件,能为应用系统更快地适应环境变化提供有力的支持。中间件在服务化的同时是否支持服务质量(Quality of Service,QoS),已经成为衡量中间件提供服务好坏的标准,QoS 是一个综合指标,用于衡量一个服务的满意程度,描述关于一个服务的某些性能特点。中间件的 QoS 包括 QoS 规约、QoS 映射和 QoS 执行等。

3. 中间件移动化

现有中间件产品往往假设其底层网络具有较高的带宽和可用性,但无线网络或者带宽较低,如 GSM 一般提供 9600 波特的带宽,或者可用性较低,如无线局域网(WaveLAN)提供较高的带宽,但离开基站几百米就无法正常工作。这些特点导致现有的中间件技术无法支持基于无线网络的移动应用,因此支持移动计算的中间件成为一个新的研究热点。

移动计算中间件与传统中间件的主要区别在于通信模式、计算负载、运行上下文。在通信模式上,传统中间件针对永久可用的网络连接采用同步通信,而移动计算中间件针对断断续续的网络连接采用异步通信;在计算负载上,传统中间件运行于固定设备之上支持重负载,而移动计算中间件运行于移动设备之上仅支持轻量计算;在运行上下文方面,传统中间件运行于静态、封闭环境中而忽略运行上下文,但移动计算中间件所处的动态、开放环境要求其必须对运行上下文敏感。

现阶段的移动计算中间件着重解决无线网络带宽和可用性以及移动设备的资源问题,今后的研究重点集中于无线网络的异构性、安全性、服务的动态发现等方面。

4. 中间件反射化

随着 Internet 技术的发展,应用系统的应用环境从传统的封闭静态转变为动态开放。因此,在传统的中间件中,对完全"黑盒"封装以屏蔽底层环境的异构复杂性的机制应做出相应的改变,需要中间件具有足够的灵活性和可扩展性,以适应动态开放的运行环境。

将中间件由"黑盒"变为"灰盒",即部分地将中间件的内部结构和运行细节开放给应用系统并允许其操纵,从而为中间件提供灵活的动态可重配置能力,学术界将这种方法称之为中间件反射化。在具有反射机制的中间件中,系统的组成结构和运行行为可以自我描述,并且自我描述部分与系统的状态和行为因果相连,即系统自述的变化会导致系统状态和行为的改变,反之亦然。将反射机制融入到中间件的设计开发中,能够提高中间件的定制能力和运行时的自适应能力。

目前,反射式中间件的研究与试验大多集中于 CORBA。OpenCorba 是法国 cole des Mines de Nantes 大学采用反射式语言 NeoClasstalk 实现的反射式 CORBA。通过元类,OpenCorba 将 CORBA ORB 的内部特性分离并单独实现,从而允许系统在运行过程中监测并调整这些内部功能单元。dynamicTAO 是在华盛顿大学的 ORB 软件 TAO 的基础上研制的一种反射式 CORBA 软件,其反射能力体现在对系统服务的配置与重配置方面,即通过配置管理器将特定的策略(如安全策略、调度策略等)及其实现机制关联起来。mChaRM 是一种反射式的 RMI 分布调用机制,它将方法调用看成通过一个逻辑信道传输的消息,在该逻辑信道上实现一个关联对象,以监测信道中传输的消息,并动态增加一些额外的消息处理功能。PKUAS 是北京大学自行研制开发的遵循 J2EE 规范的反射式构件运行支撑平台,它提供基于软件体系结构的平台和应用反射能力。

5. 中间件自治化

IBM 提出了自治计算(Autonomic Computing),指出了其具有的八个特性:能够标识自身及其组成构件;能够在不同的条件(甚至在预料之外的条件)下配置或重配置自身;永远不会停滞于某种状态,而是不断调整状态以获得最优性能;具备自我复原的能力;具有足够的自我保护能力;洞悉外部环境以及自身活动的上下文并能够做出相应的动作;能够在开放环境下运行;在隐藏复杂性的同时能够预先最优化需要的资源。从系统管理的五大基本能力而言,上述八个特性可以归结为自我配置、自我优化、自我修复和自我保护。

从中间件现有的功能以及呈现出的新特性来看,下一代中间件的功能更多、更强,中间件的管理(尤其是配置)更加复杂。另一方面,中间件的应用领域和环境越来越丰富,且大多具有很强的变化性。如在开放的 Internet 环境中,系统可用资源、用户请求情况和 QoS 等方面都会不断变化,要求中间件能够随着环境变化随时对自身的配置进行动态调整。因此,自治性也将成为下一代中间件的主要特性之一。

6. 中间件网格化

Internet 的发展使许许多多不同类型的服务器都连接在网上,计算机系统的发展趋势开始从客户机/服务器结构转变为客户机/网络(Client/Network)结构。各种服务器在高层系统软件的控制下,形成一个具有巨大计算能力的服务"环境",对各行各业和社会大众提供一体化信息服务。这种环境通常称为"网格",也称为"元计算",被视为 Internet 技术发展的下一代目标。可以说,Internet 实现了计算机硬件的连通,Web 实现了网页的连通,而网格试图实现互联网上所有资源的全面连通,包括计算资源、存储资源、通信资源、软件资源、信息资源、知识资源等。网格中间件的发展就是要支持这个目标。

网格中间件为网格应用开发者提供对分布资源的统一访问、管理、控制、监测、通信和安全的支持。目前,美国的 Globus 项目实现了支持这些功能的中间件系统,并提出了参考规范。

小　结

中间件是 20 世纪 80 年代末发展起来的基础软件,近几年来逐渐成为构建分布式应用系统的重要支撑工具。中间件能够解决网络分布式计算环境中多种异构数据资源的互联共享问题,实现多种应用软件的协同工作。中间件已与操作系统、数据库、应用软件一起,成为软件业发展的重点。

中间件技术有助于大幅度提高应用软件系统的开发效率,增强系统稳定性,使系统便于维护管理,同时具有良好的伸缩性与可扩展性。因此,中间件已成为分布式应用的关键性软件,可广泛适用于政府部门、银行、证券、保险、电力、电信、交通与军事等关键性的网络分布式应用。

中间件的意义不仅仅在于它自身解决的关键技术问题,而且它对于软件的产业化有着极其重要的作用。中间件产品并不仅仅是一种软件产品,它更多倡导的是一种计算模型与标准。在中间件提供的一个良好的网络分布式应用开发平台上,会产生大量第三方开发的始于各种领域应用的软件,从而带动软件产业的发展。

思 考 题

(1)什么是中间件,它产生的背景是什么?

(2)中间件能解决什么问题?

(3)简述构件和中间件的联系和区别。

(4)搜集资料,简述中间件的应用领域。

(5)简述中间件的分类。

参考文献

[1] 50 Years of Computing[J]. Computer, Vol. 29, 1996

[2] The Next 50 Years, Communication of ACM[J]. Vol. 40, 1997

[3] P Wegner. Why interaction is More Powerful than Algorithms, Communication of ACM[J]. Vol. 40, 1997

[4] Robert N Charette. Software Engineering Risk Analysis and Management[M]. McGraw-Hill Book Company, 1989

[5] 周之英. 现代软件工程, 管理技术篇(第一册)[M]. 北京:科学出版社, 1999

[6] 刘长毅. 软件开发技术基础[M]. 北京:科学出版社, 2006

[7] Roger S Pressman 著. 黄柏素, 梅宏译. 软件工程——实践者的研究方法[M]. 北京:机械工业出版社, 1999

[8] 郭荷清. 现代软件工程——原理、方法与管理[M]. 广州:华南理工大学出版社, 2005

[9] 张友生等. 全国计算机技术与软件专业技术资格(水平)考试辅导教程系统架构设计师教程[M]. 北京:电子工业出版社, 2006

[10] 覃征等. 软件体系结构[M]. 西安:西安交通大学出版社, 2002

[11] 刘真. 软件体系结构[M]. 北京:中国电力出版社, 2004

[12] 覃征等. 软件工程与管理[M]. 北京:清华大学出版社, 2005

[13] 张友生等. 信息系统项目管理师辅导教程(上册)[M]. 北京:电子工业出版社, 2005

[14] 张友生. 系统分析师之路[M]. 北京:电子工业出版社, 2006

[15] 王宜贵. 软件工程[M]. 北京:机械工业出版社, 2002

[16] 任胜兵, 邢琳. 软件工程[M]. 北京:北京邮电大学出版社, 2004

[17] 王辉映, 等. 大规模软件架构技术[M]. 北京:科学出版社, 2003

[18] 曾建潮. 软件工程[M]. 武汉:武汉理工大学出版社, 2003

[19] 杨正甫. 面向对象分析与设计[M]. 北京:中国铁道出版社, 2001

[20] 文登敏, 张丽梅. 面向对象理论与实践[M]. 重庆:西南交通大学出版社, 2005

[21] 汪成为, 郑小军, 彭木昌. 面向对象分析设计与应用[M]. 北京:国防工业出版社, 1992

[22] 赵英良, 仇国巍, 薛涛. 软件开发技术基础[M]. 北京:机械工业出版社, 2006

[23] 张友生, 徐锋. 系统分析师技术指南[M]. 北京:清华大学出版社, 2004

[24] 皇德才. 数据库原理及其应用教程(第三版)[M]. 北京:科学出版社, 2010

[25] 求是科技 . Visual C++ 6.0 数据库开发技术与工程实践[M]. 北京:人民邮电出版社,2004

[26] 李晓峰,李东 . 数据库系统原理及应用[M]. 北京:水利水电出版社,2011

[27] (美)Chuck Wood 编著 . 梁普选等译,Visual C++6.0 数据库编程大全[M]. 北京:电子工业出版社,2000

[28] 曹红根,丁永 . 数据库应用系统开发实例[M]. 北京:清华大学出版社,2008

[29] 刘淳,方俊 . 数据库系统原理与应用——Oracle 版[M]. 北京:水利水电出版社,2008

[30] 李媛媛 . Visual C++ 网络通信开发入门与编程实践[M]. 北京:电子工业出版社,2008

[31] 殷肖川,等 . 网络编程与开发技术[M]. 西安:西安交通大学出版社,2009

[32] 罗莉琴,詹祖桥 . Windows 网络编程[M]. 北京:人民邮电出版社,2011

[33] 梁伟,等 . Visual C++ 网络编程经典案例详解[M]. 北京:清华大学出版社,2010

[34] 王艳平 . Windows 网络与通信程序设计[M]. 北京:人民邮电出版社,2009

[35] (美)DON BOX 著 . 潘爱民译 . COM 本质论[M]. 北京:中国电力出版社,2001

[36] (美)DaleRogerson 著 . 杨秀章,等译 . COM 技术内幕[M]. 北京:清华大学出版社,1999

[37] 潘爱民 . COM 原理与应用[M]. 北京:清华大学出版社,1999

[38] 毛新生 . SOA 原理方法实践[M]. 北京:电子工业出版社,2007

[39] (加)Tomas Erl 著 . SOA-Oriented Architecture:Concepts,Technology,and Design[J]. Prentice Hall PTR,2005

[40] 刘晓华 . J2EE 企业级应用开发[M]. 北京:电子工业出版社,2003

[41] 赵英良,仇国巍,薛涛 . 软件开发技术基础[M]. 北京:机械工业出版社,2006

[42] 谷和启 . 中间件技术及其应用[J]. 当代通信,2003

[43] 张莉萍,邵雄凯 . 中间件技术研究[J]. 通讯和计算机,2008

[44] 梅宏 . 软件中间件技术现状及发展[J]. 软件学报,2005

[45] 吴斌 . 面向普适计算的自适应中间件模型与方法研究[D]. 浙江大学,2006

[46] 张云勇,张智江,刘锦德等 . 中间件技术原理与应用[M]. 北京:清华大学出版社,2004

[47] 王成良,邱节 . 中间件技术现状与展望[J]. 电脑知识与技术,2006